普通高等学校“十四五”规划机械类专业精品教材

机械设备故障诊断技术

（第二版）

主　编　魏志刚
副主编　时　彧　郑近德　于秀娟

华中科技大学出版社
中国·武汉

内容简介

本书较全面地介绍了机械设备故障诊断技术的基本原理和基本方法，涉及振动信号测试与检测技术、信号分析和处理方法、红外测温技术、油液分析技术、无损检测技术、计算机辅助诊断系统等，内容全面，讲解详细，侧重于理论与实践的结合，注重内容的全面性和易读性。通过对本书的学习，读者能够对机械设备故障诊断技术有比较全面系统的了解，掌握机械设备故障诊断的基本原理、基本方法，初步具备设备现场故障诊断的能力，为走向工作岗位后能够从事机械设备故障诊断的工作打下基础。

本书可作为高等院校机械类专业，如机械设计制造及其自动化、车辆工程、过程装备与控制工程等专业本科生课程或研究生选修课程的教材，也可作为从事设备管理的工程技术人员的参考书。

图书在版编目(CIP)数据

机械设备故障诊断技术/魏志刚主编. —2版. —武汉：华中科技大学出版社，2023.7
ISBN 978-7-5680-9278-4

Ⅰ.①机… Ⅱ.①魏… Ⅲ.①机械设备-故障诊断-高等学校-教材 Ⅳ.TH17

中国国家版本馆CIP数据核字(2023)第128833号

机械设备故障诊断技术(第二版)
Jixie Shebei Guzhang Zhenduan Jishu(Di-er Ban)　　　　魏志刚　主编

策划编辑：万亚军
责任编辑：刘　飞
封面设计：原色设计
责任监印：周治超
出版发行：华中科技大学出版社(中国·武汉)　　电话：(027)81321913
　　　　　武汉市东湖新技术开发区华工科技园　　邮编：430223
录　　排：武汉市洪山区佳年华文印部
印　　刷：武汉市洪林印务有限公司
开　　本：787mm×1092mm　1/16
印　　张：11.5
字　　数：298千字
版　　次：2023年7月第2版第1次印刷
定　　价：34.80元

再版前言

机械设备故障诊断技术是一门新兴的综合性应用技术，它是随着人们对机械设备可靠性的要求和对大型、自动化、连续、高速的现代化设备的维修、管理的需要而发展起来的。

机械设备故障诊断技术的重要意义在于它为机械设备传统维修制度的改革奠定了基础，可让合理的预知维修制度代替传统的定期维修制度，从而减少事故的发生率，降低维修费用，确保机械设备安全运行。因此在各个工程领域应用这一技术必将产生巨大的经济效益和社会效益。

机械设备故障诊断技术是与近代科学技术的发展互相渗透、互相促进的。在机械设备故障诊断中应用了声、光、射线及振动信号的测试与处理技术、红外测温技术、油液分析技术、无损检测技术、计算机辅助诊断系统等，这些技术在故障诊断中的应用得到了进一步的发展和深化，推进了设备故障诊断技术水平的提高，同时相关领域技术的进步也带动了设备故障诊断技术的发展。

本书是在课堂讲稿的基础上经过扩展、充实和完善而编写的，本书以培养学生的实践能力为目标。通过对本书的学习，读者能够对机械设备故障诊断技术有比较全面系统的了解，掌握故障诊断的基本原理、基本方法，初步具备诊断设备现场故障的能力，为走向工作岗位后能够从事机械设备故障诊断的工作打下基础。

本次再版对第一版中的疏漏进行了细致的修改，对第一版中不清楚的图表进行了全面的修改，大多数实例使用了新的数据分析结果，对重要知识点做了进一步的说明，方便读者理解。本版增加了快速傅里叶变换、希尔伯特变换、经验模态分析、故障分类方法的相关内容，补充了声发射、超声波探伤等内容，并增加了课后习题，以方便读者对相关知识点的理解和掌握。书中的相关信号处理方法附有 MATLAB 程序代码，书中的大部分内容附有教学课件，读者可以通过扫描下方的二维码获取。

本书可作为高等院校机械类本科生专业课程或研究生选修课程的教材，同时也适用于从事设备管理的工程技术人员。

本书由魏志刚担任主编，由时彧、郑近德、于秀娟担任副主编。

由于编者水平有限，书中不足之处敬请读者批评指正。

编　者

2023 年 2 月

MATLAB 程序代码

教学课件

二维码资源使用说明

本书配套数字资源以二维码的形式在书中呈现，读者用智能手机在微信端扫码成功后提示微信登录，授权后进入注册页面，填写注册信息。按照提示输入手机号后点击获取手机验证码，在提示位置输入验证码，按要求设置密码，点击"立即注册"，注册成功(若手机已经注册，则在"注册"页面底部选择"已有账号？马上登录"，进入"用户登录"页面，然后输入手机号和密码，提示登录成功)。接着提示输入学习码，需刮开教材封底防伪涂层，输入13位学习码(正版图书拥有的一次性使用学习码)，输入正确后提示绑定成功，即可查看二维码数字资源。手机第一次登录查看资源成功，以后便可直接在微信端扫码登录，重复查看本书所有的数字资源。

友好提示：如果读者忘记登录密码，请在PC端输入以下链接http://jixie.hustp.com/index.php?m=Login，先输入自己的手机号，再单击"忘记密码"，通过短信验证码重新设置密码即可。

目　　录

第1章　绪　　论

1.1　设备故障诊断技术概述

设备故障诊断技术是一种了解和掌握设备在使用过程中的状态，确定其整体或局部是否正常，早期发现故障及其原因，并能预报故障发展趋势的技术。通俗地说，它是一种给设备“看病”的技术。

“诊断”是医学上的术语。因为大家对医学诊断比较熟悉，这里用医学诊断来做比喻，以阐明设备故障诊断技术本身的一些概念。实际上它们之间确实有不少相似之处。例如，医生用听诊器听病人的心音，这与设备故障诊断时用振动仪进行振动监测相比，两者在原理、方法和所使用的传感器方面十分相似，设备故障诊断与医学诊断的对比如表1-1所示。

表1-1　设备故障诊断与医学诊断对比表

医学诊断技术	设备诊断技术	原理及特征信息
中医望、闻、问、切 西医望、触、扣、听、嗅	听、摸、看、闻	通过形貌、声音、温度、 颜色、气味的变化来诊断
听心音，做心电图	振动与噪声监测	通过振动大小及 变化规律来诊断
量体温	温度监测	观察温度变化
验血验尿	油液分析	观察物理、化学成分及 细胞(磨粒)形态变化
量血压	应力应变测量	观察压力或应力变化
X射线及超声波检查	非破坏性监测	观察内部机体缺陷
问病史	查阅技术档案	找规律、查原因、作分析

设备故障诊断技术属于信息技术范畴，它是利用被诊断对象所提供的一切有用信息，经过分析处理，获得最能识别设备状态的特征参数，最后作出正确的诊断结论。这与医生看病时一样，医生利用病人所提供的一切有用信息，如脉搏、体温、排泄物等来进行诊断，没有病人的这些信息，再高明的医生也会一筹莫展，而一个医生的高明之处就在于能抓住一切有用信息，运用所学知识和经验作出恰当的诊断。这门课就是要初步解决前两项工作，而经验则要在生产实践中不断积累。

信息技术通常包括三个基本环节。

(1) 信号的采集　这里的关键是正确选用传感器，如温度传感器、测振传感器等。人的感官也是一种特殊的传感器，而传感器的性能和质量又是决定信号是否会失真或遗漏的关键。

(2) 信号分析(数据处理)　目的是将原始的杂乱的信息加以处理，以获得最敏感、最直观的特征参数。这一操作称为特征提取。在用人的感官作为传感器时，人的大脑对信号进行分析处理。在现代诊断技术中,信号大都是用专门的电子仪器或计算机来进行分析处理的。

(3) 状态识别、判断和报告　根据特征参数,参考某种技术规范(例如,体温 37 ℃就是表征人的体温正常与否的规范),利用各种知识和经验对设备状态进行识别、诊断并对其发展趋势进行预测报告,为下一步的设备维修决策提供技术依据。

然而,信息技术不等于诊断技术。为了开展设备故障诊断工作,还必须具备以下两方面的知识。

(1) 关于设备及其零部件故障或失效机理方面的知识。这里称为故障诊断物理学,它类似于医学方面的病理学。

(2) 关于被诊断设备的知识,包括设备的结构原理,运动学和动力学知识,以及设计、制造、安装、运转、维修等方面的知识。可以说,没有对诊断对象的透彻了解,即使是一位信号分析技术专家,也不可能作出正确的诊断。

综上所述,设备故障诊断技术是一门多学科的边缘技术,是一种由表至里,由局部估计整体,由现在预测未来的技术。

1.2　设备故障诊断的意义

1.2.1　设备故障诊断的重要性

设备故障诊断技术从本质上看又属于设备维修技术范畴。因此,只有从设备的维修管理体制的角度,才能更深刻地看到设备诊断技术的重要性。

设备维修技术的发展史上,设备的维修方式经历了事后维修(breakdown maintenance)到定期维修(preventive maintenance)的发展过程,发达的工业国家已开始采用状态或预知维修(condition maintenance or predictive maintenance)。

1. 事后维修

在 18 至 19 世纪,机械工业出现了以蒸汽机、电动机为代表的二次飞跃,完成了从手工业到大机器生产的工业革命。但是,当时的工业生产规模、机器设备本身的技术和复杂程度都很低,设备的利用率和设备的维修费用问题没有引起人们的注意,人们对设备的故障也缺乏认识,因此对设备采取不坏不修、坏了再修的方法,即事后维修。这种情况往往会造成机械设备的严重损坏,既不安全,检修时间又长,还会增加维修费用。

2. 定期维修

进入 20 世纪以后,特别是第二次世界大战期间,随着大生产的发展,生产方式有了很大变化,出现了以福特装配线为代表的流水线生产方式,加上机器装备本身的技术复杂程度也提高了,机器故障对生产的影响显著增大。在这种背景下,出现了定期维修方式,以便在机器发生事故之前就进行检修和更换零部件。这种维修方式最早应用在飞机维修上,到 20 世纪 50 年代,以化工、钢铁企业为代表的一些流程工业也采用了这种维修方式,这和事后维修相比前进了一大步,多年来在设备管理上起着积极的作用。

由于对设备的故障发展规律缺乏认识,也没有检测故障的科学手段,所以定期维修的检测周期基本上是凭人的经验加上某些统计资料来制定的,很难预防许多由随机因素引起的事故,也易造成过度维修。

3. 状态或预知维修

20 世纪 60 年代以后，计算机和电子技术的飞跃发展带来了工业生产的现代化和机械设备的大型化、连续化、高速化、自动化，使机械设备的规模越来越大、性能越来越高、功能越来越多、结构越来越复杂。然而一旦发生事故，不仅会造成经济上的巨大损失，还会污染环境，引起灾害，造成社会问题。又由于现代化设备技术先进、结构复杂、点检工作量大，检查质量要求高，一般来说，故障因素很难靠人的感官和经验检查出来，而复杂的先进设备又是不允许随便解体检查的，因此就要求有先进的仪器和科学方法对设备进行监测和诊断。

综上所述，工业发展给设备维修管理工作提出了更高的要求，推动了设备故障诊断技术的发展，而设备故障诊断技术的发展使设备按照状态或预知维修成为可能的和有效的。即不规定修理间隔，而是根据设备故障诊断技术监测设备有无劣化和故障，在必要时进行必要的维修，计划维修中的定期维修在状态监测维修中被定期监测维修所代替，如图 1-1 所示。

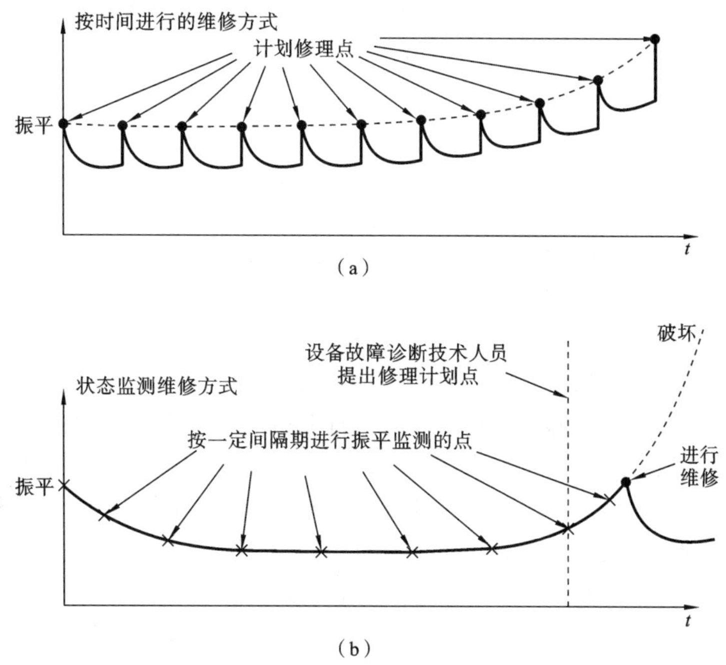

计划维修中的定期修理在状态监测维修中被定期监测维修所代替

图 1-1　按时间进行的维修与状态监测维修

由于维修是根据状态监测和故障诊断结果，在所形成的维修决策指导下进行的，因此可控制在定期维修中因“过度维修”而造成的费用上升，也可以防止在事后维修中因“不足维修”而导致的事故。又由于在预知维修中用许多定期监测点代替定期维修中的定期修理点，因而既可减少材料消耗，又可减少维修工作量。

1.2.2　设备故障诊断技术带来的经济效益

经济效益是一个比较复杂的问题，很难笼统地描述，较为一致的看法是：设备故障诊断技术的经济效益主要表现在可以减少事故，降低维修费用。日本有资料显示，采用诊断技术后事故可以减少 75%，维修费用可以降低 25%～50%。新日铁八幡厂热轧车间在第一年采用诊断技术后，带钢卷取机的事故由原来的 29 次/年减少为 8 次/年。英国对 2000 个国有工厂进行调查的结果表明采用诊断技术后的维修费用每年节省了 3 亿英镑,用于诊断的费用减少了0.5 亿英镑。据美国国家统计局资料显示,1980 年美国在设备维修方面花掉了 2460 亿美元,而这一年美国的全国税收总收入也才 7500 亿美元。据美国设备维修专家分析,在这 2460 亿美元中有 750 亿美元被浪费掉了,这是由不恰当的维修方法造成的。由以上资料不难看出,设备故障诊断技术的经济效益确实很显著。

1.3 我国设备故障诊断技术的发展现状与未来

我国设备故障诊断技术在 20 世纪 80 年代初期主要应用于石化、冶金及电力等行业,进入 20 世纪 90 年代后,迅速渗透到国民经济的各个主要行业,交通、矿山、化工、能源、航空、核工业等行业先后开展了诊断技术的研究、开发与应用工作。特别是在石化、电力、冶金等行业,设备故障诊断技术的应用已经相当普及,仅在电力行业,目前装配的国产监测与诊断系统已达近百套。其中有些系统的性能已达到或接近国际先进水平。

1.3.1 诊断技术的应用现状

在诊断技术的应用方面,其主要的应用对象包括五个方面。一是旋转机械的故障诊断,这是目前应用最广、最为成熟的一个应用领域,这一领域涉及的行业最多。如电力行业中的汽轮发电机组,以及风机、磨煤机等各种辅机,石化行业的压缩机、化肥机组,航空工业的各种航空发动机等,其故障诊断都采用了该技术。二是往复机械的故障诊断。这类设备故障诊断技术的应用也比较成功,此外铁谱及油液分析技术的应用。此外利用振动及噪声技术开展往复机械故障诊断的研究工作也已取得了很大进展。三是各种流程工业设备的故障诊断,包括石化行业中的各种反应塔、压力容器、管道,以及冶金行业中的各种轧机等的故障诊断。这一领域除应用了各种传统的诊断技术外,目前还广泛开展了红外、超声波发射、光谱等新技术的研究工作,并取得了令人鼓舞的成果。这一领域的研究与应用工作也将是今后的热点之一。四是加工过程的故障诊断,主要包括刀具的磨损、破损以及机床本身的各种故障的诊断。目前,各种先进的数控机床及加工中心已经具有较完善的机床故障诊断功能,而关于各种刀具的磨损、破损的诊断一直未取得较大的突破。在欧美等发达国家,其加工生产线上的关键设备普遍装备了各种刀具磨损、破损监控装置,其有效率在 80%左右,在国内的加工生产线上普遍缺少这类监控装置。随着加工过程的不断自动化,势必对这一技术提出越来越迫切的需求,这将是今后的一大研究热点。五是各种基础零件的故障诊断,包括对各种齿轮、轴承以及液压零部件等的诊断。这类基础零部件普遍存在于各种设备之中,应用范围极广,是诊断技术最重要的应用对象之一。基础零部件的故障诊断工作已取得相当重要的进展,目前最重要的问题是研究适合工程应用的更可靠的诊断方法与仪器。

1.3.2 诊断技术的研究现状

目前,国内在诊断技术方面的研究主要集中在以下几个方面。

(1) 信号分析与处理技术的研究　从传统的谱分析、时序分析以及时域分析,开始引入一些先进的信号分析手段,像短时傅里叶分析、Wigner 谱分析、小波变换、经验模态法等。这些新方法的引入,弥补了传统分析方法存在的不足。

(2) 传感器技术的研究　国内先后开发了许多类型的传感器,但是在可靠性、稳定性等方面尚有一定的差距，这也是今后努力的方向之一。

(3) 故障分类方法的研究 从 20 世纪 90 年代初开始，支持向量机、人工神经网络等的研究受到了广泛的关注，人们在这方面做了大量的研究工作，特别是在以卷积神经网络为代表的深度学习方法上取得了很大的进展。但同样遇到了许多实际困难，主要问题表现为网络训练的实例不足、模型的迁移和泛化能力不强等。

(4) 关于诊断系统的开发与研究 从 20 世纪 80 年代的单机巡检与诊断，到上、下位式的主从机构，再到现如今以网络为基础的分布式结构，在系统开发上目前已相继出现了离线诊断系统、在线诊断系统和便携式诊断系统。不过，国内系统的可靠性与国外系统的可靠性相比还有较大的差距，需花大力气进一步解决。

(5) 关于人工智能与专家系统的研究 从 1985 年开始到现在，国内有许多研究机构开展了这一技术的研究工作，力图实现智能诊断和智能运维，实现诊断和运维的全面自动化和智能化，这是伴随着人工智能兴起的一个热点研究内容，但在工程应用方面还远未达到人们所期望的水平。

1.4 怎样开展设备故障诊断

设备故障诊断技术大致可以分为两大类：一是简易诊断，二是精密诊断。简易诊断可以比喻为医院的门诊，它凭借简单的仪器对监测到的信号作出初步的判断，结果是简单的“有病”或“正常”。当然，对一些“多发病”“常见病”，如轴承振裂、间隙过大等故障，凭借监测人员的经验和技术水平也能作出精确的判断。简易诊断使用的仪器简单，常用仪器包括便携式测振仪、红外点温仪和国外研制出来的各种专用诊断仪器，如轴承监测仪、电缆监测仪等。精密诊断不但要检查设备是否正常，还要对故障发生的原因、部位以及严重程度进行深入分析，并作出判断和决策，故在简易诊断的基础上，再使用如频谱分析仪及其他用计算机支持的一些高档专用仪器，便可开展精密诊断工作，这相当于在医院住院部，由专门的医生借助价格昂贵的专用仪器进行全面检查，这对检查人员的素质要求也比较高。

开展精密诊断应当具备三方面的基本知识：首先要对所监测的设备的设计、制造、安装、运转和维修极为熟悉，这是基础；其次要掌握设备故障诊断技术的知识，也就是书本中介绍的各种诊断技术的方法及其原理、信号分析与处理技术、电子技术等，并精通所使用的各种精密专用仪器；第三要学会逻辑诊断，即根据机器的特征和运行状态之间的逻辑关系进行诊断，在数理统计的指导下发展并完善判别方法。若能将上述三个方面有机地结合起来，则可获得更好的效果。

习 题

1-1 设备维修有哪几种方式？各自适用于什么场合？

1-2 设备故障诊断实施的过程是什么？

1-3 什么是诊断文档？怎样建立诊断文档？

1-4 设备故障诊断的基本内容和判断标准主要有哪些？

第2章　信号分析及处理基础

通常，机械设备的运转状态及运行过程以其特有的物理状态表现出来，此类物理状态包括振动、噪声、温度、压力和应变等。通过各类传感器，可把各种各样的物理状态转变为信号。在信号中蕴含着物理系统状态及特征——机械设备运转状态及过程的有用信息，但也可能混有各种噪声和干扰。为了有效地进行状态监测和故障诊断，通常需要对信号进行加工处理，提取其特征。如果某些特征与设备的状态或某种故障有较强的依赖关系，就能取得较好的诊断效果。因此，信号分析处理的目的就是去伪存真、去粗取精，抽取与设备状态有关的特征，用以准确地诊断。

2.1　信号的分类与基本描述

幅值不随时间变化的信号称为静态信号。实际上，幅值随时间变化很缓慢的信号也可以称为静态信号或准静态信号。工程中所遇到的信号多为动态信号，其幅值随时间变化，动态信号可以分为能用确定的时间函数来表达的确定性信号和不能用时间函数来描述的随机信号，具体分类如下。

(1) 确定性信号　可用函数表示，比较明确。包括周期振动信号和非周期振动信号。

周期振动信号可分为简谐振动(单一正弦波)和复杂周期振动信号(正弦波叠加)。

非周期振动信号可分为准周期振动信号(经处理可转为周期振动信号)和瞬时振动信号(单发的一次性信号)。

(2) 随机信号　随机信号是大量脉冲信号的集合，其幅值、波形、峰值出现的时刻均是随机的。随机信号又分为平稳随机信号(各态历经及非各态历经)和非平稳随机信号(瞬时信号等)。

平稳随机信号有统计规律，且统计规律与时间无关。

各态历经信号是指用单次测试数据能代表其总体特性的信号，可分为如下两种。

(1) 窄频带信号　即受频带限制的随机信号。

(2) 宽频带信号　即白噪声信号。

非各态历经信号是指不能用单次测试数据代表其总体特性的信号。

2.2　信号的获得

机械故障诊断与监测所需的各种物理量(如振幅、温度、压力、噪声)通常用相应的传感器转换成电信号以便分析处理。信号分为模拟信号和数字信号两类。模拟信号是随时间连续变化的，通常从传感器获得的信号都是模拟信号。数字信号是由离散的数字组成的，定期观察值或模拟信号经过模/数(A/D)转换得到的一串数字都是数字信号。

信号的获得及处理如图2-1所示，从监测对象上安装的传感器取得模拟信号，经过放大后可以有如下几种处理方式。

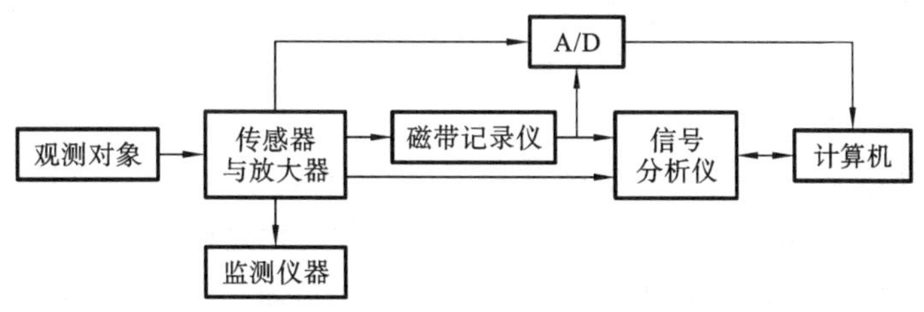

图 2-1　信号的获得及处理过程

(1) 直接送到故障诊断监测仪器进行分析处理显示及记录处理结果。

(2) 通过模/数(A/D)转换器采样，将所得的数字信号送入计算机进行分析处理。

(3) 送入信号分析仪进行采样及数据处理，还可将处理结果通过接口送入计算机作二次分析处理。

(4) 通过磁带机把信号记录下来，再将回放信号送入信号分析仪进行分析处理或经过 A/D转换器送入计算机进行分析处理。

其中：(1)、(2)、(3)为在线处理方式，(4)为离线处理方式。

2.2.1　采样过程

为了便于计算机快速计算，需将所得到的连续信号离散为数字信号，这个过程称为采样。

采样过程包括取样和量化两个步骤。

取样是将一连续信号 $x(t)$ 按一定的时间间隔 Δt 逐点取其瞬时值。如图 2-2 所示，即将一个模拟信号 $x(t)$ 和一个等间隔的脉冲序列(称为采样脉冲序列) $g(t)$ 相乘。

$$g(t)=\sum_{k=-\infty}^{\infty}\delta(t-k\Delta t) \tag{2-1}$$

式中：Δt——采样间隔，δ 函数的定义为

$$\begin{cases}\delta(t)=\begin{cases}\infty, & t=0\\ 0, & t\neq 0\end{cases}\\ \int_{-\infty}^{\infty}\delta(t)\mathrm{d}t=1\end{cases} \tag{2-2}$$

如果 δ 函数与某一连续信号 $x(t)$ 相乘，则乘积仅在 $t=0$ 处得到 $x(0)\delta(0)$，其余各点($t\neq 0$)之积均为零，于是

$$\begin{aligned}\int_{-\infty}^{\infty}\delta(t)x(t)\mathrm{d}t&=\int_{-\infty}^{\infty}\delta(t)x(0)\mathrm{d}t\\&=x(0)\int_{-\infty}^{\infty}\delta(t)\mathrm{d}t\\&=x(0)\end{aligned} \tag{2-3}$$

同理，对于有延时 t_0 的 δ 函数 $\delta(t-t_0)$，只有在 $t=t_0$ 时刻才不等于零。因此

$$\begin{aligned}\int_{-\infty}^{\infty}\delta(t-t_0)x(t)\mathrm{d}t&=\int_{-\infty}^{\infty}\delta(t-t_0)x(t_0)\mathrm{d}t\\&=x(t_0)\end{aligned} \tag{2-4}$$

式(2-3)、式(2-4)表示 δ 函数的筛选性质。

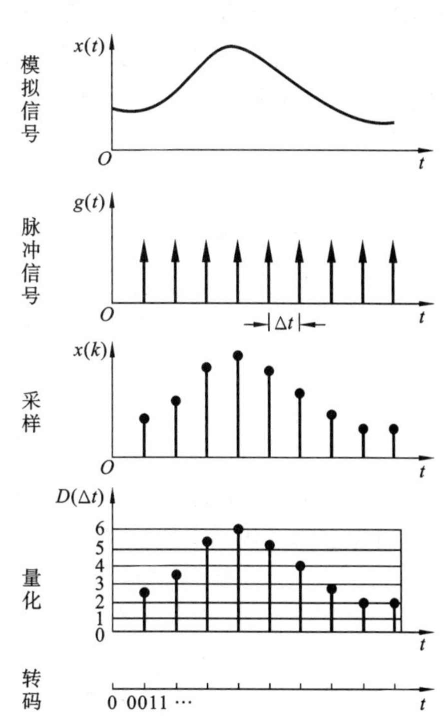

图 2-2　模/数转换过程示意图

由于 δ 函数的筛选性质，采样以后只有在 $t=k\Delta t$ 处有值，即 $x(k\Delta t)$。若将开始观察的时刻记作 $t=0$，在 $t<0$ 时也当作 $t=0$。因此采样以后得到一系列时间上为离散的信号序列为 $x(k\Delta t)$，略写为 $x(k)$，$k=0,1,2,\cdots$。

量化是将取样值 $x(k)$ 变为二进制数字编码，量化有若干等级，其中最小单位称为量化单位，量化就是将取样值表示为量化单位的整数倍。因此量化过程会引进误差，其误差的大小与转换位数有关。假设信号的最高幅值约为±10 V，转换器为 8 位，由于第一位用于表示正、负，故实际数字字长为 7 位，因此量化的电平数为

$$m=2^7=128$$

则量化单位 $E_0=\dfrac{U}{m}=(10\times 1\ 000)/128\approx 80\ \text{mV}$。考虑到有舍入，最大误差是量化单位的一半，即 40 mV，故实际全量程的相对误差应为0.4%。同理可以推算出 10 位转换器相对误差为0.1%。

可见取样是对连续信号在时间上进行离散化，而量化是对连续信号在取值上进行离散化，最后连续信号 $x(t)$ 就变成了数字信号 $D_i(\Delta t)$。

目前，采样过程是通过专门的芯片即模/数转换器件来实现的，图 2-2 简要说明了模/数转换过程。

2.2.2　采样间隔和频率混淆

采样的基本问题是确定合理的采样间隔 Δt 和采样长度 T，以保证采样所得到的数字信号能真实地代表原来的连续信号 $x(t)$。一般来说，采样频率 $f_s\left(f_s=\dfrac{1}{\Delta t}\right)$ 越高，采样越密集，所得的数字信号越逼近原始信号。然而，当采样长度 T 一定时，f_s 越高，数据量 $N=T/\Delta t$ 越大，所需的计算机存储量和计算量就越大。反之，采样频率低到一定程度就会丢失或歪曲原始信号的信息。例如在图 2-3 中如果只有采样点 1、2、3 的采样值就分不清曲线 A、曲线 B 和曲线 C 的差异。

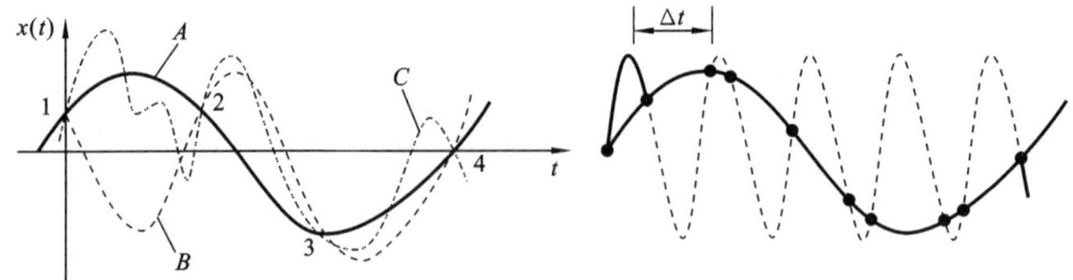

图 2-3　频率混淆现象

从频率角度来看，间距为 Δt 的采样脉冲序列 $g(t)$ 的傅里叶变换也是脉冲序列。

因为 $g(t)$ 是周期函数，所以可以把它表示为傅里叶级数的复指数函数的形式：

$$g(t)=\sum_{n=-\infty}^{\infty}C_n\mathrm{e}^{\mathrm{j}2\pi nf_0t} \tag{2-5}$$

式中：$f_0=1/\Delta t$，系数 C_n 为

$$\begin{aligned}C_n&=\frac{1}{\Delta t}\int_{-\Delta t/2}^{\Delta t/2}g(t)\mathrm{e}^{-\mathrm{j}2\pi nf_0t}\mathrm{d}t=\frac{1}{\Delta t}\int_{-\Delta t/2}^{\Delta t/2}\delta(t)\mathrm{e}^{-\mathrm{j}2\pi nf_0t}\mathrm{d}t\\&=\frac{1}{\Delta t}\int_{-\Delta t/2}^{\Delta t/2}\delta(t)\mathrm{e}^{0}\mathrm{d}t=\frac{1}{\Delta t}\times 1=\frac{1}{\Delta t}\end{aligned} \tag{2-6}$$

则

$$g(t)=\frac{1}{\Delta t}\sum_{n=-\infty}^{\infty}e^{j2\pi nf_0 t} \tag{2-7}$$

对式(2-7)进行傅里叶变换(利用 δ 函数的变换对应的频移变换)得其频谱(见图 2-4)：

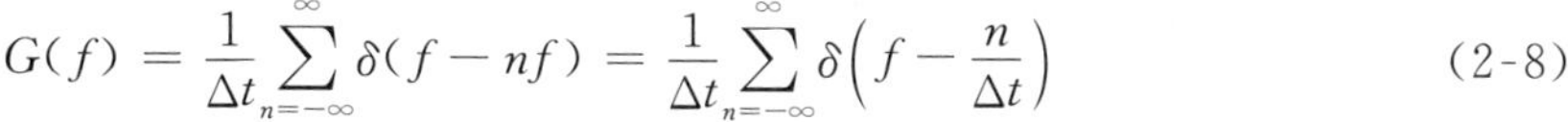

$$G(f)=\frac{1}{\Delta t}\sum_{n=-\infty}^{\infty}\delta(f-nf)=\frac{1}{\Delta t}\sum_{n=-\infty}^{\infty}\delta\left(f-\frac{n}{\Delta t}\right) \tag{2-8}$$

图 2-4　周期单位脉冲序列及其频谱

由频域卷积定理可知，两个时域函数的乘积对应于该函数傅里叶变换的卷积，即

$$x(t)g(t)\leftrightarrow X(f)*G(f) \tag{2-9}$$

考虑到 δ 函数与其他函数卷积的结果，就是简单地将 $x(t)$ 在发生脉冲函数的坐标位置上重新构图，则式(2-9)可以写成

$$X(f)*G(f)=X(f)*\frac{1}{\Delta t}\sum_{n=-\infty}^{\infty}\delta\left(f-\frac{n}{\Delta t}\right)=\frac{1}{\Delta t}\sum_{n=-\infty}^{\infty}X\left(f-\frac{n}{\Delta t}\right) \tag{2-10}$$

式(2-10)为 $x(t)$ 经过间隔为 Δt 的采样之后所形成的采样信号的频谱，如图 2-5 所示。

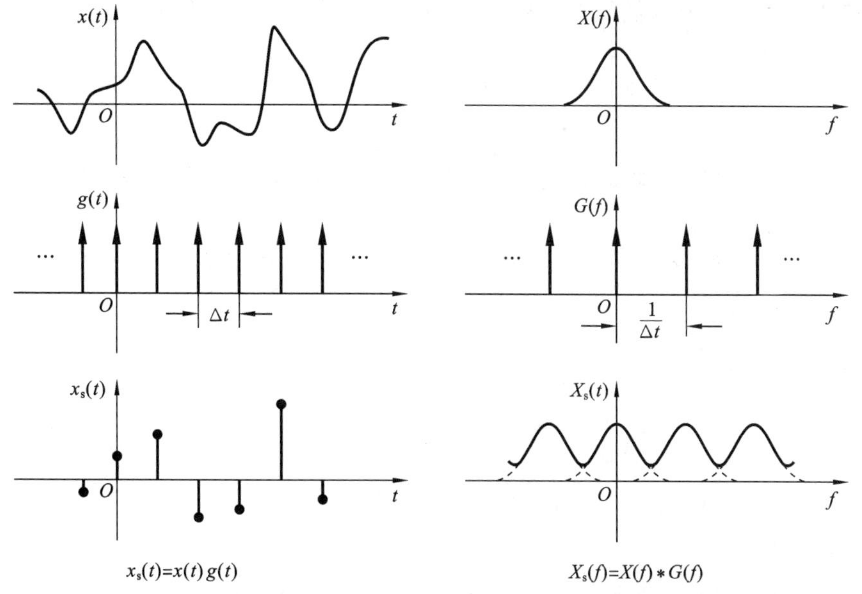

图 2-5　从时域和频域看采样过程

由图可见：采样间隔 Δt 太大，即采样频率 f_s 太低，平移距离 $1/\Delta t$ 过小，那么移至各采样脉冲所在处的频谱 $X(f)$ 就会有一部分相互交叠，其合成 $X(f)*G(f)$ 图形与原来的 $X(f)$ 不一致，这种现象称为混叠。发生混叠以后，原来频谱的部分幅值将改变，这样就不可能从离散的采样信号 $x(t)g(t)$ 准确地恢复原来的时域信号 $x(t)$。

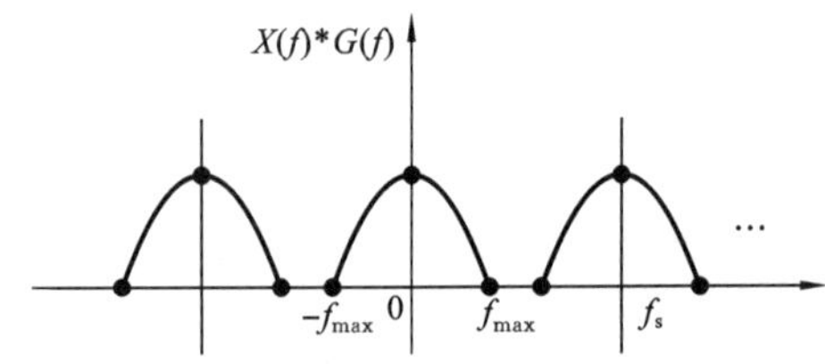

图 2-6　不产生混叠的条件($f_s>2f_{max}$)

如果 $x(t)$ 是一个限带信号(最高频率 f_{max} 为有限值),采样频率 $f_s=\frac{1}{\Delta t}>2f_{max}$,那么采样后的频谱 $X(f)*G(f)$ 就不会发生混叠,如图 2-6 所示。

由此可见,采样频率 f_s 必须大于两倍的最高频率,即 $f_s>2f_{max}$,这就是采样定理。综上所述,解决频率混叠的方法如下。

(1) 提高采样频率以满足采样定理,$f_s=2f_{max}$ 是最低限度,一般取

$$f_s=(2.56\sim4)f_{max} \tag{2-11}$$

(2) 用低通滤波器滤去不需要的高频成分,以防止频率混叠,此时的低通滤波器也称为抗频率混叠滤波器。如滤波器的截止频率为 f_{cut},则取

$$f_{cut}=f_s/(2.56\sim4) \tag{2-12}$$

对于带通信号,即信号中的频率成分 f 满足 $f_1\leqslant f\leqslant f_2$,当带宽 $f_B=f_2-f_1$ 比频率上限 f_2 低很多时,采样频率又可大大降低,通常可以取带宽的 2～4 倍。

如前所述,在采样间隔 Δt 一定时,T 越长,采样点数 N 越多。为了减少计算量,T 不宜过长。但是采样长度过短则不能反映信号的全貌,在作傅里叶分析时,频率分辨率 Δf 与数据长度 T 成反比,即

$$\Delta f=1/T=1/(N\Delta t)=f_s/N \tag{2-13}$$

一般在信号分析仪中,采样点数 N 是固定的,它可为 512、1 024 及 2 048。因此,在满足采样定理的前提下尽可能取较低的采样频率,以保证足够高的频率分辨率。

2.3　信号的幅值域分析

幅值域分析是研究信号瞬时幅值最大值和最小值、幅值的平均值和波动程度、平均能量以及波形幅值的概率分布。

对于信号 $x(t)$ 采样所得的一组离散数据 $x_1,x_2,\cdots,x_N$,它们的计算公式如下:

均值

$$\bar{x}=\frac{1}{N}\sum_{i=1}^{N}x_i \tag{2-14}$$

绝对平均值

$$|\bar{x}|=\frac{1}{N}\sum_{i=1}^{N}|x_i| \tag{2-15}$$

最大值(峰值)

$$x_{max}=\max\{|x_i|\},\quad i=1,2,\cdots,N \tag{2-16}$$

最小值

$$x_{min}=\min\{x_i\},\quad i=1,2,\cdots,N \tag{2-17}$$

方根幅值

$$x_r=\left[\frac{1}{N}\sum_{i=1}^{N}\sqrt{|x_i|}\right]^2 \tag{2-18}$$

峭度

$$\beta = \frac{1}{N}\sum_{i=1}^{N} x_i^4 \tag{2-19}$$

均方根值(有效值)

$$x_{\text{rms}} = \sqrt{\frac{1}{N}\sum_{i=1}^{N} x_i^2} \tag{2-20}$$

方差

$$\sigma^2 = \frac{1}{N}\sum_{i=1}^{N} (x_i - \bar{x})^2 \tag{2-21}$$

方差表示数据$\{x_i\}$的分散程度。均方根值反映信号的能量大小,相当于电学中的有效值。方差的开方σ称为标准差。方差和均方根值的关系为

$$\sigma^2 = x_{\text{rms}}^2 - \bar{x}^2 \tag{2-22}$$

这些是简单的幅值域参数计算,对故障诊断有一定作用,简单的振动监测仪器常使用均方根值x_{rms}、峰值$x_{\text{p}} = \max\{|x_i|\}$,或峰-峰值$x_{\text{p-p}}$。但它们通常对故障不十分敏感。

若$x(t)$为连续信号,采用下述公式计算:

均值

$$\bar{x} = \int_{-\infty}^{+\infty} x p(x)\,\mathrm{d}x \tag{2-23}$$

绝对平均值

$$|\bar{x}| = \int_{-\infty}^{+\infty} |x| p(x)\,\mathrm{d}x \tag{2-24}$$

方根幅值

$$x_{\text{r}} = \left[\int_{-\infty}^{+\infty} \sqrt{|x|}\, p(x)\,\mathrm{d}x\right]^2 \tag{2-25}$$

歪度

$$\alpha = \int_{-\infty}^{+\infty} x^3 p(x)\,\mathrm{d}x \tag{2-26}$$

峭度

$$\beta = \int_{-\infty}^{+\infty} x^4 p(x)\,\mathrm{d}x \tag{2-27}$$

均方根值

$$x_{\text{rms}} = \sqrt{\int_{-\infty}^{+\infty} x^2 p(x)\,\mathrm{d}x} \tag{2-28}$$

方差

$$\sigma^2 = \int_{-\infty}^{+\infty} (x_i - \bar{x})^2 p(x)\,\mathrm{d}x \tag{2-29}$$

下面介绍一些性能更好的幅值域参数供故障监测用。同时,必须指出,各种幅值域参数本质上取决于随机信号的概率密度函数。

2.3.1　随机信号的幅值概率密度函数

图 2-7 所示的随机信号,其幅值取值的概率是有一定规律性的,即对同一过程进行多次观测时,信号中的各种幅值出现的频次将趋向于确定的数值。

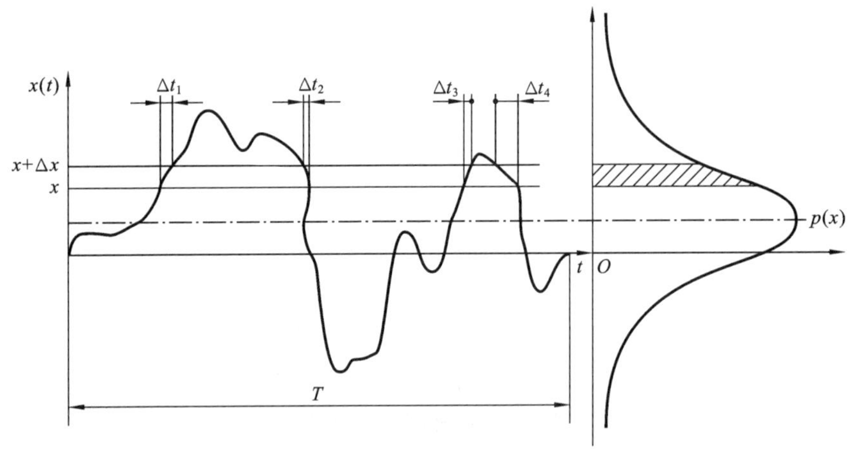

图 2-7 概率密度函数 $p(x)$的计算

在图上作一组与横坐标平行,距离为 Δx 的直线,则 $x(t)$值落在 x 到 $x+\Delta x$ 之间的频次可以用 T_x/T 的比值确定,其中 T_x 是在总观测时间 T 中幅值 $x(t)$位于$(x,x+\Delta x)$区间内的时间。例如图中 $T_x=\Delta t_1+\Delta t_2+\Delta t_3+\Delta t_4$,当 T 趋向于无穷大时,这一比值就趋于 $x(t)$值落在 x 和 $x+\Delta x$ 区间内的概率,可表示为

$$P_r[x<x(t)\leqslant x+\Delta x]=\lim_{T\to\infty}\frac{T_x}{T} \tag{2-30}$$

当 Δx 趋于零时,就得到

$$p(x)=\lim_{\Delta x\to 0}\frac{P_r[x<x(t)\leqslant x+\Delta x]}{\Delta x}=\lim_{\Delta x\to 0}\frac{1}{\Delta x}\left[\lim_{T\to\infty}\frac{T_x}{T}\right] \tag{2-31}$$

可见,$p(x)$表示幅值落在小区间$(x,x+\Delta x)$上的概率与区间长度之比,因此称为幅值概率密度函数。

概率密度函数提供了随机信号沿幅值域分布的信息,是随机信号的重要特征参数之一,不同的随机信号有不同的概率密度函数图形,因此可以用它来作为故障诊断的依据。图 2-8 所示为常见的四种随机信号(这里均假设信号的均值为零)的概率密度函数图形。

如图 2-8(a)所示,正弦信号的 $p(x)$图像呈盆形,因在幅值 x 和 $-x$ 处曲线最平坦,故 $p(x)$ 最大。同理,幅值在零处曲线最陡峭,$p(x)$值最小。如图 2-8(c)、(d)所示随机噪声的 $p(x)$ 图像通常是正态曲线,即

$$p(x)=\frac{1}{\sqrt{2\pi}\sigma}\mathrm{e}^{-\frac{1}{2}\left(\frac{x-\mu}{\sigma}\right)^2} \tag{2-32}$$

它由均值 μ 和方差 σ^2 这两个参数完全确定。图 2-8(b)所示曲线是正弦波和随机噪声的叠加,因而其 $p(x)$图像是盆形曲线和正态曲线的叠加。

不同的信号所具有的幅值概率密度函数有很大差别,这是用 $p(x)$作为故障诊断的依据。例如:某种电动机的振动波形如图 2-9 所示,图(a)为合格品振动波形,图(b)、(c)为废品振动波形;图 2-10 为相应的幅值概率密度函数,图(a)所示曲线接近于正态曲线,图(b)、(c)所示曲线明显不同于正态曲线,其中图(c)中的大幅值概率密度函数增加很多,表明故障引起了严重冲击。

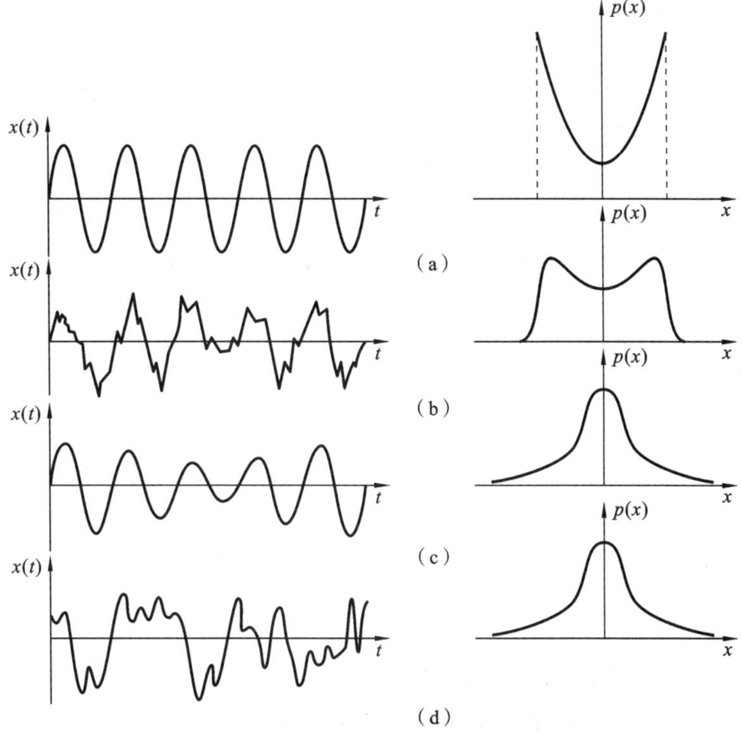

图 2-8　典型信号的时间波形和概率密度函数图像

(a) 正弦波;(b) 正弦波加随机噪声;(c) 窄带随机噪声;(d) 宽带随机噪声

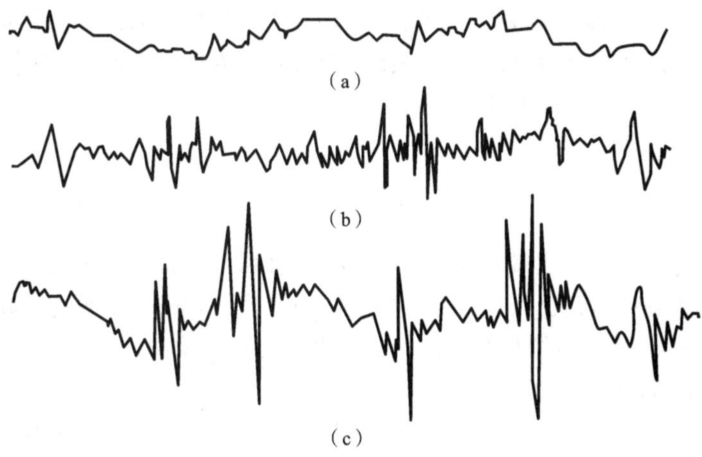

图 2-9　某种电动机的振动波形

(a) 合格品;(b) 废品;(c) 废品

2.3.2　无量纲幅值诊断参数

在实际中,希望幅值域诊断参数对故障足够敏感,而对信号的幅值和频率的变化不敏感,即和机器的工作条件关系不大。为此引入无量纲幅值域参数,它们只取决于概率密度函数 $p(x)$图像的形状。常用的参数有波形指标、峰值指标、脉冲指标、裕度指标、峭度指标。

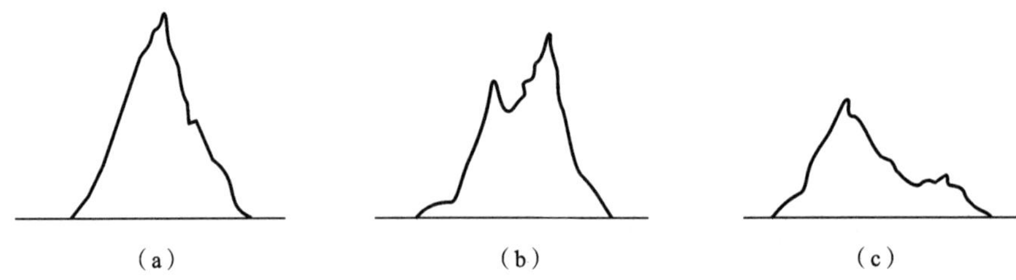

图 2-10　某种电动机的振动信号的幅值概率密度函数图像

(a) 合格品;(b) 废品;(c) 废品

(1) 波形指标。

$$S_{\mathrm{f}}=\frac{x_{\mathrm{rms}}}{|\bar{x}|} \tag{2-33}$$

波形指标是将波形与正弦波相比,反映偏移和畸变的程度,在电子领域中的物理含义可以理解为直流电流相对于等功率的交流电流的比值。

(2) 峰值指标。

$$C_{\mathrm{f}}=\frac{x_{\max}}{x_{\mathrm{rms}}} \tag{2-34}$$

峰值指标 C_{f} 是信号峰值与有效值(RMS)的比值,代表的是峰值在波形中的极端程度。峰值指标反映波形是否有冲击,是反映波峰高度的指标。

(3) 脉冲指标。

$$I_{\mathrm{f}}=\frac{x_{\max}}{|\bar{x}|} \tag{2-35}$$

脉冲指标 I_{f} 是信号峰值与整流平均值(绝对值的平均值)的比值。脉冲指标和峰值指标的区别在分母上,对于同一组数据,因为整流平均值小于有效值,所以脉冲指标一般大于峰值指标。脉冲指标是表示波的冲击性质的指标。

(4) 裕度指标。

$$\mathrm{CL}_{\mathrm{f}}=\frac{x_{\max}}{x_{\mathrm{r}}} \tag{2-36}$$

裕度指标表示信号的幅值概率密度函数 $p(x)$ 对纵坐标的不对称性。CL_{f} 越大,相应的 $p(x)$ 越不对称,且不对称有正(右偏移)负(左偏移)之分,如图 2-11 所示。旋转机械等设备的振动信号由于存在某一方向的摩擦或碰撞,或者某一方向的支撑刚度较弱,会造成振动波形的不对称,使裕度指标增大。

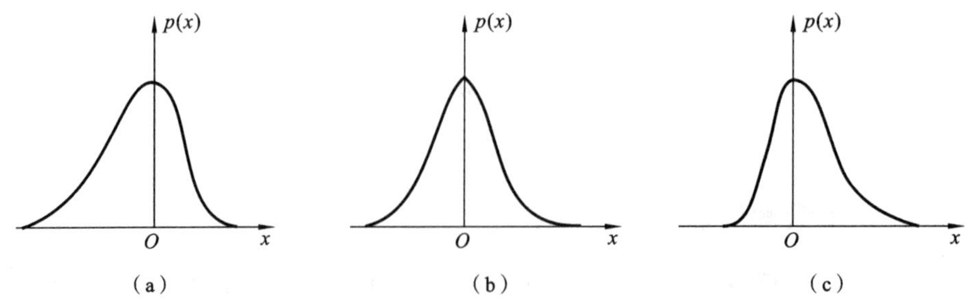

图 2-11　裕度指标 CL_{f} 的物理意义

(a) 左偏移($\mathrm{CL}_{\mathrm{f}}<0$);(b) 正常($\mathrm{CL}_{\mathrm{f}}=0$);(c) 右偏移($\mathrm{CL}_{\mathrm{f}}>0$)

(5) 峭度指标。

$$K_r=\frac{\beta}{x_{rms}^4} \tag{2-37}$$

峭度指标表示波形的尖峭程度，反映有无冲击。峭度指标 K_r 的物理意义如图 2-12 所示。当 $K_r=3$ 时，定义分布曲线具有正常正态分布（即零峭度）；当 $K_r>3$ 时，分布曲线具有正峭度，此时正态分布曲线峰顶的高度高于正常正态分布曲线，故称为正峭度。当 $K_r<3$ 时，分布曲线具有负峭度，此时正态分布曲线峰顶的高度低于正常正态分布曲线，故称为负峭度。

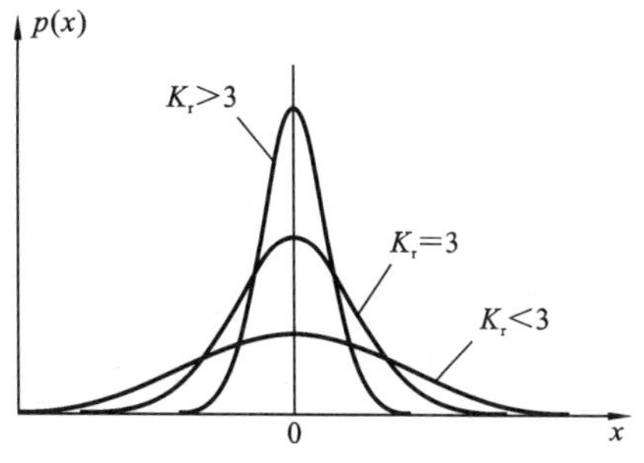

图 2-12　峭度指标 K_r 的物理意义

以上参数的分子都是振动最大值或振动的高次方，突出了大振幅的作用，实质上是对大振幅的提升。通过选用与运行工况基本适应的比较稳定的振值作为基准值，以此来消除工况振动对参数的影响，提高故障的灵敏度。在这些参数中，峭度指标、裕度指标和脉冲指标对冲击类故障比较敏感，特别是当故障早期发生时，它们会明显增大；但上升到一定程度后，随着故障的逐渐发展，这些参数反而会减小，表明它们对早期故障有较高的敏感性，但稳定性不好。一般来说，均方根值的稳定性较好，但对早期故障信号不敏感。所以，为了取得较好的效果，常将它们同时应用，以兼顾敏感性和稳定性。无量纲参数的敏感度和稳定性见表 2-1，几种典型信号的无量纲幅值参数见表 2-2。

表 2-1　无量纲参数的比较

序号	幅值域参数	敏感度	稳定性
1	波形因子 S_f	差	好
2	峰值因子 C_f	一般	一般
3	脉冲因子 I_f	较好	一般
4	裕度因子 CL_f	好	一般
5	峭度因子 K_r	好	好
6	均方根值	较差	较好

表 2-2　几种典型信号的无量纲幅值参数

信号类型	S_f	C_f	I_f	CL_f	K_r
正弦波	1.11	1.41	1.57	1.73	1.50
三角波	1.56	1.73	2.00	2.25	1.80

对于正弦波和三角波，不管幅值和概率为多大，这些参数是不变的。因为这类信号的频率不会改变其幅值概率密度函数，振幅的变化对这些参数计算式中的分子和分母的影响相同，因而相消。

例 2-1　求 $x_1(t)=2\sin t$ 和 $x_2(t)=5\sin 2t$ 的脉冲指标。

解　对于 $x_1(t)$，$x_{max}=2$。

$$|\bar{x}|=\frac{4}{\pi},\quad I_{f1}=\frac{x_{max}}{|\bar{x}|}=\frac{2}{4/\pi}=\frac{\pi}{2}=1.57$$

对于 $x_2(t)$，$x_{max}=5$。

$$|\bar{x}|=\frac{10}{\pi},\quad I_{f2}=\frac{x_{max}}{|\bar{x}|}=\frac{5}{10/\pi}=\frac{\pi}{2}=1.57$$

故两者相同，尽管 $x_1(t)$和 $x_2(t)$的振幅和频率不相同。

正态随机信号的无量纲参数如表 2-3 所示。

表 2-3　正态随机信号的无量纲参数

正态随机信号峰值概率	S_f	C_f	I_f	CL_f	K_r
32%		1	1.25	1.45	
4.55%	1.45	2	2.51	2.89	3
0.27%		3	3.76	4.33	
6×10^{-7}%		5	6.27	7.23	

对于正态随机信号，波形指标和峭度指标为定值(理由同上)，而其余几个指标则随峰值概率的减小而上升，这是因为在公式中分母会随着峰值概率的减小而减小。

无量纲幅值域参数诊断齿轮故障的实例：新齿轮经过运行产生了疲劳剥落故障，振动信号中有明显的冲击脉冲，各幅值域参数除了波形因子 S_f 外，其余的均有明显上升。各参数见表 2-4。

表 2-4　齿轮振动信号的无量纲幅值域诊断参数

齿轮类型	CL_f	K_r	I_f	C_f	S_f
新齿轮	4.143	2.659	3.536	2.867	1.233
坏齿轮	7.246	4.335	6.122	4.797	1.376

综上所述，要想取得较好的故障监测效果，可以采用以下措施。

(1) 同时用峭度指标(或裕度指标)与均方根值进行故障监测，以兼顾敏感性与稳定性。

(2) 连续监测可发现峭度指标(或裕度指标)的变化趋势，当指标上升到顶点开始下降时，就要密切注意是否有故障发生。

2.4　信号的时间域分析

一般得到的原始数据波形都是时域波形。时域波形直观、易于理解。对某些故障，其信号波形有很明显的特征，因此可以利用波形先作初步判断。例如：当齿轮和滚动轴承有疲劳剥落时，信号中存在冲击脉冲，如图 2-13(a)所示；当回转机械有较大不平衡时，信号中有明显的周期性成分，如图2-13(b)所示；在回转轴有不对中故障时，振动信号幅值在一转之中有大小变化，如图 2-13(c)所示。但当故障轻微，或信号中混有很大的干扰噪声时，载有故障信息的波形特征就会被淹没。为了提高信号的质量，往往要对信号进行预处理，消除或减少噪声及干扰。关于预处理将在后面进一步讨论。

时域分析最重要的特点是信号的时序，即数据产生的先后顺序。在前面的幅域分析中，尽管均值、方差及各种幅值参数可用样本时间波形来计算，但是在计算中，顺序是不起任何作用的，将数据任意排列，所得结果是一样的。

在时域中抽取信号特征的主要方法有相关分析和时序建模分析。由于时序建模分析受到

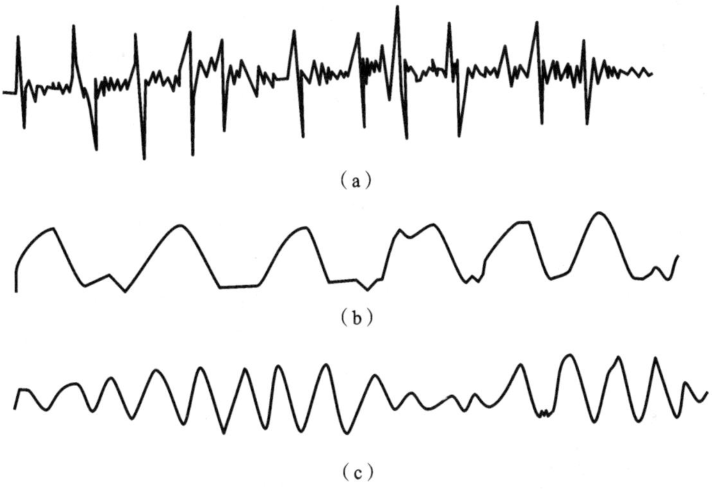

图 2-13　滚动轴承故障的时域波形特性

(a) 疲劳剥落；(b) 不平衡；(c) 不对中

学时和篇幅的限制，故略。本节主要介绍相关分析，包括相关系数、自相关函数、互相关函数等内容。

2.4.1　相关及相关系数

1. 相关

讨论两个变量 y 和 x 之间的关系。如果它们都是确定性变量，则为函数关系，图 2-14(a)体现了 $y=kx$ 的直线关系。如果它们是随机变量，则为一种相关关系。将它们对应的变量对(x_1, y_1)画在坐标平面上，将得到某种散布图。在图 2-14(b)上可看到，随机变量 y 和 x 之间没有什么相关关系或依赖关系，当 x 值较大时，y 值可大可小，反之亦然。而在图 2-14(c)上可看到某种相关关系，当 x 值较大时，y 值亦较大。

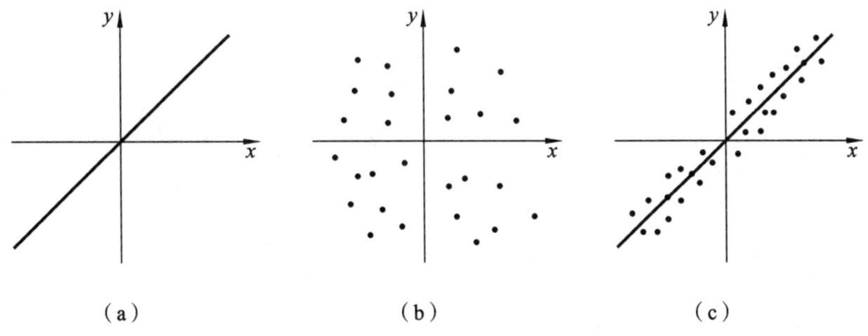

图 2-14　两个变量之间的关系

相关这个概念用在研究信号的性质时，也可简单认为是两个或两个以上信号之间的相似程度。如果两个信号的时域波形形状完全相似，即随时间变化对应相同，仅两者的幅值大小不同，如图 2-15(a)、(b)所示，那么就称这两个信号是完全相关的。反之，如图 2-15(b)、(c)所示的两个波形，没有任何相似之处，则它们是互不相关的。如果两个信号，其波形虽不完全相似，但也有点相像，就认为存在一定的相关程度。为了说明这种相关程度的大小，引出了相关系数的概念。

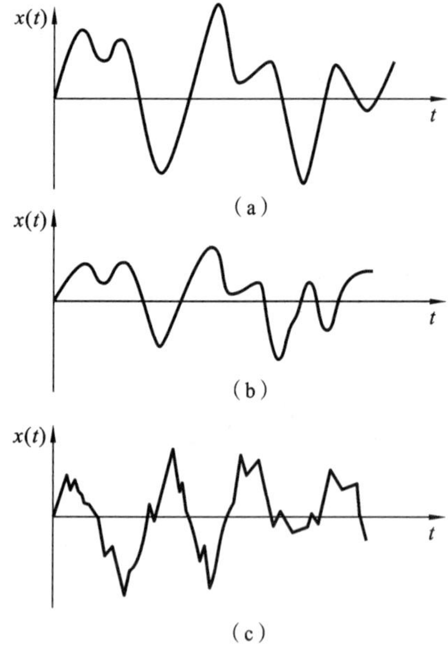

图 2-15 相关在研究信号时的含义

2. 相关系数

对两个变量 x 和 y 之间的相关程度通常用相关系数 ρ_{xy} 表示，有

$$\rho_{xy}=\frac{E[(x-\mu_x)(y-\mu_y)]}{\sigma_x\sigma_y} \tag{2-38}$$

式中：E——数学期望(也称为均值)；

μ_x——随机变量 x 的均值，$\mu_x=E[x]$；

μ_y——随机变量 y 的均值，$\mu_y=E[y]$；

σ_x,σ_y——随机变量 x,y 的标准差。

因为

$$\sigma_x^2=E[(x-\mu_x)^2]$$

$$\sigma_y^2=E[(y-\mu_y)^2]$$

利用柯西-施瓦茨不等式可得

$$E[(x-\mu_x)(y-\mu_y)]^2\leqslant E[(x-\mu_x)^2(y-\mu_y)^2]$$

即

$$\sigma_{xy}^2\leqslant\sigma_x^2\sigma_y^2$$

故可知 $|\rho_{xy}|\leqslant 1$，当 $\rho_{xy}=1$ 时，则所有的点都落在 $y-\mu_y=m(x-\mu_x)$ 直线上，说明 x、y 两变量呈理想的线性相关性。$\rho_{xy}=-1$ 时，x、y 也呈理想的线性相关性，只是直线的斜率为负。$\rho_{xy}=0$ 表示 x、y 两变量完全不相关，如图 2-14(b)所示。由此可见，相关系数从概率分布的角度反映了两随机变量之间的依赖关系。

2.4.2 自相关函数

对于某个随机过程(例如前述的机器噪声过程)产生的随机数据，可以用自相关函数来描述一个时刻与另一个时刻间的依赖关系。这就相当于研究 t 时刻和 $t+\tau$ 时刻的两个随机变量(两个信号)$x(t)$ 和 $x(t+\tau)$ 之间的相关性，如图 2-16 所示。假如把 $\rho_{x(t)x(t+\tau)}$ 简写为 $\rho_x(\tau)$，那么相关系数为

$$\rho_x(\tau)=\frac{\lim\limits_{T\to\infty}\frac{1}{2T}\int_{-T}^{T}[x(t)-\mu_x][x(t+\tau)-\mu_x]\mathrm{d}t}{\sigma_x^2}$$

$$=\frac{\lim\limits_{T\to\infty}\frac{1}{2T}\int_{-T}^{T}x(t)x(t+\tau)\mathrm{d}t-\mu_x^2}{\sigma_x^2}$$

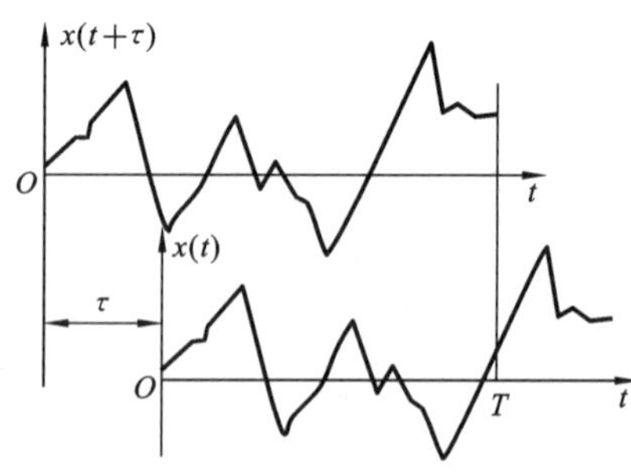

图 2-16 自相关函数的计算

若用 $R_x(\tau)$ 表示自相关函数，其定义为

$$R_x(\tau)=\lim_{T\to\infty}\frac{1}{2T}\int_{-T}^{T}x(t)x(t+\tau)\mathrm{d}t \tag{2-39}$$

这样相关系数可写为

$$\rho_x(\tau)=\frac{R_x(\tau)-\mu_x^2}{\sigma_x^2}=\frac{R_x(\tau)-\mu_x^2}{x_{\mathrm{rms}}^2-\mu_x^2} \tag{2-40}$$

当均值为零时，

$$\rho_x(\tau)=\frac{R_x(\tau)}{\sigma_x^2}$$

取不同的 τ 值，就有不同的 $R_x(\tau)$ 值，相应的自相关系数也不同。

为了帮助理解自相关函数的物理含义和其应用，简要叙述其基本性质。

(1) $\tau=0$ 的相关值　由定义式可知

$$R_x(0)=\lim_{T\to\infty}\frac{1}{T}\int_0^T x(t)x(t+0)\mathrm{d}t=\lim_{T\to\infty}\frac{1}{T}\int_0^T x^2(t)\mathrm{d}t=x_{\mathrm{rms}}^2$$

$$\rho_x=\frac{R_x(\tau)}{R_x(0)}=\frac{R_x(0)}{R_x(0)}=1 \tag{2-41}$$

因为 $\tau=0$，相比较的就是信号的本身，其相关值最大，其值就是信号的平均功率，相关系数为 1。

(2) $\tau=\infty$的相关函数

$$R_x(\infty)=\lim_{\tau\to\infty}E[x(t)x(t+\infty)]=\lim_{\tau\to\infty}E[x(t+\tau)]\cdot E[x(\tau)]=\mu_x^2$$

当 $\tau=\infty$时，信号 $x(t)$和 $x(t+\infty)$将变得毫不相关，$R_x(\tau)$的数学期望值趋近于 μ_x^2。当 $\mu_x^2=0$ 时，$R_x(\infty)=0$，说明当 τ 增大时，自相关函数曲线总是收敛于水平线 μ_x^2 或零线，如图2-17所示。

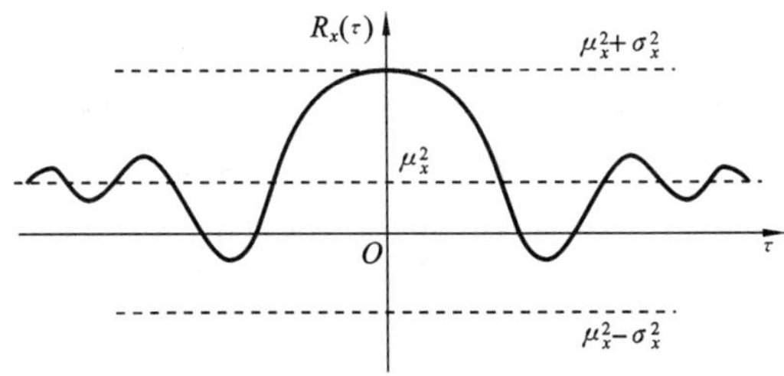

图 2-17　$R_x(\tau)$随 τ 的变化曲线图

(3) $R_x(\tau)$的极值范围　由式(2-40)可知

$$\rho_x(\tau)=\frac{R_x(\tau)-\mu_x^2}{x_{\mathrm{rms}}^2-\mu_x^2}=\frac{R_x(\tau)-\mu_x^2}{R_x(0)-\mu_x^2}$$

因为

$$R_x(\tau)\leqslant R_x(0)$$

所以

$$-1\leqslant\rho_x(\tau)\leqslant 1$$

则

$$-1\leqslant\frac{R_x(\tau)-\mu_x^2}{\sigma_x^2}\leqslant 1$$

当 $\rho_x(\tau)\geqslant -1$ 时，则

$$R_x(\tau)\geqslant\mu_x^2-\sigma_x^2 \tag{2-42}$$

当 $\rho_x(\tau)\leqslant 1$ 时，则

$$R_x(\tau)\leqslant\mu_x^2+\sigma_x^2 \tag{2-43}$$

显然，$R_x(\tau)$的极值范围为

$$\mu_x^2-\sigma_x^2\leqslant R_x(\tau)\leqslant\mu_x^2+\sigma_x^2 \tag{2-44}$$

这个结论如图 2-17 所示。

(4) 自相关函数是偶函数　即满足

$$R_x(\tau)=R_x(-\tau) \tag{2-45}$$

因此,自相关函数曲线关于纵坐标轴对称。

例 2-2 求正弦函数 $x(t)=x_0\sin(\omega t+\varphi)$ 的自相关函数。初始角 φ 为一随机变量。

解 此正弦函数是一个零均值的各态历经随机函数,其各种平均值可以用一个周期内的平均值表示。该正弦函数的自相关函数为

$$R_x(\tau)=\lim_{T\to\infty}\frac{1}{T}\int_0^T x(t)x(t+\tau)\mathrm{d}t=\frac{1}{T_0}\int_0^{T_0}x_0^2\sin(\omega t+\varphi)\sin[\omega(t+\tau)+\varphi]\mathrm{d}t$$

式中:T_0——正弦函数的周期,$T_0=\dfrac{2\pi}{\omega}$。

令 $\omega t+\varphi=\theta$,则 $\mathrm{d}t=\dfrac{\mathrm{d}\theta}{\omega}$。于是

$$R_x(\tau)=\frac{x_0^2}{2\pi}\int_0^{2\pi}\sin\theta\sin(\theta+\omega\tau)\mathrm{d}\theta=\frac{x_0^2}{2}\cos\omega\tau$$

可见正弦函数的自相关函数是一个余弦函数,在 $\tau=0$ 时具有最大值,但它不随 τ 的增加而衰减至零。它保留了正弦信号的幅值和频率信息,而丢失了初始相位信息。

例 2-3 某一随机过程 $x(t)$ 的自相关函数为 $R_x(\tau)=100\mathrm{e}^{-10|\tau|}+100\cos10\tau+100$,求其均值、均方差和方差。

解 (1) 均值 由题可知 $R_x(\tau)$ 由三部分组成。当 $\tau\to\infty$ 时,根据自相关函数的性质(2)可知,第一项 $100\mathrm{e}^{-10|\tau|}\to0$;第二项由余弦波产生,其均值为零;第三项为常数。故

$$\mu_x^2=\lim_{\tau\to\infty}R_x(\tau)=100$$

则

$$\mu_x=\pm10$$

(2) 均方值 根据自相关函数的性质(1)有

$$x_{\mathrm{rms}}^2=E[x^2]=R_x(0)=100+100+100=300$$

(3) 方差

$$\sigma_x^2=E[x^2]-\mu_x^2=300-100=200$$

表 2-5 给出了常见信号的自相关函数及其图形。将表 2-5 中的图形稍加对比就可以看到,自相关函数是区别信号类型的一个非常有效的手段。只要信号中含有周期成分,其自相关函数在 τ 很大时都不衰减,并具有明显的周期性。不包含周期成分的随机信号,当 τ 稍大时自相关函数就趋近于零。因此它是故障诊断的依据,利用这个特点,可以用较大的延时 τ 计算信号的自相关函数,以抑制噪声的影响,从而将周期性成分检测出来,这是自相关函数的重要应用之一。

表 2-5 常见信号的自相关函数及其图形

信号类型	自相关函数 $R_x(\tau)$	
	数学描述式	图形
常数	$R_x(\tau)=c^2$	$R_x(\tau)$ τ

续表

信号类型	自相关函数 $R_x(\tau)$	
	数学描述式	图形
正弦波	$R_x(\tau)=\frac{x^2}{2}\cos 2\pi f_0\tau$	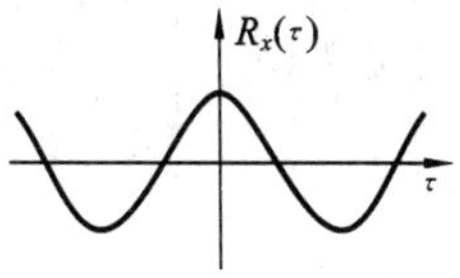 $R_x(\tau)$ τ
指数	$R_x(\tau)=\mathrm{e}^{-a\lvert\tau\rvert}$	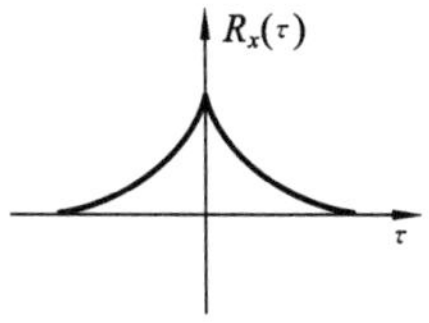 $R_x(\tau)$ τ
指数余弦	$R_x(\tau)=\mathrm{e}^{-a\lvert\tau\rvert}\cos 2\pi f_0\tau$	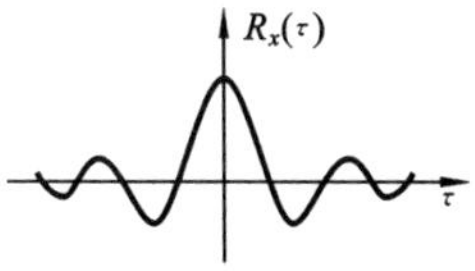 $R_x(\tau)$ τ
白噪声	$R_x(\tau)=a\delta(\tau)$	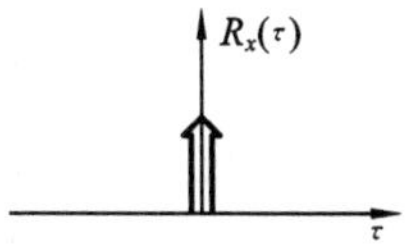 $R_x(\tau)$ τ
低通白噪声	$R_x(\tau)=aB\left(\frac{\sin 2\pi B\tau}{2\pi B\tau}\right)$	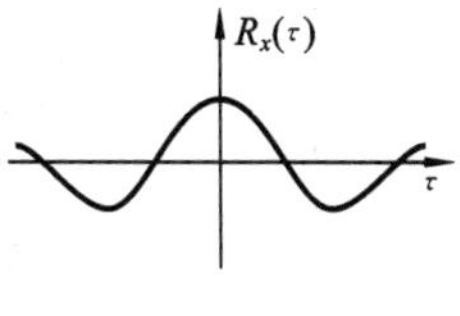 $R_x(\tau)$ τ
带通白噪声	$R_x(\tau)=aB\left(\frac{\sin 2\pi B\tau}{\pi B\tau}\right)\cos 2\pi f_0\tau$	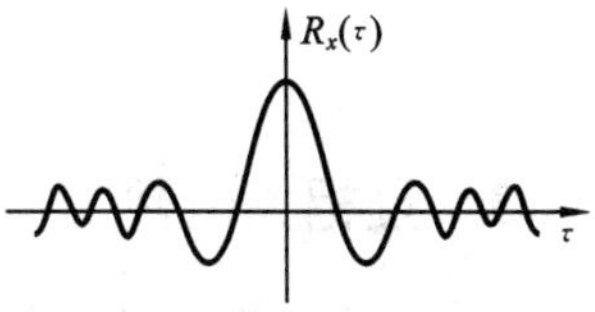 $R_x(\tau)$ τ

实例 1:某一机械加工表面粗糙度的波形,经自相关分析后得到的自相关图形(见图 2-18)呈现周期性,这表明造成粗糙度的原因中包含有某种周期因素,从自相关图中可以确定周期因素的频率,从而可以进一步分析其原因。

实例 2:新机器或正常机器,其平稳状态下的振动信号的自相关函数往往同宽带随机噪声的相近,当出现故障时,特别是有周期性冲击时,在滞后量为周期的整数倍处,自相关函数就会出现较大的峰值。图 2-19 给出了某种机器中的 6306 轴承在不同状态下的振动加速度信号的自相关函数。

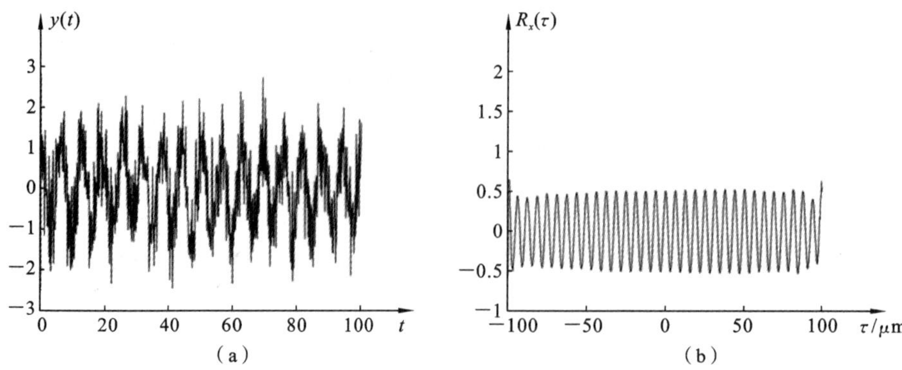

图 2-18　表面粗糙度波形与自相关函数图像

(a) 粗糙度波形；(b) 自相关函数图像

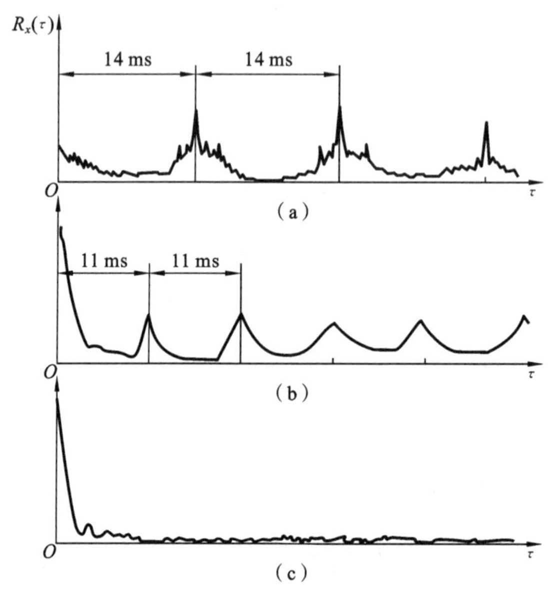

图 2-19　轴承振动信号的自相关函数图像

(a) 因外圈滚道上有疵点，间隔 14 ms 处有峰值；(b) 因内圈滚道有疵点，在 11 ms 间隔处有峰值；

(c) 正常轴承自相关函数图像，接近于宽带随机噪声的自相关函数图像

2.4.3　互相关函数

互相关函数研究两个信号的相关性。若两个信号分别为 $x(t)$和 $y(t)$，其中一个信号 $x(t)$不变，而 $y(t)$延迟一个时刻 τ，求它们的相关程度，称为互相关分析。这种互相关程度也随 τ 的取值不同而变化，是 τ 的函数，称为互相关函数，其定义为

$$R_{xy}(\tau)=\lim_{T\to\infty}\frac{1}{2T}\int_{-T}^{T}x(t)y(t+\tau)\mathrm{d}t \tag{2-46}$$

互相关函数的物理意义可由图 2-20 来说明。图(a)为信号 $x(t)$的波形；图(b)为信号 $y(t)$的波形；图(c)为信号 $y(t)$延迟一个时刻 τ_1 的波形；图(d)为 $x(t)$和 $y(t+\tau_1)$对应时刻瞬时值相乘后的波形 $x(t)y(t+\tau_1)$；图(e)为 $x(t)y(t+\tau_1)$积分平均后所得 $R_{xy}(\tau_1)$的值，当 $t\to\infty$时，它将趋近一个稳定值；图(f)为互相关函数图像，即 $R_{xy}(\tau)$随 τ 变化而变化的函数图像。

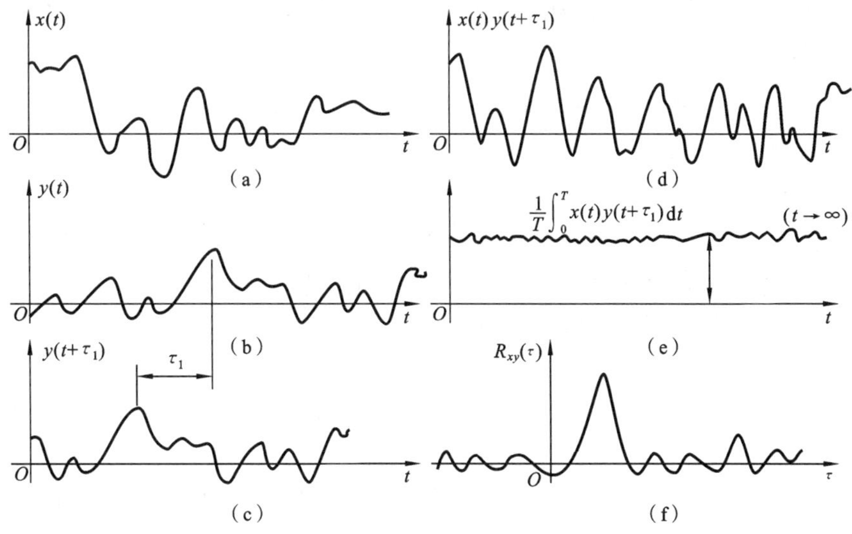

图 2-20　互相关函数的求解过程

$R_{xy}(\tau_1)$只是图中对应于 τ_1 时刻的互相关值。

为了进一步帮助理解互相关函数的物理含义，下面介绍它的一些基本特征。

(1) 两个相互独立的随机信号的相关值　两个互相独立的平稳的随机信号必须满足

$$R_{xy}(\tau)=E[x(t)y(t+\tau)]=E[x(t)]E[y(t+\tau)]=\mu_x\mu_y \tag{2-47}$$

这说明两个信号互不相关时，其相关函数值将停留在水平线 $\mu_x\mu_y$ 上。对于 $\mu_x=\mu_y=0$ 的两个随机信号，则其互相关函数将收敛于 τ 轴。

(2) $\tau=0$ 时的互相关函数　前面说过，对于自相关函数，当 $\tau=0$ 时，$R_{xy}(\tau)$具有最大值，但是对于两个不同信号的互相关函数，由于 $\tau=0$ 时的波形并不会一样，因而 $R_{xy}(\tau)$不一定具有最大值，最大值可能出现在其他时刻，如图 2-20(f)所示。

(3) 互相关函数的极值范围　由前面相关系数的定义，对两个各态历经随机过程有

$$\rho_{xy}(\tau)=\frac{\lim\limits_{T\to\infty}\frac{1}{2T}\int_{-T}^{T}[x(t)-\mu_x][y(t+\tau)-\mu_x]\mathrm{d}t}{\sigma_x\sigma_y}=\frac{\lim\limits_{T\to\infty}\frac{1}{2T}\int_{-T}^{T}x(t)y(t+\tau)\mathrm{d}t-\mu_x\mu_y}{\sigma_x\sigma_y}$$

$$=\frac{R_{xy}(\tau)-\mu_x\mu_y}{\sigma_x\sigma_y} \tag{2-48}$$

因为$|\rho_{xy}(\tau)|\leqslant 1$，故互相关函数的变化范围为

$$\mu_x\mu_y-\sigma_x\sigma_y\leqslant R_{xy}(\tau)\leqslant\mu_x\mu_y+\sigma_x\sigma_y$$

综上所述，互相关函数的某些特征可用图 2-21 来表示。

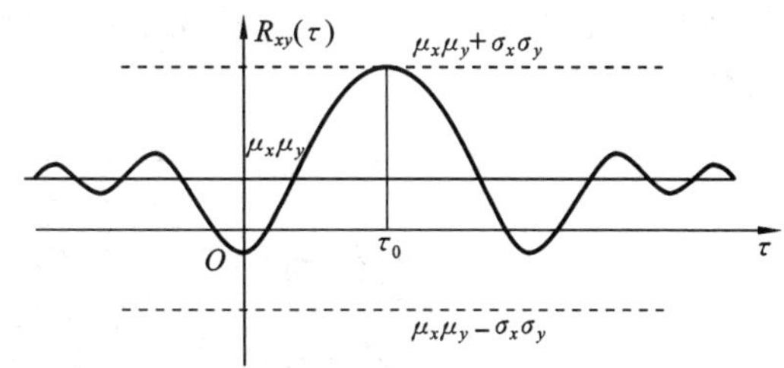

图 2-21　互相关函数的极限范围

例 2-4　设有两个周期信号 $x(t)$和 $y(t)$，

$$x(t)=x_0\sin(\omega t+\theta)$$
$$y(t)=y_0\sin(\omega t+\theta-\varphi)$$

式中：θ——$x(t)$相对于 $t=0$ 时刻的相位角；

φ——$x(t)$与 $y(t)$的相位差。

试求其互相关函数 $R_{xy}(\tau)$。

解　因为两信号是周期信号且频率相同,可以用一个共同周期内的平均值代替其整个历程的平均值。故

$$R_{xy}(\tau)=\lim_{T\to\infty}\frac{1}{T}\int_0^T x(t)y(t+\tau)\mathrm{d}t=\frac{1}{T_0}\int_0^{T_0}x_0\sin(\omega t+\theta)y_0\sin[\omega(t+\tau)+\theta-\varphi]\mathrm{d}t$$

$$=\frac{1}{2}x_0y_0\cos(\omega\tau-\varphi)$$

由此例题可见,两个均值为零且具有相同频率的周期信号,其互相关函数中保留了这两个信号的圆频率 ω、对应的幅值 x_0 和 y_0 以及相位差 φ 的信息。

例 2-5　若两个周期信号的圆频率不等,

$$x(t)=x_0\sin(\omega_1 t+\theta)$$

$$y(t)=y_0\sin(\omega_2 t+\theta-\varphi)$$

试求其互相关函数。

解　因为两信号的圆频率不等($\omega_1\neq\omega_2$),不具有共同的周期,因此按式(2-46)计算,

$$R_{xy}(\tau)=\lim_{T\to\infty}\frac{1}{T}\int_0^T x(t)y(t+\tau)\mathrm{d}t$$

$$=\lim_{T\to\infty}\frac{1}{T}\int_0^T x_0y_0\sin(\omega_1 t+\theta)\sin[\omega_2(t+\tau)+\theta-\varphi]\mathrm{d}t$$

根据正(余)弦函数的正交性,可知

$$R_{xy}(\tau)=0$$

可见,两个非同频率的周期信号是不相关的。

互相关函数的以上特性,使它在工程应用中有重要的价值。

实例 1:在很长的输液管线上,特别是铺设在地下的管线,要发现漏损之处往往是很困难的。目前采用相关分析的新技术,顺利地解决了这一问题。

图 2-22 是这一方法的原理示意图。输液管道在 K 点上有一破裂点,压力液体由此处泄漏时发出一种特殊频率啸叫声,这一信号波由管道壁传送出去。现在管道上的 1、2 两点设置两个相同的传感器,检测出上述破裂处传出的信号波。该两点处的信号是同源的,由于传播距离不同,相差一个时延 τ_M。将 1、2 两点所检测到的信号送入相关仪器处理后,得到一个相关函数曲线,参考例 2-4 的结果,在 τ_M 处取得峰值,它反映了同信号源在管壁上传递到两个传感器的时间差。在曲线上找到峰值对应的 τ_M,计算出破裂点到 1、2 两点连线的中点的距离 S。

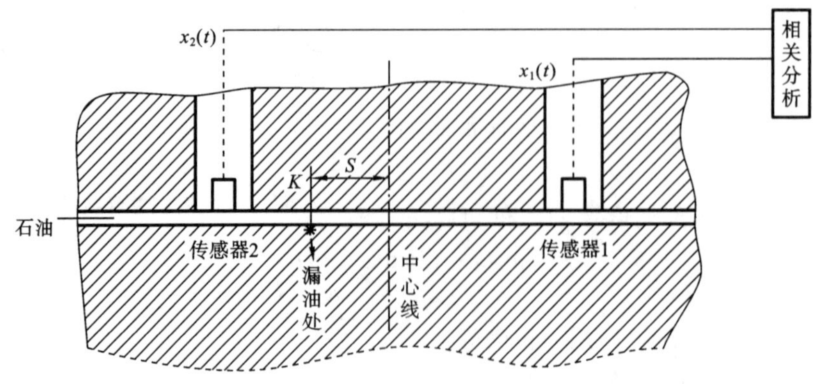

图 2-22　用相关方法检测管道破裂点

$$S=\frac{1}{2}v\tau_{\mathrm{M}}$$

式中：S——破裂点到 1、2 两点连线的中点的距离；

v——弹性波在管道中的传播速度。

2.5　信号的频域分析

频域分析是机械设备故障诊断中应用最广泛的信号处理方法之一。因为故障的发生、发展往往会引起信号频率结构的变化。例如，滚动轴承滚道上的疲劳剥落可引起周期性的冲击，在信号中会有相应的频率成分出现；回转机械在发生不平衡故障时，振动信号就会有回转频率成分等。

频域分析的基础是频谱分析方法，即利用某种变换将复杂的信号分解为简单信号的叠加。使用最普遍的变换是傅里叶变换，它将复杂信号分解为有限或无限个频率的简谐分量。将动态信号的各频率成分的幅值、相位、功率、能量与频率的关系表达出来就是频谱。频谱图形有离散谱（谱线图）与连续谱之分，前者与周期信号及准周期信号相对应，后者与非周期信号及随机信号相对应。对于连续谱，所用的是“谱密度”概念。

频域分析还研究了系统的传递特性、系统输入与输出的关系等。这可以帮助我们了解系统的固有特性，以及故障源的信息变化是如何传递的。

2.5.1　频谱分析的基本概念

1. 周期信号的频谱

周期信号有 $x(t)=x(t+nT)$ 的性质，其中 T 为周期，n 为整数。它可以展开成傅里叶级数，即

$$x(t)=A_0+\sum_{k=1}^{\infty}A_k\cos(2\pi kf_0t+\varphi_k) \tag{2-49}$$

式中：A_0——直流分量；

$A_k\cos(2\pi kf_0t+\varphi_k)$——谐波分量；

A_k——振幅；

φ_k——相角；

f_0——基频，$f_0=1/T$。

各谐波分量的频率均为基频的整数倍。

式(2-49)表明周期信号可以分解为无数多个频率为基频整数倍的谐波分量之和。当周期信号只包含有限个谐波分量时，则只有其对应系数 A_k 不为零，其余为零。为了形象地表示周期信号的谐波成分的组成（频率结构），常采用谱图的形式，最基本的是幅值谱和相位谱。各个谐波分量的振幅 A_k 与频率的图示关系即幅值谱，各个谐波分量的相位 φ_k 与频率的图示关系即相位谱。

图 2-23 给出了几个简单周期信号的谱图。图 2-23(a)中只有一个谐波分量，故幅值谱图上只有一根谱线，相位谱上对应位置的相角为零；图 2-23(b)中有两个谐波分量，其频率为 f_0 和 $3f_0$，故幅值谱图上有两根谱线，相位谱上对应位置的相角分别为 0°和－90°，图 2-23(c)有三个谐波分量，在幅值谱图上有三根谱线，相位谱上对应位置的相角分别为－90°、0°、90°。

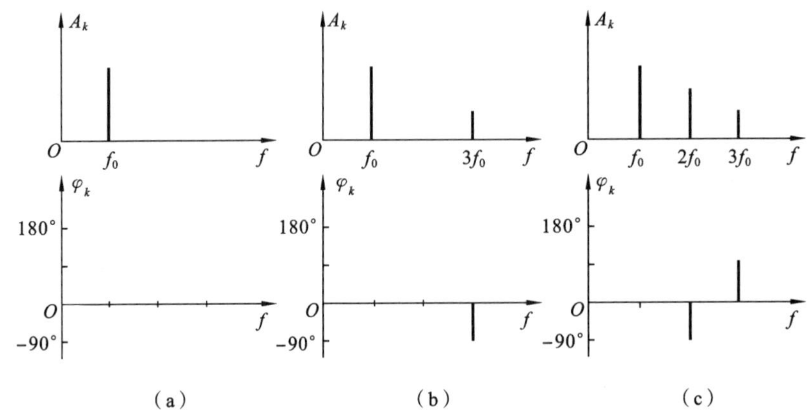

图 2-23　周期信号的幅值谱和相位谱

(a) $x(t)=5\cos2\pi f_0t$;(b) $x(t)=5\cos2\pi f_0t+3\sin6\pi f_0t$;(c) $x(t)=5\cos2\pi f_0t+3\sin4\pi f_0t-3\sin6\pi f_0t$

各个谐波分量叠加为复杂波形时,其相角是很重要的。各谐波分量振幅不变时,仅改变相角会使合成波形有很大变化,甚至面目皆非。

信号的总能量等于各谐波分量与直流分量的能量之和,即 $x(t)$ 的均方值等于

$$x_{\mathrm{rms}}^2=A_0^2+\frac{1}{2}\sum_{k=1}^{\infty}A_k^2 \tag{2-50}$$

2. 非周期信号的频谱

非周期信号,如瞬态振动波形和冲击波形,它们的频谱不能用离散的线谱来表示,必须用连续谱表示。这点可简单说明如下:将非周期信号看成周期为无穷大的周期信号,其基频就趋向于零,因此其谐波分量的间隔将无穷小,频谱也就成为连续的了。例如衰减振动波形的频谱为在 f_0 处有一峰值的连续曲线,如图 2-24(a)所示;半正弦冲击脉冲波形的频谱,如图 2-24(b)所示。同样,非周期信号的相位谱也是连续的。

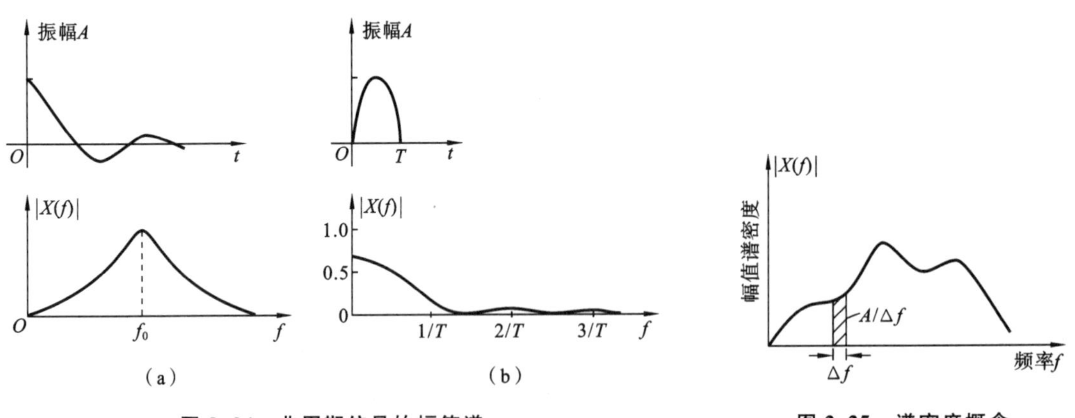

图 2-24　非周期信号的幅值谱　　**图 2-25　谱密度概念**

由于信号的总能量有限,组成它的频率成分有无穷多个,因此每个分量的能量只可能为无穷小。这样就不能用幅值谱概念了,而要用谱密度的概念。谱密度表示单位频率区间上的幅值强度,可以用图 2-25 来说明。将幅值谱密度 $|X(f)|$ 曲线分成许多窄带,每个窄带的宽度为 Δf,如某一窄带中心频率为 f_i,则窄带的面积为 $X(f_i)\Delta f$,可以将它近似看成频率为 f_i 的谐波分量的幅值 A_i,即 $A_i\approx X(f_i)\Delta f$,于是 $|X(f_i)|\approx A_i/\Delta f$,让 $\Delta f\to0$,则得 $|X(f)|\approx$

$\lim\limits_{\Delta f\to 0} A_i/\Delta f$，因此 $X(f)$ 称为幅值谱密度。

非周期信号 $x(t)$ 的幅值谱密度和相位谱可以通过傅里叶变换得到，其定义为

$$X(f)=\int_{-\infty}^{\infty}x(t)\mathrm{e}^{-\mathrm{j}2\pi ft}\mathrm{d}t \tag{2-51}$$

式中：$\mathrm{j}=\sqrt{-1}$ 为虚数单位。

尽管 $x(t)$ 是实数，但其傅里叶变换 $X(f)$ 一般为复数，其模 $|X(f)|$ 为幅值谱密度，其幅角 $\varphi(f)=\arg X(f)$ 即相位谱。

$X(f)$ 的逆傅里叶变换为

$$x(t)=\int_{-\infty}^{\infty}X(f)\mathrm{e}^{\mathrm{j}2\pi ft}\mathrm{d}t \tag{2-52}$$

式(2-52)为 $x(t)$ 按频率分解的表达式。如将 $X(f)$ 表示为复数 $|X(f)|\mathrm{e}^{\mathrm{j}\varphi(f)}$，则

$$x(t)=\int_{-\infty}^{\infty}|X(f)|\mathrm{e}^{\mathrm{j}[2\pi ft+\varphi(f)]}\mathrm{d}f \tag{2-53}$$

因 $\mathrm{e}^{\mathrm{j}[2\pi ft+\varphi(f)]}=\cos[2\pi ft+\varphi(f)]+\mathrm{j}\sin[2\pi ft+\varphi(f)]$，积分后有实部、虚部两部分，而 $x(t)$ 为实数，所以式(2-53)右边积分的虚部应为零，得

$$x(t)=\int_{-\infty}^{\infty}|X(f)\cos[2\pi ft+\varphi(f)]|\mathrm{d}f \tag{2-54}$$

对比周期信号的傅里叶级数表达式

$$x(t)=A_0+\sum_{k=1}^{\infty}A_k\cos(2\pi kf_0t+\varphi_k) \tag{2-55}$$

可见它们是相似的，区别仅在于在式(2-54)中频率是连续的，$|X(f)|$ 代表幅值谱密度，而式(2-55)中的频率是离散的，为基频 f_0 的整数倍，A_k 代表幅值。

在 $x(t)$ 和 $X(f)$ 之间还存在巴塞伐(Parseval)等式：

$$\int_{-\infty}^{\infty}x^2(t)\mathrm{d}t=\int_{-\infty}^{\infty}|X(f)|^2\mathrm{d}f \tag{2-56}$$

等号左边表示 $x(t)$ 在 $(-\infty,+\infty)$ 上的总能量，而等号右边的被积式 $|X(f)|^2$ 相应地被称为 $x(t)$ 的能量谱密度，积分后也表示 $x(t)$ 的总能量。因此式(2-56)又称为 $x(t)$ 总能量的频谱表达式。但是有许多时间函数总能量是无限的，正弦函数就是一例，但其功率是有限的，因此转而去研究 $x(t)$ 在 $(-\infty,+\infty)$ 上的平均功率，即

$$\lim_{T\to\infty}\frac{1}{2T}\int_{-T}^{T}x_T^2(t)\mathrm{d}t$$

其中 $x_T(t)$ 为 $x(t)$ 的截尾函数

$$x_T(t)=\begin{cases}x(t) & (|t|\leqslant T)\\ 0 & (t>T)\end{cases} \tag{2-57}$$

$x_T(t)$ 的傅里叶变换为

$$X(f,T)=\int_{-T}^{T}x_T(t)\mathrm{e}^{-\mathrm{j}2\pi ft}\mathrm{d}t=\int_{-\infty}^{\infty}X_T(t)\mathrm{e}^{-\mathrm{j}2\pi ft}\mathrm{d}t \tag{2-58}$$

它的巴塞伐等式为

$$\int_{-\infty}^{\infty}x_T^2(t)\mathrm{d}t=\int_{-\infty}^{\infty}|X(f,T)|^2\mathrm{d}f \tag{2-59}$$

可得到

$$\lim_{T\to\infty}\frac{1}{2T}\int_{-T}^{T}x^2(t)\mathrm{d}t=\int_{-\infty}^{\infty}\lim_{T\to\infty}\frac{1}{2T}|X(f,T)|^2\mathrm{d}f \tag{2-60}$$

式(2-60)等号左边为 $x(t)$ 在 $(-\infty,+\infty)$ 上的平均功率，而等号右边的被积分式为平均功率谱密度，简称功率谱密度，并记为

$$S_x(f)=\lim_{T\to\infty}\frac{1}{2T}|X(f,T)|^2 \tag{2-61}$$

3. 平稳随机信号的频谱

平稳随机过程的样本曲线波形不是周期信号，因此其频谱应为连续谱。因其样本曲线波形各不相同，因此幅值谱没有意义。平稳随机过程的总能量是无限的，而且能量谱密度也不存在，故平稳随机过程的频谱总是指功率谱密度。与上面非周期信号的功率谱密度表达式不同的是，$X(f,T)$ 是取决于随机样本的，带有随机性，要用它的平均值来计算 $S_x(f)$，因此

$$S_x(f)=\lim_{T\to\infty}\frac{1}{2T}E[|X(f,T)|^2] \tag{2-62}$$

$S_x(f)$ 表示平稳随机过程的平均功率关于频率的分布，$S_x(f)$ 的性质如下。

(1) $S_x(f)$ 是关于 f 的实的、非负的偶函数。式(2-62)中，$|X(f,T)|^2=X(f,T)X(-f,T)$ 是实的、非负的偶函数。

(2) $S_x(f)$ 是自相关函数 $R_x(\tau)$ 的傅里叶变换，$R_x(\tau)$ 是 $S_x(f)$ 的逆傅里叶变换，只要 $R_x(\tau)$ 是绝对可积的($\int_{-\infty}^{\infty}|R_x(\tau)|\mathrm{d}\tau<+\infty$)，即有以下关系

$$S_x(f)=\int_{-\infty}^{\infty}R_x(\tau)\mathrm{e}^{-\mathrm{j}2\pi f t}\mathrm{d}\tau \tag{2-63}$$

$$R_x(\tau)=\int_{-\infty}^{\infty}S_x(f)\mathrm{e}^{\mathrm{j}2\pi f t}\mathrm{d}f \tag{2-64}$$

因为 $S_x(f)$ 与自相关函数的关系，所以其称为自功率谱密度函数。与之类似，互相关函数的傅里叶变换被称为互功率谱密度函数，将在下一小节介绍。

白噪声是指均值为零、功率谱为常数的信号，在工程中很有用。白噪声和正弦信号都不存在通常意义下的傅里叶变换和逆傅里叶变换，但可以通过 δ 函数得到。由式(2-2)可得 δ 函数的傅里叶变换

$$\int_{-\infty}^{\infty}\delta(t)\mathrm{e}^{-\mathrm{j}2\pi f t}\mathrm{d}t=1 \tag{2-65}$$

可见其是个常数，而常数的逆傅里叶变换

$$\int_{-\infty}^{\infty}1\times\mathrm{e}^{\mathrm{j}2\pi f t}\mathrm{d}t=\delta(f) \tag{2-66}$$

由式(2-65)可以得出：若时域信号 $x(t)$ 的自相关函数为 δ 函数，则 $x(t)$ 的自功率谱密度等于 δ 函数的傅里叶变换，是常数，因此信号 $x(t)$ 可能为白噪声。白噪声的能量是无穷的，理想的白噪声带宽也是无穷的，但无穷带宽在现实中是不存在的，一般把有限带宽、均值为零和功率为常数的都可看作是白噪声，如常见的背景噪声。称为“白”是因为类似白光含有各种波长或者频率的单色光，白噪声也包含各种频率的信号分量。同样由式(2-66)知：若时域信号的自相关函数为常数，则其频域的功率谱密度为 δ 函数。图 2-26(a)为窄带随机噪声的功率谱密度，图 2-26(b)为宽带随机噪声的功率谱密度，后者比前者宽而平滑。

其次正弦型自相关函数 $R_x(\tau)=A\cos2\pi f_0 t$ 的功率谱密度为 $S_x(f)=A\delta(f-f_0)$，可见自相关函数为常数或正弦型函数的平稳过程，其谱密度都是离散的。图 2-26(d)为正弦波加随机噪声的功率谱密度，它等于正弦波的功率谱密度加上随机噪声的功率谱密度。

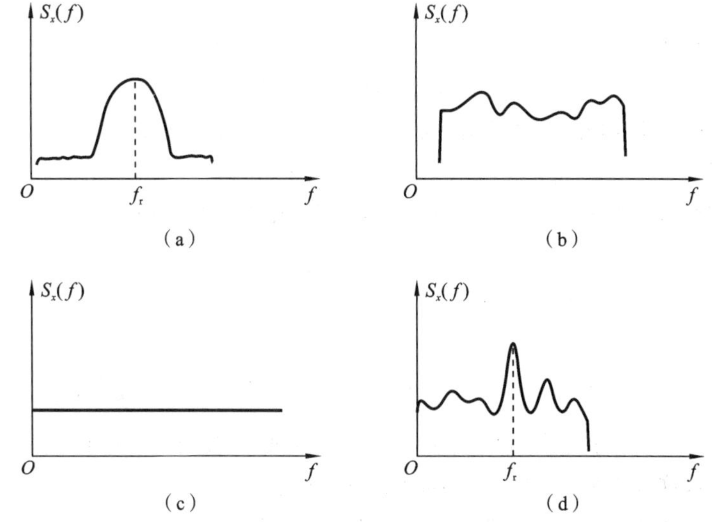

图 2-26　平稳随机噪声的功率谱密度

(a) 窄带随机噪声；(b) 宽带随机噪声；(c) 白噪声；(d) 正弦波加随机噪声

2.5.2　傅里叶变换及其实现方法

由上可见，傅里叶变换在频谱中起了关键作用，为了便于深入了解以后的内容，在此对傅里叶变换的基本性质加以讨论。目前，计算傅里叶变换是用计算机对时域信号$x(t)$的离散数据进行的，因此这里重点讨论离散傅里叶变换的性质，并介绍快速傅里叶变换的概念。

1. 傅里叶变换的基本性质

首先用符号表示傅里叶变换对，如果有

$$X(f)=\int_{-\infty}^{\infty}x(t)\mathrm{e}^{-\mathrm{j}2\pi ft}\mathrm{d}t$$

$$x(t)=\int_{-\infty}^{\infty}X(f)\mathrm{e}^{\mathrm{j}2\pi ft}\mathrm{d}f$$

则称 $x(t)$与 $X(f)$为一傅里叶变换对，记为

$$x(t)\leftrightarrow X(f) \tag{2-67}$$

此式表示 $X(f)$为 $x(t)$的傅里叶变换，$x(t)$为 $X(f)$的逆傅里叶变换。

1) 线性叠加定理

如果 $x_1(t)$和 $x_2(t)$分别有傅里叶变换 $X_1(f)$和 $X_2(f)$，则它们的和 $x_1(t)+x_2(t)$的傅里叶变换为 $X_1(f)+X_2(f)$，此即线性叠加定理。

证明：

$$\int_{-\infty}^{\infty}[x_1(t)+x_2(t)]\mathrm{e}^{-\mathrm{j}2\pi ft}\mathrm{d}t=\int_{-\infty}^{\infty}x_1(t)\mathrm{e}^{-\mathrm{j}2\pi ft}\mathrm{d}t+\int_{-\infty}^{\infty}x_2(t)\mathrm{e}^{-\mathrm{j}2\pi ft}\mathrm{d}t=X_1(f)+X_2(f)$$

上式可记为

$$x_1(t)+x_2(t)\leftrightarrow X_1(f)+X_2(f) \tag{2-68}$$

更为一般的有

$$c_1x_1(t)+c_2x_2(t)\leftrightarrow c_1X_1(f)+c_2X_2(f) \tag{2-69}$$

式中：c_1，c_2——常数。

2）对称性

如果有 $x(t) \leftrightarrow X(f)$，则有

$$X(\pm t) \leftrightarrow x(\mp f) \tag{2-70}$$

这就是说，如果 $X(f)$是信号 $x(t)$的谱，则 $X(\pm t)$的谱就是 $x(\mp f)$。

3）尺度变换

如果有 $x(t) \leftrightarrow X(f)$，令 $t'=kt$，其中 k 为大于零的实常数，则有

$$x(kt) \leftrightarrow \frac{1}{k} X\left(\frac{f}{k}\right) \tag{2-71}$$

因为

$$\int_{-\infty}^{\infty} x(kt) \mathrm{e}^{-\mathrm{j}2\pi ft} \mathrm{d}t = \int_{-\infty}^{\infty} x(t') \mathrm{e}^{-\mathrm{j}2\pi(f/k)t'} \mathrm{d}(t'/k) = \frac{1}{k} X\left(\frac{f}{k}\right)$$

这称为时间的尺度变换，可看到时间尺度扩展 k 倍（或压缩到 $1/k$），相应于频率尺度压缩到 $1/k$（或扩大 k 倍），这样在频谱曲线下的面积保持不变。

这是很有用的性质，在用磁带机记录信号时，经常会遇到快录慢放或慢录快放的情形，在作信号分析时要考虑以上性质。如图 2-27(a)所示的信号 $x(t)$，当时间尺度减小一半时（$k=1/2$），其频谱曲线变得窄而陡峭，但曲线下的面积保持不变（见图 2-27(b)）。

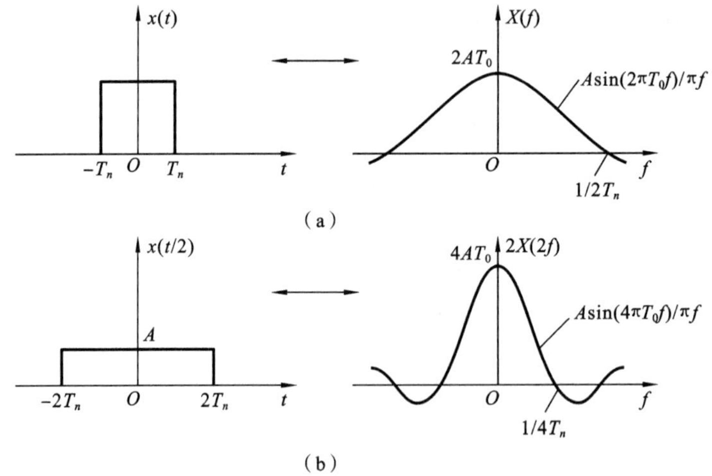

图 2-27　时间尺度变化对频谱的影响

同样有频率尺度变换，即

$$\frac{1}{k} x\left(\frac{t}{k}\right) \leftrightarrow X(kf) \tag{2-72}$$

4）时移定理

如有 $x(t) \leftrightarrow X(f)$，则有

$$x(t-t_0) \leftrightarrow X(f) \mathrm{e}^{-\mathrm{j}2\pi f t_0} \tag{2-73}$$

因为

$$\begin{aligned}\int_{-\infty}^{\infty} x(t-t_0) \mathrm{e}^{-\mathrm{j}2\pi ft} \mathrm{d}t &= \int_{-\infty}^{\infty} x(s) \mathrm{e}^{-\mathrm{j}2\pi f(s+t_0)} \mathrm{d}s \\ &= \mathrm{e}^{-\mathrm{j}2\pi f t_0} \int_{-\infty}^{\infty} x(s) \mathrm{e}^{-\mathrm{j}2\pi fs} \mathrm{d}s = \mathrm{e}^{-\mathrm{j}2\pi f t_0} X(f)\end{aligned}$$

其中作变换 $s=t-t_0$，此即时移定理。

式(2-73)表明时间位移引起相角 $\varphi(f)$的变化，但不改变傅里叶变换的幅值大小。

5) 频移定理

频移定理的表达式为

$$x(t)\mathrm{e}^{\mathrm{j}2\pi f_0 t} \leftrightarrow X(f-f_0) \tag{2-74}$$

式(2-74)表明，如果 $X(f)$的自变量移动一个常量 f_0，则它的傅里叶逆变换 $x(t)$要乘以 $\mathrm{e}^{\mathrm{j}2\pi f_0 t}$，这相当于调制作用。对图 2-28(a)所示的波形，其傅里叶变换在频移 f_0 后，$x(t)$产生了幅度调制现象，即 $x(t)$与 $\cos(2\pi f_0 t)$相乘的结果。

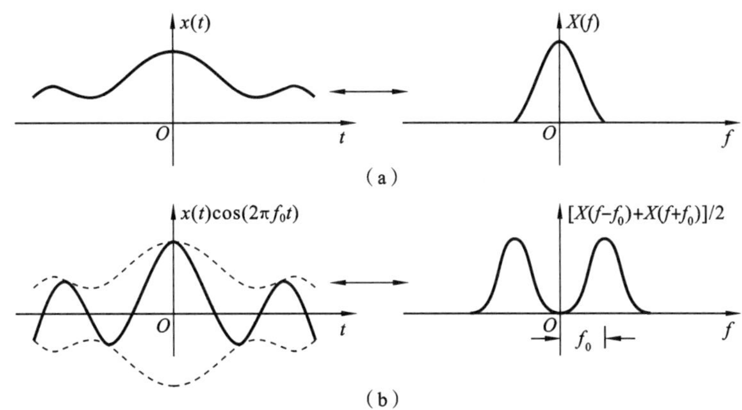

图 2-28　频率移位性质

6) 卷积及乘积

信号 $x_1(t)$与 $x_2(t)$的卷积记为 $x_1(t)*x_2(t)$，并由下列积分定义

$$x_1(t)*x_2(t)=\int_{-\infty}^{\infty}x_1(\tau)x_2(t-\tau)\mathrm{d}\tau \tag{2-75}$$

如果　$x_1(t)\leftrightarrow X_1(f),\ x_2(t)\leftrightarrow X_2(f)$

则有

$$x_1(t)*x_2(t)\leftrightarrow X_1(f)X_2(f) \tag{2-76}$$

即 $x_1(t)$和 $x_2(t)$的卷积的傅里叶变换等于它们各自的傅里叶变换的乘积。

反之有

$$x_1(t)x_2(t)\leftrightarrow X_1(f)*X_2(f) \tag{2-77}$$

即 $x_1(t)$和 $x_2(t)$乘积的傅里叶变换等于它们各自的傅里叶变换的卷积。

现以时域卷积为例，证明如下：

$$\begin{aligned}F([x_1(t)*x_2(t)]) &= \int_{-\infty}^{\infty}\left[\int_{-\infty}^{\infty}x_1(\tau)x_2(t-\tau)\mathrm{d}\tau\right]\mathrm{e}^{-\mathrm{j}2\pi ft}\mathrm{d}t\\ &= \int_{-\infty}^{\infty}x_1(\tau)\left[\int_{-\infty}^{\infty}x_2(t-\tau)\mathrm{e}^{-\mathrm{j}2\pi ft}\mathrm{d}t\right]\mathrm{d}\tau\\ &= \int_{-\infty}^{\infty}x_1(\tau)X_2(f)\mathrm{e}^{-\mathrm{j}2\pi f\tau}\mathrm{d}\tau\\ &= X_1(f)X_2(f)\end{aligned}$$

将以上所述的傅里叶变换的基本性质列于表 2-6。

表 2-6　傅里叶变换的基本性质

性　　质	时　　域	频　　域
互为变换对	$x(t)$	$X(f)$
线性叠加	$c_1x_1(t)+c_2x_2(t)$	$c_1X_1(f)+c_2X_2(f)$
翻转	$x(-t)$	$X(-f)$
对称	$X(t)$	$x(-f)$
尺度变换	$x(ct)$	$\frac{1}{c}X\left(\frac{f}{c}\right)$
延时	$x(t-t_0)$	$e^{-j2\pi ft_0}X(f)$
调制	$e^{j2\pi f_0t}x(t)$	$X(f-f_0)$
卷积	$x_1(t)*x_2(t)$	$X_1(f)X_2(f)$
乘积	$x_1(t)x_2(t)$	$X_1(f)*X_2(f)$
微分	$\frac{d^n}{dt^n}x(t)$	$(j2\pi f)^nX(f)$
积分	$\int_{-\infty}^{t}x(\tau)d\tau$	$\frac{1}{j2\pi f}X(f)+\pi X(0)\delta(f)$
单位脉冲	$\delta(t)$	1
单位阶跃	$u(t)$	$\pi\delta(f)+\frac{1}{j2\pi f}$
余弦	$\cos(2\pi f_0t)$	$\frac{1}{2}[\delta(f-f_0)+\delta(f+f_0)]$

2. 离散傅里叶变换

上述傅里叶变换中的信号是连续的，对连续信号的积分变换可采用模拟电路进行。现在计算机采用的数字电路，处理的是数字信号，数字信号是离散的，无法直接用连续傅里叶变换公式进行计算。因此，在计算机上真正使用的时频变换函数是离散傅里叶变换。

1）离散傅里叶变换的算法

由连续傅里叶变换可得

$$X(f)=\int_{-\infty}^{\infty}x(t)e^{-j2\pi ft}dt\approx\sum_{k=0}^{N-1}x(k\Delta t)e^{-j2\pi fk\Delta t}\Delta t \tag{2-78}$$

式中：Δt——采样间隔；

N——采样点数。

式(2-78)中的 $X(f)$是连续的，其在频率 $f=n\Delta f$ 时取值为

$$X(f=n\Delta f)=\Delta t\sum_{k=0}^{N-1}x(k\Delta t)e^{-j2\pi n\Delta fk\Delta t}=\Delta t\sum_{k=0}^{N-1}x(k\Delta t)e^{-j2\pi kn/N} \tag{2-79}$$

式中：Δf——频率分辨率，$\Delta f=1/T$，T 为采样长度，$T=N\cdot\Delta t$。

注意：此处 $X(f=n\Delta f)$ 表示频率为 $n\Delta f$ 时的连续傅里叶变换，不要和下面的离散傅里叶变换混淆。

令
$$X(n\Delta f)=X(f=n\Delta f)/\Delta t \tag{2-80}$$
代入式(2-79)得离散傅里叶变换表达式：
$$X(n\Delta f)=\sum_{k=0}^{N-1}x(k\Delta t)\mathrm{e}^{-\mathrm{j}2\pi nk/N},\quad n=0,1,2,\cdots,N-1 \tag{2-81}$$
式(2-81)将 N 个时域信号的离散值变换为 N 个频率的离散值，该值与连续傅里叶变换的值不相等，两者满足式(2-80)的关系。一般 $X(n\Delta f)$ 是复数，其实部为 $R(n\Delta f)$，虚部为 $I(n\Delta f)$，其幅值为
$$|X(n\Delta f)|=\sqrt{R^2(n\Delta f)+I^2(n\Delta f)} \tag{2-82}$$
其相位角
$$\varphi(n\Delta f)=\arctan[I(n\Delta f)/R(n\Delta f)] \tag{2-83}$$
离散逆傅里叶变换公式为
$$x(k\Delta t)=\frac{1}{N}\sum_{n=0}^{N-1}X(n\Delta f)\mathrm{e}^{\mathrm{j}2\pi nk/N},\quad k=0,1,2,\cdots,N-1 \tag{2-84}$$
上述的离散傅里叶变换称为 DFT(discrete Fourier transform)算法。

2) 离散傅里叶变换的过程

下面通过图解来表示离散傅里叶变换的过程。

设连续信号 $x(t)$ 的傅里叶变换为 $X(f)$（见图 2-29(a)）。首先必须对连续的 $x(t)$ 进行采样，以得到离散的数字信号（见图 2-29(c)），采样间隔为 Δt。这相当于将采样函数 $\Delta_0(t)$（见图 2-29(b)）与 $x(t)$ 相乘，采样函数的傅里叶变换为 $\Delta_0(f)$。根据傅里叶变换的基本性质 6)，$x(t)$ 与 $\Delta_0(t)$ 乘积的傅里叶变换等于 $X(f)$ 与 $\Delta_0(f)$ 的卷积，比较图 2-29 中的(a)与(c)发现，其结果是在频域中产生了频率混叠现象。若采样频率（$f_s=1/\Delta t$）高于信号 $x(t)$ 所包含的最高频率的两倍，那么就不会产生频率混叠现象。

由于计算时只能用有限个数，必须将采样值 $x(t)\Delta_0(t)$ 加以截断，如果用图 2-29(d)所示的矩形窗函数 $w(t)$ 与 $x(t)\Delta_0(t)$ 相乘，就得到有限个采样值 $x(t)\Delta_0(t)w(t)$，其结果是出现皱波（信号处理中称为频率泄漏）。矩形窗函数的长度 T_0 越长，$W(f)$ 就越窄越陡，从而越接近于函数 $\delta(f)$，皱波（或误差）就越小。

在图 2-29(e)中，时域信号是离散的，但相应的频域的函数仍然是连续的。为了使计算机只计算有限个函数值，所以用图 2-29(f)所示的频率采样函数 $\Delta_1(f)$ 去离散采样频域函数，频率采样间隔为 $1/T_0$。最终的结果如图 2-29(g)所示，所采集的时域信号 $x(t)$ 为 N 个采样值近似，对应的频域函数 $X(f)$ 也为 N 个采样值近似，这样的两组数据就构成了离散的傅里叶变换对。

对比图 2-29(a)和(g)，可发现通过上述处理，原来连续的时域信号和对应的频域函数都变成了离散的周期信号。$x(i\Delta t)$ 和 $X(n\Delta f)$（$i=0,1,2,\cdots,N-1$）周期都是 N，$N=T_0/\Delta t$，这是离散傅里叶变换的重要特点。另外，观察原始信号的频谱和离散傅里叶变换的频谱，后者是前者的周期性映射，出现了很多高于原始信号最高频率的谱线。在 2.2 节信号的获取中曾讨论过采样频率、采样长度和频率分辨率的问题，在这里可得到进一步的理解。

(1) 采样频率要高于信号最高频率的两倍，即 $f_s\geqslant 2f_{\max}$，以避免频率混叠，$f_s=1/\Delta t$；

(2) 采样长度 $T_0=N\Delta t$ 要足够长，以减少频率泄漏，并提高频率分辨率。频率分辨率 Δf

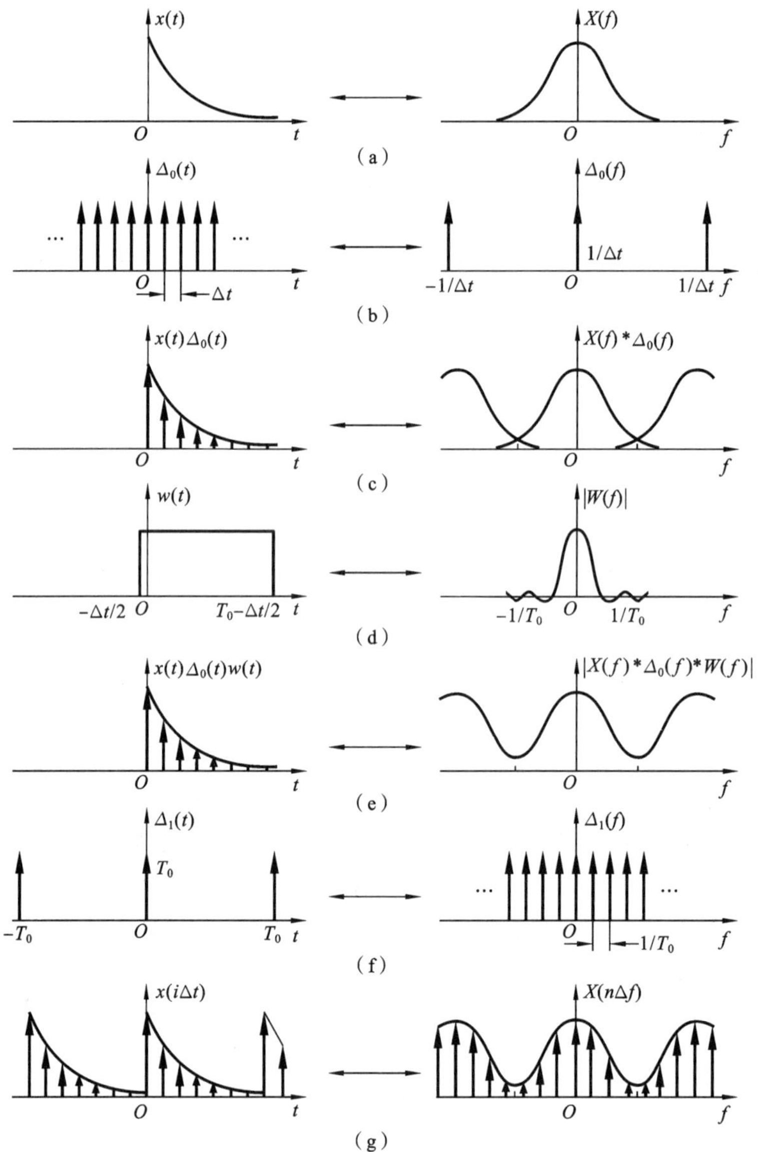

图 2-29　离散傅里叶变换的过程

$=1/T_0$。

例 2-6　已知某信号的最高频率 $f_{max}=1\ 500$ Hz，希望达到的分辨率 $\Delta f=5$ Hz，试选择采样频率 f_s 和采样长度 T_0。

解　(1) 采样频率 $f_s \geqslant 2f_{max}$，取

$$f_s=2.5f_{max}=2.5\times 1\ 500\ \text{Hz}=3\ 750\ \text{Hz}$$

(2) 频率分辨率 $\Delta f=1/T_0$，故

$$\text{采样长度}\ T_0=1/\Delta f=1/5\ \text{s}=0.2\ \text{s}$$

(3) 数据点数 $N=T_0/\Delta t=T_0 f_s=0.2\times 3750=750$

如果用采样信号分析仪采集数据，采样点数应为 2 的幂级数，可选为 1024 点。保持频率分辨率 $\Delta f=5$ Hz，则此时采样频率 $f_s=N\Delta f=5\ 120$ Hz。由于分辨率没变，采样长度仍为 $T_0=0.2$ s。

3. 快速傅里叶变换

用 DFT 算法计算 N 个 $X(n\Delta f)$ 的值时，对其中每一个值必须作 N 次复数乘法和加法，计算整个序列需要作 N^2 次复数乘法和加法。一次复数乘法和加法等于四次实数的乘法和加法，因此在 N 很大时，计算工作量将很大。这是过去傅里叶变换得不到广泛应用的主要原因。1965 年出现了一种计算离散傅里叶变换的新方法，它大大减少了运算次数，加快了运算速度，称为快速傅里叶变换(fast Fourier transform)，简称 FFT 算法。

FFT 算法是把原来的数据序列 $\{x_k\}(k=0,1,2,\cdots,N)$ 分成若干个较短的子序列，分别作 DFT 计算，然后将它们合并起来，得到整个序列 $\{x_k\}$ 的 DFT。因为作 DFT 计算所需的时间和序列长度平方成正比，所以这样做可以减少运算时间。根据这个思想，还可以将每个子序列继续分解为更短的子序列，直到最后子序列每个只有一项为止。快速傅里叶变换的实现方法有多种，本书主要介绍其中的 2 种方法。

1) 按时间抽取的方法

方便起见，在离散傅里叶变换中令 $W_N^{nk}=\mathrm{e}^{-\mathrm{j}2\pi\frac{nk}{N}}$，可得

$$X(n\Delta f)=\sum_{k=0}^{N-1}x(k)\mathrm{e}^{-\mathrm{j}2\pi(kn/N)}=\sum_{k=0}^{N-1}x(k)W_N^{kn} \tag{2-85}$$

按采样点编号的奇偶重新排列求和的顺序：

$$X(n\Delta f)=\sum_{k=0}^{N/2-1}x(2k)W_N^{2kn}+\sum_{k=0}^{N/2-1}x(2k+1)W_N^{(2k+1)n},\quad n=0,1,\cdots,N-1 \tag{2-86}$$

偶数编号序列记为 $x_1(n)$，奇数编号序列记为 $x_2(n)$，得

$$X(n\Delta f)=\sum_{k=0}^{N/2-1}x_1(k)W_N^{2kn}+\sum_{k=0}^{N/2-1}x_2(k)W_N^{(2k+1)n},\quad n=0,1,\cdots,N-1 \tag{2-87}$$

进一步写为

$$\begin{aligned}X(n\Delta f)&=\sum_{k=0}^{N/2-1}x_1(k)W_N^{2kn}+W_N^n\sum_{k=0}^{N/2-1}x_2(k)W_N^{2kn}\\&=\sum_{k=0}^{N/2-1}x_1(k)W_{N/2}^{kn}+W_N^n\sum_{k=0}^{N/2-1}x_2(k)W_{N/2}^{kn},\quad n=0,1,\cdots,N-1\end{aligned} \tag{2-88}$$

上述推导中用到了 $W_N^{2kn}=\mathrm{e}^{-\mathrm{j}2\pi\frac{2nk}{N}}=\mathrm{e}^{-\mathrm{j}2\pi\frac{nk}{N/2}}=W_{N/2}^{kn}$，$W_N^{(2k+1)n}=W_N^{2kn}W_N^n$，由式(2-88)并考虑到 $W_N^{N/2}=\mathrm{e}^{-\mathrm{j}2\pi\frac{N/2}{N}}=\mathrm{e}^{-\mathrm{j}\pi}=\cos(-\pi)+\mathrm{j}\sin(-\pi)=-1$，得到下面两式：

$$X(n\Delta f)=X_1(n\Delta f)+W_N^nX_2(n\Delta f),\quad n=0,1,\cdots,N/2-1 \tag{2-89}$$

$$X((n+\frac{N}{2})\Delta f)=X_1(n\Delta f)-W_N^nX_2(n\Delta f),\quad n=0,1,\cdots,N/2-1 \tag{2-90}$$

其中：$X_1(n\Delta f)=\sum\limits_{k=0}^{N/2-1}x_1(k)W_{N/2}^{kn}$ 和 $X_2(n\Delta f)=\sum\limits_{k=0}^{N/2-1}x_2(k)W_{N/2}^{kn}$ 分别为偶数组和奇数组的傅里叶变换，下标表示小组编号。

式(2-89)和式(2-90)将大组(大序列)的离散傅里叶变换通过两个小组(短序列)的离散傅里叶变换求得，每个小组的离散傅里叶变换可以进一步由两个更小组的离散傅里叶变换求得，依此类推，最后将一个 N 点 DFT 分解为两个 $N/2$ 点 DFT，共有 $\log_2 N$ 次分解或中间层。

分解流程以图 2-30 所示的 8 点离散傅里叶变换流程图为例，先将 8 个点的序列分成两个等长的 4 个点的序列(图中用实线框出以方便理解)，4 个点的序列再等分为 2 个点的序列。

然后先计算 2 点傅里叶变换，利用式(2-81)和式(2-82)计算 4 点的离散傅里叶变换，然后再由 4 点的离散傅里叶变换计算 8 点的傅里叶变换。引线连接要计算的数据，下面的数值表示要乘以的权值，如图 2-30 中 $X_1(2)=X_3(0)-W_N^0X_4(0)$。每层离散傅里叶变换的引线在图中呈交叉状，称之为蝶形运算。

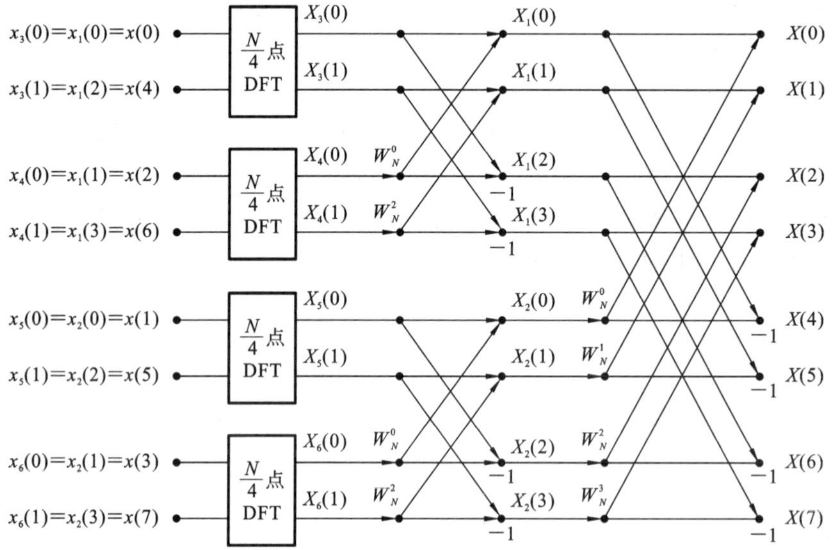

图 2-30 按时间抽取的 8 点 FFT 分解流程图

2）按频率抽取的方法

该方法首先将采样数据按序号分成两小组，序列前半部分为一小组，后半部分为另一小组，然后按频率奇偶分别采用不同的公式计算序列的离散傅里叶变换。

$$
\begin{aligned}
X(n\Delta f) &= \sum_{k=0}^{N-1} x(k)W_N^{kn} = \sum_{k=0}^{N/2-1} x(k)W_N^{kn} + \sum_{k=N/2}^{N-1} x(k)W_N^{kn} \\
&= \sum_{k=0}^{N/2-1} x(k)W_N^{kn} + \sum_{k=0}^{N/2-1} x(k+N/2)W_N^{(k+N/2)n} \\
&= \sum_{k=0}^{N/2-1} [x(k)+x(k+N/2)W_N^{nk/2}]W_N^{kn} \\
&= \sum_{k=0}^{N/2-1} [x(k)+x(k+N/2)W_N^{nk/2}]W_{N/2}^{kn/2}
\end{aligned} \tag{2-91}
$$

令

$$
\begin{cases} x_1(k)=x(k)+x(k+N/2) \\ x_2(k)=[x(k)-x(k+N/2)]W_N^k \end{cases} \quad k=0,1,\cdots,N/2-1
$$

则有

$$
\begin{cases} X(2r\Delta f) = \sum\limits_{k=0}^{N/2-1} x_1(k)W_{N/2}^{kr} \\ X((2r+1)\Delta f) = \sum\limits_{k=0}^{N/2-1} x_2(k)W_{N/2}^{kr} \end{cases} \quad r=0,1,\cdots,N/2-1 \tag{2-92}
$$

其中：$X(2r\Delta f)$为偶数频率的离散傅里叶变换；$X((2r+1)\Delta f)$为奇数频率的离散傅里叶变换。同理，偶数频率和奇数频率的离散傅里叶变换可以采用上述方法继续分解下去，直到表示为两个数求和。其分解流程参考图 2-31 所示的 8 点离散傅里叶变换。为清楚起见，图中的水平引线全未绘出。

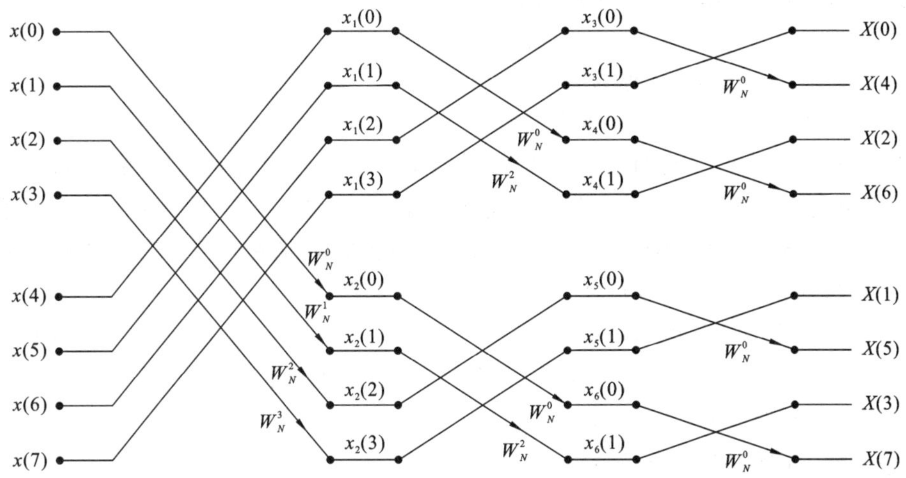

图 2-31　按频率抽取的 8 点 FFT 分解流程图

上述两种 FFT 算法中加法的次数都为 $N\log_2 N$，乘法的次数为加法次数的一半。加法次数与离散傅里叶算法的计算量比为 $N^2/N\log_2 N$，即 $N/\log_2 N$。在不同序列长度情况下，FFT 与直接算法的速度比见表 2-7。可见 FFT 算法的效果是十分显著的，可成百上千倍地提高速度。在实际计算中使用的傅里叶变换都是快速傅里叶变换。

表 2-7　FFT 的计算效率

序列长 N	4	16	64	256	1024	4096	16384
速度比 $N/\log_2 N$	2	4	10.7	32	102.4	341.3	1170.3

2.5.3　双通道频域分析

以上讨论的是单个时间波形（单通道）的频谱分析，在故障诊断中经常要用到两个时间波形（双通道）的频谱分析，即在频域中研究两个信号之间的联系。这对查找故障源、故障信息的传递特征的研究是很重要的。

1. 传递函数和单位脉冲响应函数

为了简化问题，先考虑具有单一输入信号（激励）和单一输出信号（响应）的系统，然后再考虑具有多输入或多输出的更一般的系统。假设系统的特性是不随时间变化的（定常的），可以用框图来表示输入信号 $x(t)$ 和输出信号 $y(t)$ 与系统的关系（见图 2-32）。

如果输入信号为 $x_1(t)$ 时，系统的输出为 $y_1(t)$；输入信号为 $x_2(t)$ 时，系统的输出为 $y_2(t)$；输入信号为 $x(t)=c_1x_1(t)+c_2x_2(t)$ 时，系统的输出为 $y(t)=c_1y_1(t)+c_2y_2(t)$，则这样的系统称为线性系统。

x(t)　激励（输入信号）　系统　响应（输出信号）　y(t)

图 2-32　单输入单输出系统的框图

对于线性系统，设 $x(t)$ 的傅里叶变换为 $X(f)$，$y(t)$ 的傅里叶变换为 $Y(f)$，它们分别表示 $x(t)$ 和 $y(t)$ 的频率结构。它们的比称为频率响应函数，许多情况下可简称为传递函数（严格地讲，系统的传递函数为输出与输入信号的拉氏变换之比），记为

$$H(f)=\frac{Y(f)}{X(f)} \tag{2-93}$$

$H(f)$是一个复数,可以用幅值和相角表示,即

$$H(f)=|H(f)|e^{j\varphi(f)} \tag{2-94}$$

式中:$|H(f)|$——$H(f)$的模,称为幅频特性;

$\varphi(f)$——$H(f)$的相角,称为相频特性。

传递函数的物理意义为:如果输入频率为 f 的正弦波,输出也是相同频率的正弦波,输出与输入的振幅比为传递函数的模$|H(f)|$,输出与输入的相位差等于传递函数的相角 $\varphi(f)$。如果 $\varphi(f)>0$,则输出中该谐波成分超前于输入中的相应谐波成分。它们都是关于频率 f 的函数,因此称为幅频特性和相频特性。

$H(f)$也可以用实部和虚部来表示,即

$$H(f)=R_e(f)+jI_m(f) \tag{2-95}$$

式中:$R_e(f)$——实部,称为实频特性;

$I_m(f)$——虚部,称为虚频特性。

有

$$|H(f)|=\sqrt{R_e^2(f)+I_m^2(f)} \tag{2-96}$$

及

$$\varphi(f)=\arctan\frac{I_m(f)}{R_e(f)} \tag{2-97}$$

传递函数的应用十分广泛,对象可以是机械系统,也可以是电气、声、热、磁系统,或是它们的组合系统。在故障诊断中用来了解被诊断、监视系统的特性,研究故障信息的传递方式和传递特性。对于机械系统,一般输入或输出信号的物理量为力、加速度、速度或位移。根据不同的组合可得到各种不同的传递函数的名称。

当输入为力时:

位移导纳(动柔度)=输出/输入=位移/力

速度导纳=输出/输入=速度/力

加速度导纳=输出/输入=加速度/力

当输出为力时:

位移阻抗(动刚度)=输出/输入=力/位移

速度阻抗(机械阻抗)=输出/输入=力/速度

加速度阻抗(动质量)=输出/输入=力/加速度

在上述情况下,传递函数都是有量纲的。当输出和输入的物理量相同时,传递函数无量纲,此时可称为动态放大因子。

如图 2-33(a)所示的方波,基频为 $f_0=50$ Hz,两者的幅值相同,但相位差了 90°。可以将下面的方波看成是某个系统的输入信号 $x(t)$,上面的方波为其输出信号 $y(t)$。即通过该系统,信号幅值不变,仅产生了 90°相移。已知方波的频谱为离散的谱线,位置在 f_0,$3f_0$,$5f_0$,$7f_0$,…。两个方波的幅值和频率相同,因此它的幅值频谱完全相同,但其相位谱不同,即各谐波的相位各不相同,因此组合起来的方波相位差了 90°。图 2-33(b)为系统的传递函数:下面为幅频特性,在各谐波分量处的幅值$|H(f_a)|=|Y(f_a)/X(f_a)|=1$,$f_a=(2n-1)f_0$,$n=1,2,\cdots$;上面为相频特性,在$(4m+1)f_0$ 频率处相位差为 90°,在$(4m+3)f_0$ 频率处相位差为$-90°$,其中 $m=0,1,2,\cdots$。

图 2-34 为造纸用浆粕机的机壳振动(测点 A)到基础(测点 B)的传递函数测定框图。在

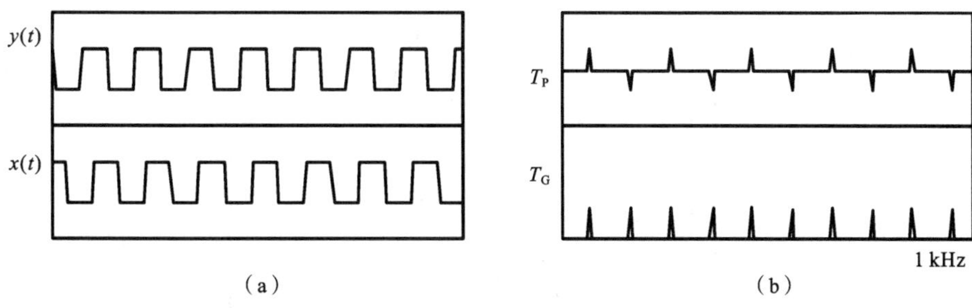

图 2-33　系统的输入/输出波形与传递函数

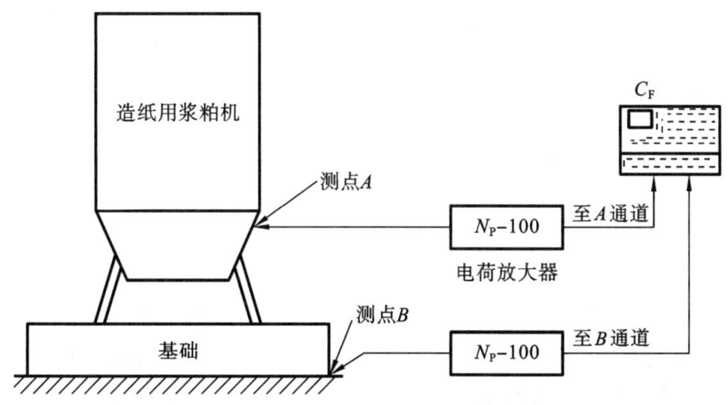

图 2-34　造纸用浆粕机的传递函数测定

两测点分别用加速度传感器测量振动信号，经电荷放大器到双通道频谱分析仪进行传递函数的测定，以了解振动的传递特性。振动系统由浆粕机及其支架和基础构成。以测点 A 的振动信号作为系统的输入信号，以测点 B 的振动信号作为输出信号，测得的传递函数的图形见图 2-35。T_G 为传递函数增益，T_P 为相频特性。可看到在 33 Hz 处以及 50～70 Hz 范围内传递函数幅值很低，表明在上述频率处的振动在传递中有很大衰减，最大衰减量为－23 dB 到－25 dB，而在其他频率范围内基本上没有衰减。如果浆粕机的主要振动频率在频率衰减较大的范围内，则支架、基础的设计是成功的，即起了减振作用，不至于将浆粕机的振动传到其他地方，否则应修改设计。

功率谱密度函数和幅值谱的关系为

$$S_x(f) \propto |X(f)|^2 = X(f)X^*(f) \tag{2-98}$$

式中："$*$"表示共轭复数，即 $X^*(f)$ 为 $X(f)$ 的共轭复数。$\propto$ 表示正比于，此处为方便起见，省略了式(2-61)中的求极限和求平均。

由式(2-93)，$H(f)=Y(f)/X(f)$，得

$$|H(f)|^2 = \frac{Y(f)Y^*(f)}{X(f)X^*(f)} = \frac{S_y(f)}{S_x(f)}$$

或

$$S_y(f) = |H(f)|^2 S_x(f) \tag{2-99}$$

式(2-99)给出了系统输出信号的功率谱密度 $S_y(f)$ 与输入信号的功率谱密度之间的关系。

由式(2-93)可得

$$Y(f) = H(f)X(f)$$

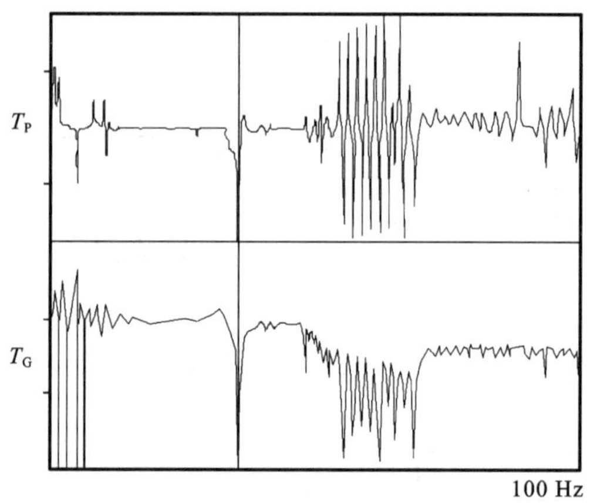

图 2-35　浆粕机到地基的传递函数

设 $H(f)$的逆傅里叶变换为 $h(t)$,则根据傅里叶变换的卷积及乘积性质有

$$y(t)=h(t)*x(t) \tag{2-100}$$

或

$$y(t)=\int_0^{\infty} h(\tau)x(t-\tau)\mathrm{d}\tau \tag{2-101}$$

式(2-100)表明,系统的输出 $y(t)$等于 $h(t)$与输入 $x(t)$的卷积。当系统在输入端受到的激励为单位脉冲激励(即 δ 函数)时,系统的输出(响应)为 $h(t)$,故称 $h(t)$为单位脉冲响应函数。它和传递函数分别在时域和频域中表示了系统的特性,因此是非常重要的。

式(2-101)的意义可以说明如下。在图 2-36 中,输入信号 $x(t)$可近似用 N 个矩形脉冲来逼近,矩形的宽度为 $\Delta\tau$,各个矩形代表不同时刻的子激励 $x(t-\tau)$,$\tau=n\Delta\tau$,$n=0,1,2,\cdots,N$。各个子激励(见图 2-36(c))作用在系统上引起的子响应(见图 2-36(d))为 $h(\tau)x(t-n\Delta\tau)$,根据线性系统的叠加原理,系统的响应 $y(t)$应等于这些子激励单系统所产生的子响应之和,即

$$y(t)\approx\sum_{n=0}^{N}h(\tau)x(t-n\Delta\tau)\Delta\tau$$

当 $N\rightarrow\infty$时,则

$$y(t)=\int_0^{\infty} h(\tau)x(t-\tau)\mathrm{d}\tau$$

单位脉冲响应函数 $h(t)$的重要性在于:

(1) 它和系统的传递函数是傅里叶变换对,只要知道其中之一,就能求出另一个;

(2) 若已知系统的单位脉冲响应函数,则由任意输入 $x(t)$都能求出对应系统的输出$y(t)$。

2. 互功率谱密度函数

对于平稳随机信号 $x(t)$和 $y(t)$,在时域中有相关函数表示它们之间的相关关系,在频域中则有互功率谱密度函数,简称互谱密度 $S_{xy}(f)$,它和 $R_{xy}(\tau)$构成傅里叶变换对,即有

$$\begin{cases}S_{xy}(f)=\int_{-\infty}^{\infty}R_{xy}(\tau)\mathrm{e}^{-\mathrm{j}2\pi f\tau}\mathrm{d}\tau\\R_{xy}(\tau)=\int_{-\infty}^{\infty}S_{xy}(f)\mathrm{e}^{\mathrm{j}2\pi f\tau}\mathrm{d}f\end{cases} \tag{2-102}$$

互谱密度的基本性质有:

(1) $S_{xy}(-f)=S_{xy}^{*}(f)$,即它不是 f 的偶函数,式中的 $S_{xy}^{*}(f)$表示 $S_{xy}(f)$的共轭复数;

(2) 互谱密度与自谱密度之间满足不等式

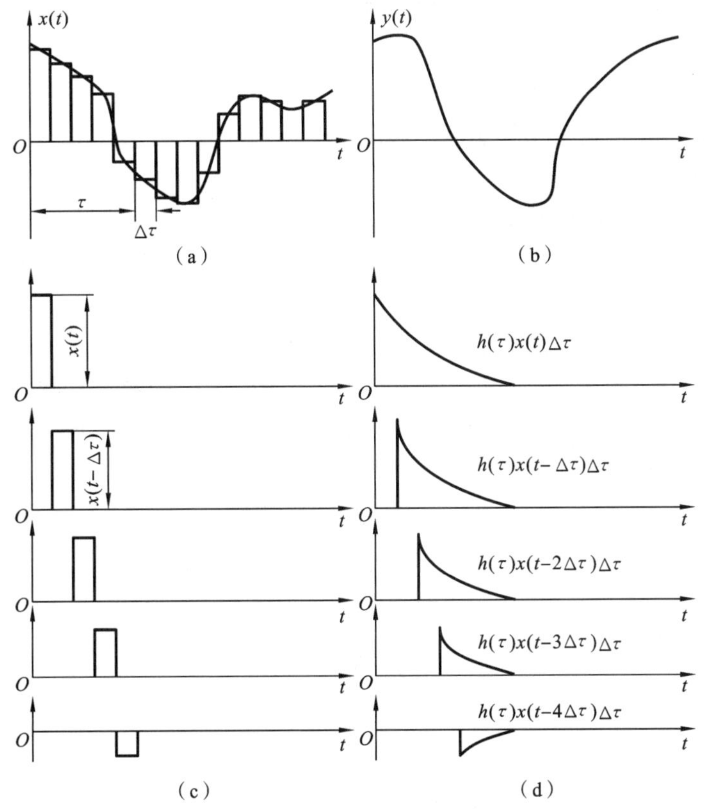

图 2-36　系统输出为单位脉冲响应函数与输入的卷积

(a) 系统输入信号；(b) 系统输出信号；(c) 系统的子激励 $x(t-n\Delta\tau)\Delta\tau$；(d) 系统的子响应 $h(\tau)x(t-n\Delta\tau)\Delta\tau$

$$|S_{xy}(f)|^2 \leqslant S_x(f)S_y(f) \tag{2-103}$$

和式(2-61)的自功率谱密度函数类似，

$$S_{xy}(f) \propto X(f)Y^*(f)$$

或

$$S_{xy}(f) \propto X^*(f)Y(f) \tag{2-104}$$

还可确定 $S_{xy}(f)$ 和系统传递函数 $H(f)$ 之间的关系，有

$$S_{xy}(f) \propto X^*(f)Y(f) = X^*(f)X(f)Y(f)/X(f) = S_x(f)H(f)$$

于是

$$H(f) = \frac{S_{xy}(f)}{S_x(f)} \tag{2-105}$$

即系统的传递函数可以用系统的输入和输出的互谱密度及输入的自谱密度相除得到。

3. 相干函数

互功率谱密度函数 $S_{xy}(f)$ 是非常有用的，它在频域中描述两个信号之间的因果关系。为了能直观地给出这种关系并且不受被测物理量的量纲及量值影响，类似于相关系数，可以引入相干函数，其定义为

$$\gamma_{xy}(f) = \frac{|S_{xy}(f)|}{\sqrt{S_x(f)S_y(f)}} \tag{2-106}$$

由式(2-103)、式(2-106)可知

$$0 \leqslant \gamma_{xy}^2(f) \leqslant 1 \tag{2-107}$$

当 $S_{xy}(f)=0$ 时，即 $x(t)$ 和 $y(t)$ 不相关时，$\gamma_{xy}(f)=0$。当 $|S_{xy}(f)|^2 = S_x(f)S_y(f)$ 时，

$\gamma_{xy}(f)=1$,此时 $y(t)$与 $x(t)$完全线性相关,即 $y(t)$完全由 $x(t)$所引起(没有其他的输入或噪声的影响)。在以下几种情形下,$0\leqslant\gamma_{xy}^2(f)\leqslant1$。

(1) 测量时在信号中引入了噪声;

(2) 谱分析时由于分辨率不够引起了偏度误差;

(3) 系统有非线性;

(4) 除了 $x(t)$以外,系统还有其他的输入。

由此可见,由相干函数能很好地判断实验结果的可靠性,以及系统输出和输入的相关情形。

下面讨论在输入端、输出端混有噪声时的相干函数。

设系统真实的输入是 $u(t)$,真实的输出是 $v(t)$,而能测得的输入和输出是 $x(t)$和 $y(t)$。假设混入的噪声 $m(t)$和 $n(t)$是互不相关的,而且 $u(t)$和 $n(t)$以及 $v(t)$与 $m(t)$亦不相关,即假定它们的互谱密度

$$S_{un}(f)=S_{mv}(f)=S_{mn}(f)=0 \tag{2-108}$$

并有

$$x(t)=u(f)+m(t)$$

$$y(t)=v(f)+n(t)$$

实际的相干函数为

$$\gamma_{xy}^2(f)=\frac{|S_{uv}(f)|^2}{S_u(f)S_v(f)}$$

测量得到的相干函数为

$$\gamma_{xy}^2(f)=\frac{|S_{xy}(f)|^2}{S_x(f)S_y(f)} \tag{2-109}$$

因为对所有的 f 均有 $S_m(f)\geqslant0,S_n(f)\geqslant0$,所以有

$$S_x(f)=S_u(f)+S_m(f)\geqslant S_u(f)$$

$$S_y(f)=S_v(f)+S_n(f)\geqslant S_v(f)$$

$$\begin{aligned}S_{xy}(f)&=X^*(f)Y(f)=[U^*(f)+M^*(f)][V(f)+N(f)]\\&=S_{uv}(f)+S_{un}(f)+S_{mv}(f)+S_{mn}(f)\end{aligned}$$

根据式(2-108)有

$$S_{xy}(f)=S_{uv}(f)$$

于是

$$\gamma_{xy}^2(f)=\frac{|S_{uv}(f)|^2}{[S_u(f)+S_m(f)][S_v(f)+S_n(f)]}\leqslant\gamma_{uv}^2(f)\leqslant1$$

显然,只有在 $S_m(f)=S_n(f)=0$,即无噪声时才有 $\gamma_{xy}^2(f)=\gamma_{uv}^2(f)$。否则,噪声的存在总是会降低相干函数的值。当只有输出噪声时,即令 $S_m(f)=0$,则按式(2-109),有

$$\gamma_{xy}^2(f)=\frac{|S_{xy}(f)|^2}{S_x(f)S_y(f)}=\frac{|S_{xv}(f)|^2}{S_x(f)S_y(f)}=\frac{S_x(f)S_v(f)}{S_x(f)S_y(f)}=\frac{S_v(f)}{S_y(f)}$$

得到相关输出功率谱

$$S_v(f)=\gamma_{xy}^2(f)S_y(f)$$

$S_v(f)$即完全由输入 $x(t)$所引起的那部分输出功率。因而噪声功率谱为

$$S_n(f)=S_y(f)-S_v(f)$$

或

$$S_n(f)=[1-\gamma_{xy}^2(f)]S_y(f)$$

则

$$\gamma_{xy}^2(f)=1-\frac{S_n(f)}{S_y(f)}$$

$S_n(f)/S_y(f)$可称为输出端功率信噪比。当 $S_n(f)=0$ 时，$\gamma_{xy}^2(f)=1$，当 $S_n(f)=S_y(f)$（信噪比为无穷大）时，$\gamma_{xy}^2(f)=0$。

当只有输入噪声时，即令 $S_n(f)=0$，有

$$\gamma_{xy}^2(f)=\frac{|S_{xy}(f)|^2}{S_x(f)S_y(f)}=\frac{|S_{uy}(f)|^2}{S_x(f)S_y(f)}=\frac{S_u(f)S_y(f)}{S_x(f)S_y(f)}=\frac{S_u(f)}{S_x(f)}$$

将 $S_u(f)=S_x(f)-S_m(f)$代入上式得

$$\gamma_{xy}^2(f)=1-\frac{S_m(f)}{S_x(f)}$$

$S_m(f)/S_x(f)$称为输入端功率信噪比。当 $S_m(f)=0$ 时，$\gamma_{xy}^2(f)=1$，当 $S_m(f)=S_x(f)$（信噪比为无穷大）时，$\gamma_{xy}^2(f)=0$。

在查找故障源、振动源或噪声源时，互功率谱、相干函数和相干输出功率谱是很有用的。例如，在查找某处噪声与发动机振动的关系时，用加速度计测量发动机的振动，其自功率谱见图 2-37(a)；用拾音器接收噪声，其自功率谱见图 2-37(b)；图 2-37(c)、(d)和(e)分别为它们的互功率谱、相干函数和相干输出功率谱，噪声的主要频率成分是 60 Hz、360 Hz 和 7200 Hz，而发动机振动的主要频率成分是 60 Hz、120 Hz、360 Hz 和 7200 Hz，从互谱、相干函数及相干输出功率谱上可清楚地看到噪声中 360 Hz 和 7200 Hz 的成分主要是由发动机振动引起的。

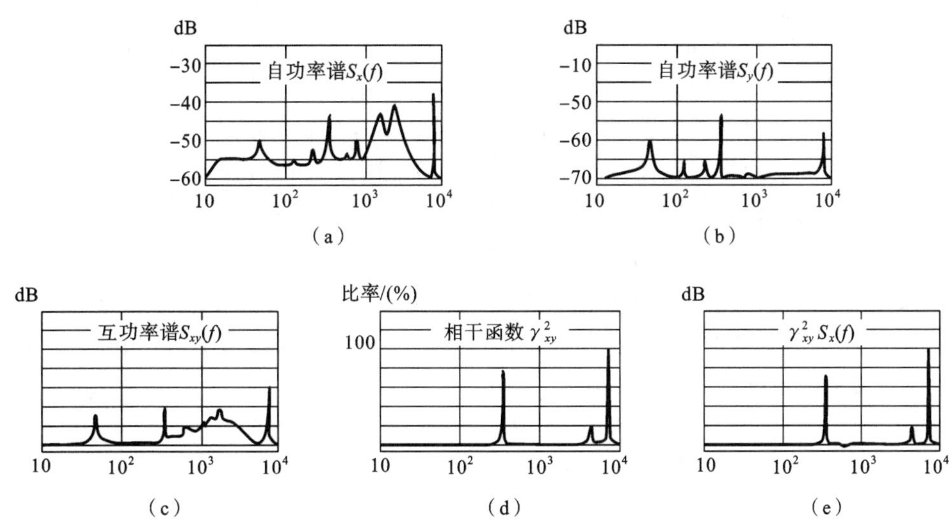

图 2-37　噪声与发动机振动信号的谱图

2.5.4　倒频谱分析

倒频谱(cepstrum)分析是近代信号处理科学中的一种信号分析方法，广泛用于故障诊断、语言分析和去除回波等场合。对于滚动轴承及齿轮传动的故障，谱图上经常会看到在某些特征频率两旁产生边谱带，即出现密集的谱峰，其间隔大致相等。此时用一般的谱分析方法难以对故障的程度作定量的分析。频谱图上出现等间隔的谱峰是一种频谱的周期现象。因此如果对功率谱密度作傅里叶变换就能反映出这种周期性，由此发展出倒频谱分析。

倒频谱有多种定义，如功率倒频谱

$$C_p(\tau)=|F[\lg S_x(f)]|^2 \tag{2-110}$$

幅值倒频谱

$$C_a(\tau)=|F[\lg S_x(f)]| \tag{2-111}$$

还有复倒频谱

$$C_c(\tau)=F^{-1}[\lg X(f)] \tag{2-112}$$

为使其物理意义更明确,常采用如下定义:$C_p(\tau)=|F[\lg S_x(f)]|^2$。

上述公式中的 F 表示傅里叶变换,F^{-1} 表示逆傅里叶变换。工程上应用较多的是幅值倒频谱,简称为倒频谱。由于 $S_x(f)$ 是实的偶函数,因此它的逆傅里叶变换和傅里叶变换的结果相同。功率倒频谱是幅值倒频谱的平方。

倒频谱是从频谱演变出来的,因此它的英文名字"cepstrum"是由频谱的英文"spectrum"转化而来的。倒频谱的自变量 τ,其量纲为时间,但它称为"quefrency"(倒频率),它是由"frequency"(频率)转化而来的。τ 较大时称为"高倒频率",反映 $S_x(f)$ 的快速波动或密集谱峰;τ 较小时称为"低倒频率",反映 $S_x(f)$ 的慢速波动或谱峰间隔较大。倒频谱在经过频谱变换后失去了原来信号的相位信息,因此对于信号的测量位置、传输路径和调制相位的变化引起的信号相位变化不敏感。但是对多段平均的功率谱取对数后,功率谱中与调制边频带无关的噪声和其他信号也都因得到较大的权重系数而放大,会降低信噪比。

注意到自相关函数是功率谱密度函数的逆傅里叶变换,即 $R_x(\tau)=F^{-1}[S_x(f)]$。将此式与式(2-110)相比较,区别是在倒频谱中,在作逆傅里叶变换之前要进行对数加权运算。取对数的目的是提升 $S_x(f)$ 较小的值,使倒频谱能清楚地反映 $S_x(f)$ 的周期性。因此倒频谱比自相关函数有更高的识别信号的能力。对于频率调制等在频谱图上形成的多族谐波或者密集边频情况,如果用倒频谱则较易识别,但频谱图上的单频率成分容易被抑制。

图 2-38 给出了某种拖拉机齿轮箱振动信号的功率谱(图(a))和倒频谱(图(b))。下面的两个图是正常齿轮箱的,其频谱上无明显的周期性,因此其倒频谱图上无明显的峰值。上面的两个图是坏齿轮箱的,其频谱上有明显的边频带,谱峰间隔大约 10 Hz。在其倒频谱上的 95.9 ms 处有一很高的峰值,对应的频率为 1/95.9 ms=10.4 Hz,即频谱上边频带的周期。它恰好是齿轮箱上第二轴的转频,表明该轴上的齿轮有缺陷。对比功率谱图和倒频谱图可看出,倒频谱能更清晰地反映故障的出现。

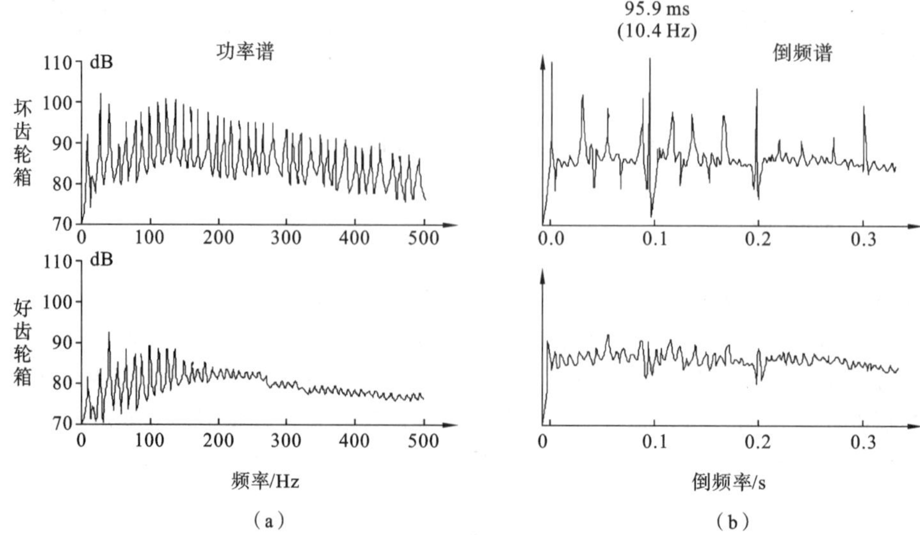

图 2-38 拖拉机齿轮箱振动信号的功率谱图和倒频谱图

2.5.5 提高频谱分析精度的一些方法

从上述的离散傅里叶变换的过程来看，存在一些固有的缺陷，影响到频谱分析的精度，那就是：

(1) 用矩形窗去截断采样信号，引起频率泄漏，使 $X(f)$ 产生误差；

(2) 因数据长度有限，对应的频谱函数的点数也是有限的，使频率分辨率受到限制，在信号中频率成分很密集时无法区分；

(3) 平稳随机信号的傅里叶变换受到样本曲线随机性的影响，误差较大，即偏离其真值较多。

这里讨论解决提高频谱分析精度的一些方法：窗函数的选用；频率细化技术；用多次平均提高频谱分析的精度。

1. 窗函数的选用

对 $x(t)$ 取一段样，相当于用一矩形窗去截取原信号，假设矩形窗外的信号值都为零，矩形窗内的信号等同于原信号。然后在作离散傅里叶变换时，又相当于强迫原信号成为窗长度等于周期的周期信号。当原信号不是周期信号，或者虽是周期信号，但截取长度不等于周期的整数倍时，就会歪曲原信号，如图 2-39(a)所示的正弦波，当非整周期截断时，等价的周期函数将不再是正弦波(见图 2-39(b))，这就改变了信号的频率结构。

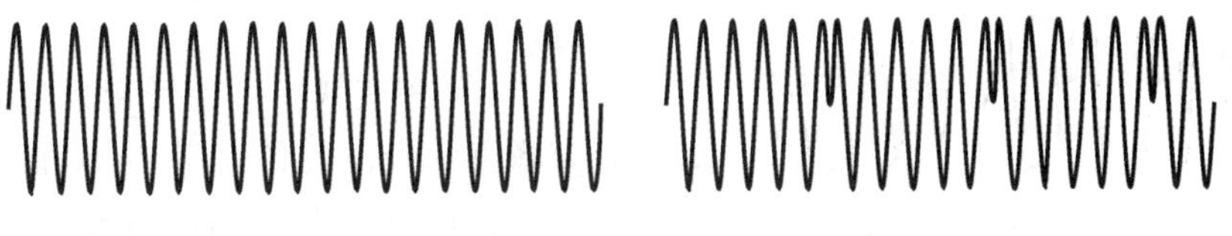

图 2-39　正弦波与非整周期截断引起的波形改变

(a) 正弦波；(b) 非整周期截断引起的波形改变

如图 2-40 所示，对正弦波进行整周期截断时，其频谱图上有一根谱线，但若是非整周期截断，就出现了原来频率以外的许多频率成分，即出现了泄漏现象。为了避免这种现象，可采用各种不同的窗函数。

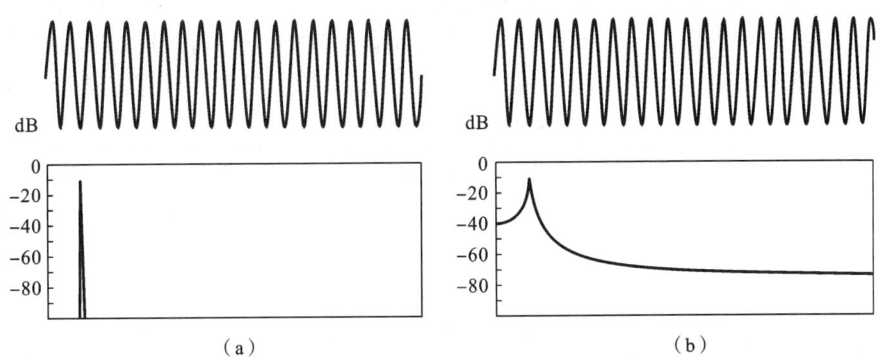

图 2-40　由于非整周期截断引起的频率泄漏

(a) 整周期截断；(b) 非整周期截断

常用的窗函数有以下几种。

(1) 汉宁(Hanning)窗。

$$W(t)=\begin{cases}0.5(1-\cos 2\pi t/T) & (0\leqslant t\leqslant T)\\ 0 & (t<0,t>T)\end{cases}$$

(2) 海明(Hamming)窗。

$$W(t)=\begin{cases}0.54(1-0.85\cos 2\pi t/T) & (0\leqslant t\leqslant T)\\ 0 & (t<0,t>T)\end{cases}$$

(3) 指数窗。

$$W(t)=\begin{cases}e^{-\pi t} & (0\leqslant t\leqslant T)\\ 0 & (t<0,t>T)\end{cases}$$

(4) 矩形窗。

$$W(t)=\begin{cases}1 & (0\leqslant t\leqslant T)\\ 0 & (t<0,t>T)\end{cases}$$

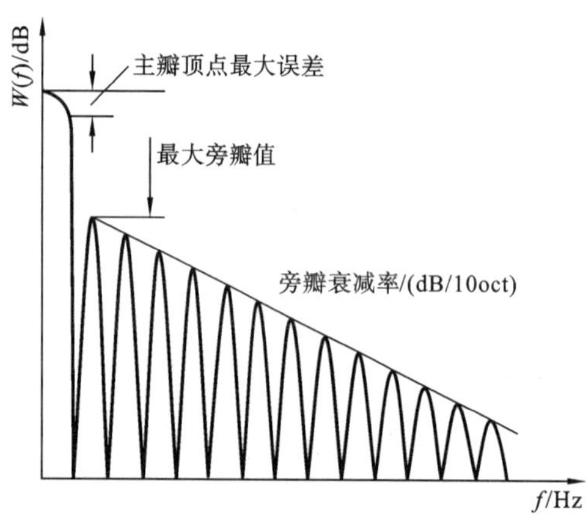

图 2-41　评价窗函数质量的指标

在进行傅里叶变换前,先取 $x(t)$ 的一段($0\leqslant t\leqslant T$)与 $W(t)$ 相乘以后再作 FFT,窗函数的指标有以下几个(图 2-41 所示为窗函数的傅里叶变换)。

(1) 峰值旁瓣比　峰值旁瓣比是最大旁瓣值与主瓣峰值之比,取对数表达式,即 $20\lg(A_p/A_z)$,以分贝(dB)为单位,这个值越小越好。此值为负值。

(2) 旁瓣衰减率　旁瓣衰减率用 10 个相邻旁瓣峰值的衰减比的对数表示,记为dB/10oct,这个值大则旁瓣衰减快,即泄漏少。

(3) 主瓣宽　主瓣宽用下降 3 dB 的带宽表示,通常用 3 dB 带宽 $\times\Delta f$ 给出,Δf 为谱分析时的频率分辨率。主瓣窄时则可精确确定其峰值频率。

(4) 主瓣顶点最大误差　主瓣顶点最大误差以百分数表示。

表 2-8 给出了常用的几种窗函数的指标,矩形窗函数频率泄漏最严重,主瓣顶点误差最大,主瓣最窄,故只用在需要精确定出峰值频率的时候。Hanning 窗频率泄漏在这几种窗函数中最少,故使用最多,但主瓣较宽,其主瓣顶点误差也不小,但有的信号分析仪可对其加以修正。指数窗的特点是无旁瓣,但主瓣明显加宽,主要用在脉冲瞬态衰减信号中,以提高分析的信噪比。

表 2-8　常用窗函数的对比

窗函数	峰值旁瓣比 /dB	旁瓣衰减率 /(dB/10oct)	主瓣宽 (3 dB 带宽×Δf)	主瓣顶点最大误差 /(%)
矩形窗	−13(21%)	−20	0.89	−36.24
Hanning 窗	−13.47(2.7%)	−60	1.44	−15.12
Hamming 窗	−43.19(0.7%)	−20	1.24	−18.14
指数窗	—	—	宽	—

图 2-42 给出了一周期波形经过矩形窗函数(图 2-42(a)为整周期截断,图 2-42(b)为非整周期截断)、Hanning 窗和 Hamming 窗(见图 2-42(c)、(d),均为非整周期截断)处理后的频谱图。图中的波形均已经过加窗处理。可见经 Hanning 窗处理后(见图 2-42(c))的频谱最接近图 2-42(a)的样式(此时为整周期截断、无频率泄漏),但各谱峰变宽了。

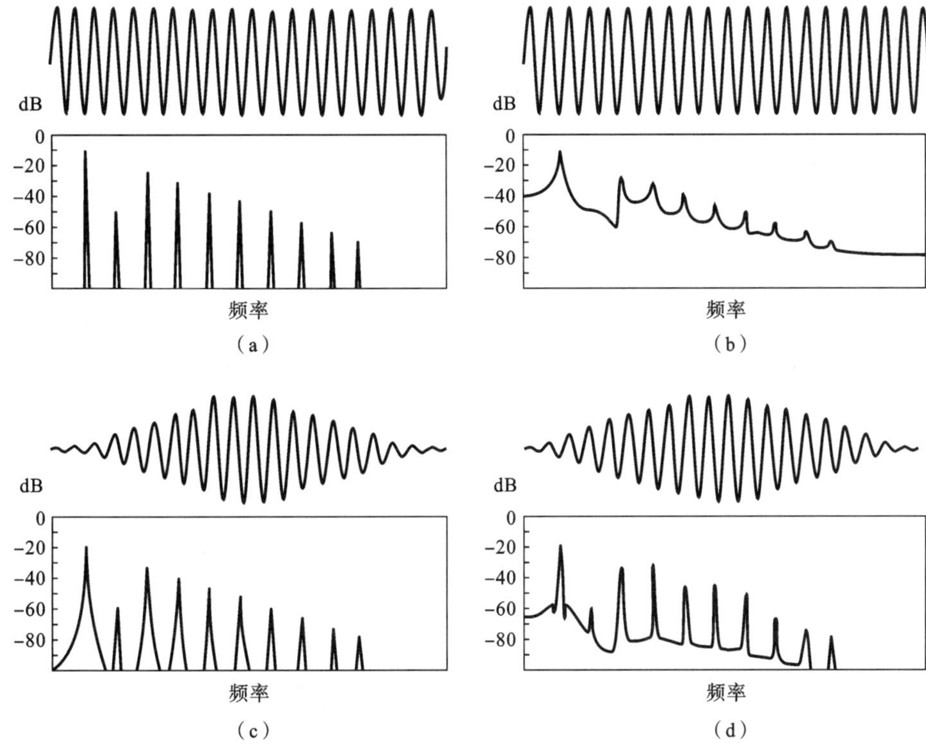

图 2-42　周期函数加窗处理的结果

2. 频率细化技术

故障诊断中经常遇到信号中有频率很密集的谐波成分的情况，这时用普通的谱分析方法就很难加以辨别。例如，频率分辨率为 25 Hz，即相邻两根谱线的间距为 25 Hz，如果有相邻 5 Hz 的谐波成分就不能分辨它们了，为此要求用高分辨率的谱分析方法。照相技术中用局部放大的办法，或用变焦距镜头来观察景物的细部以提高分辨率。“频率细化”的英文 zoom 就是从照相技术中借用过来的，其原意为变焦距。从理论上讲，提高频率分辨率只能增加信号的采样长度 T_0，如果提高 10 倍分辨率就要采集 10 倍长的信号来作离散傅里叶变换。但这样计算，时间就要为原来的 100 倍(对 DFT 方法，计算量与 N^2 成正比)或 33.2 倍(对 FFT，计算量与 $N\log_2 N$ 成正比)，而且信号分析仪还要受到计算 FFT 点数的限制，一般固定为 512、1 024 或 2 048 点。因此不能简单地增加作 FFT 的数据点数来提高频率分辨率。

图 2-43 给出了原始频谱图(见图 2-43(a))及其局部细化频谱图(见图 2-43(b))。

现今，已经发展了几种频率细化技术，如复调制和相位补偿法，下面介绍一下前者。设原信号的最高频率为 $f_{\max}$，采样点数为 N，采样频率 $f_s=2.56f_{\max}/N$，则频率分辨率 $\Delta f=2.56f_{\max}/N$。现若要在 $f_1 \sim f_2$ 区间将频率分辨率提高 M 倍，$f_2-f_1 \leqslant f_{\max}/M$，则采样长度应为 MN 点。其分析步骤如下。

(1) 以采样频率 f_s 采集 MN 点，得离散数据 x_t，$t=0,1,2,\cdots,MN-1$。

(2) 将信号序列 x_t 乘以单位旋转矢量 $e^{-j2\pi f_1 t}$ 得到新的序列 y_t，按傅里叶变换的调制性质(见表 2-6)，相当于对原信号进行频移，即将 f_1 移到频率坐标的原点。

(3) 用截止频率为 f_2-f_1 的数字低通滤波器对 y_t 进行数字滤波，得到 z_t，$t=0,1,2,\cdots,MN-1$。

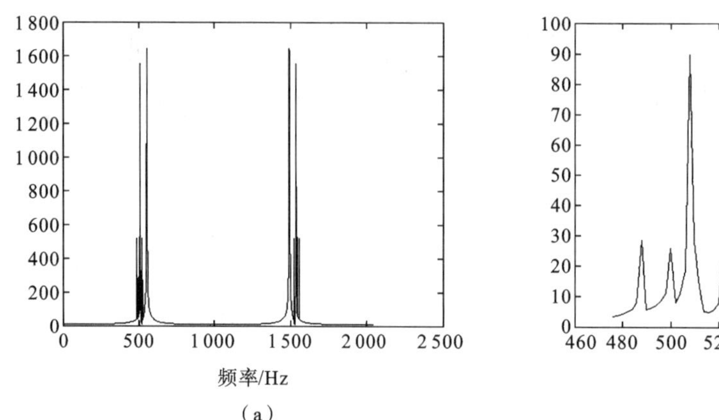

图 2-43　原始频谱及细化频谱

(a) 原始频谱图;(b) 局部细化频谱图

(4) 对 z_t 每隔 M 个点抽选一个,组成 w_t,即 $w_t=z_{mt}$,$t=0,1,2,\cdots,N-1$。

(5) 对 w_t 进行 N 点 FFT 就得到了细化的频谱。即在 $f_1\sim f_2$ 范围内的分辨率为 $\Delta f'=\Delta f/M$。

这个过程可用图 2-44 所示的框图表示。如果要改变分析范围 $f_1\sim f_2$,则要重新按上述过程进行。目前的信号分析仪具有 10～400 倍的频率细化能力。

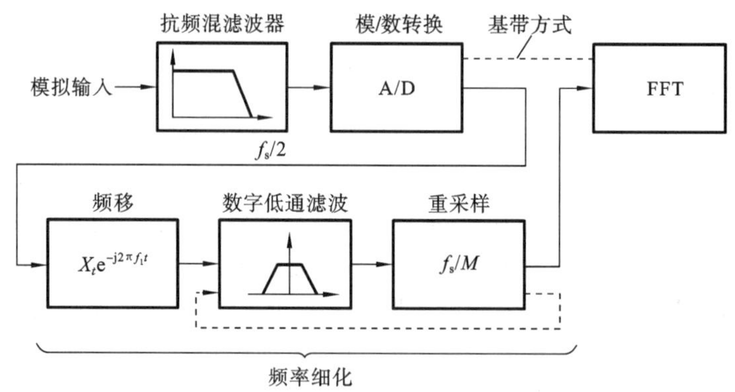

图 2-44　复调制法细化的过程框图

频率细化除了能提高频率分辨率以外,还能提高分析中的信噪比。因为频率分辨率的提高意味着分析带宽的减小,就好像带通滤波器的带宽减小。用下面的例子来加以说明:假设频率为 1 kHz 的正弦信号中混有宽带随机噪声(其功率在 10 kHz 内均匀分布),原频率分辨率 $\Delta f=25$ Hz,如以 1 kHz 为中心频率作 100 倍的频率细化分析,则 $\Delta f'=0.25$ Hz;对于正弦信号,在这两种情形下的谱分析输出是相同的,而对带宽随机噪声,其输出与 Δf 的平方根成反比。因此在作细化分析时,噪声输出降为原来的 1/10,即信噪比提高 10 倍。

3. 用多次平均提高频谱分析的精度

由傅里叶变换得到的谱值,其随机误差较大,且不随样本长度的增加而减少,必须用多次平方谱才能减少这种误差。即对随机信号多次取样,对各次所得谱值进行平均计算。

对平稳随机信号一般采用线性平均,此时按下式计算。

$$A_k(f)=A_{k-1}(f)+\frac{1}{n}A'_k(f) \tag{2-113}$$

式中：$A_k(f)$、$A_{k-1}(f)$——第 k 次、第 $k-1$ 次平均后的谱值；

n——预定平均次数，$n=1\sim 8\ 192$，根据需要选择，一般取 2 的整数幂；

k——计算次数，$k=1,2,\cdots,n$；

$A'_k(f)$——第 k 次新取样计算所得到的谱值。

图 2-45 给出了白噪声的波形（T_B）和频谱（P_B），图 2-45(a)为单次计算的结果，理论上白噪声的频谱为一水平线，但实际得到的起伏很大，这就是谱估计的随机误差。如图 2-45(b)所示，经 64 次平均后的谱就相当平滑，接近于真实的谱。

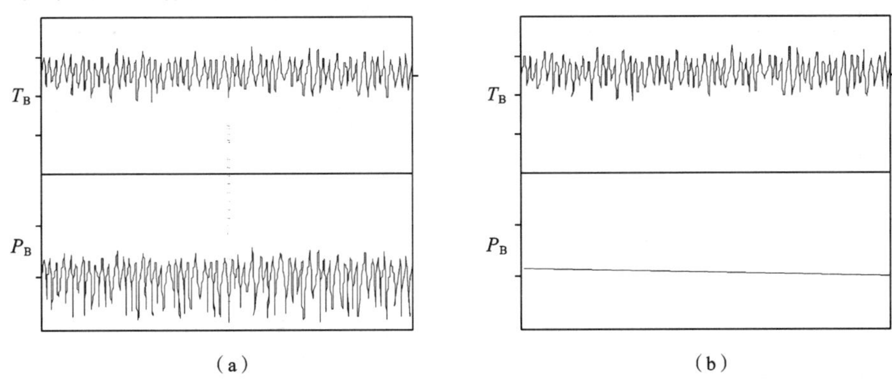

图 2-45　用多次谱平均平滑白噪声的频谱

(a) 单次的频谱；(b) 经 64 次谱平均后的频谱

值得注意的是，用谱平均不能将信号中混有的随机噪声去除，而只能使谱平滑。图 2-45 就说明了这点。通过时域同期平均能消除信号中的随机噪声，这将在 2.6 节中讨论。

平均次数的选择如下。

平稳随机信号的功率谱密度函数的标准化均方误差为

$$\varepsilon^2=\frac{E[(S'_x(f)-S_x(f))^2]}{S_x^2(f)}\approx\frac{1}{\Delta fT}$$

式中：$S_x(f)$——平稳随机过程 $X(t)$ 的真实功率谱密度函数；

$S'_x(f)$——根据 $X(t)$ 的某个样本 $x(t)$ 计算所得的功率谱密度函数，它随样本的不同而不同，因而它是 $S_x(f)$ 的估计函数；

Δf——频率分辨率；

T——采样长度；

ε^2——标准化均方误差，是 $S_x(f)$ 的均方差与 $S_x(f)$ 的平方之比，为无量纲值。

因此，标准化均方根误差为

$$\varepsilon\approx\frac{1}{\sqrt{\Delta fT}} \tag{2-114}$$

根据此式，似乎增大采样长度 T 可以减小标准化均方根误差。实际上根据 2.2 节中的分析，对于离散的数据，由关系式 $\Delta f=1/T$，即 $\Delta fT=1$ 可知，标准化均方根误差 $\varepsilon\approx 1$，这是无法容忍的。实践中对平稳随机信号总是采用平均方法来减小 ε。如果平均次数为 q，则平均后的功率密度函数的标准化均方根误差为

$$\varepsilon_q=\frac{1}{\sqrt{q}}$$

在信号分析仪中,通常 q 取 2^m,$m=1,2,3,\cdots$,表 2-9 给出了标准化均方根误差 ε_q 与平均次数 q 的关系,可根据分析精度的要求选择平均次数。然而也要指出,用平均法虽可减少误差 ε,但却会增加谱值的偏度误差,因此不是平均次数越多越好(对白噪声除外),通常取 8～32 次。

表 2-9　标准化均方根误差 ε_q 与平均次数 q 的关系

平均次数 q	2	4	8	16	32	64	128	256	512
标准化均方根误差 ε_q/(%)	20	50	35	25	18	12.5	8.8	6.3	4.4

例 2-7　分析某机器振动时,如果其最高频率 f_{max} 在 500 Hz 以内,要求标准化均方根误差在 20%以内,试确定要求的信号采样频率、采样长度、达到的频率分辨率及记录长度。

解　(1) 采样频率。

$$f_s\geqslant 2f_{max},\quad 取\ f_s=2.56f_{max}=1\ 280\ \text{Hz}$$

(2) 采样长度 T 和频率分辨率 Δf。

数据点数 $N=512$ 时,

$$T=N\Delta t=N/f_s=0.4\ \text{s},\quad \Delta f=1/T=2.5\ \text{Hz}$$

数据点数 $N=1\ 024$ 时,

$$T=N/f_s=0.8\ \text{s},\quad \Delta f=1/T=1.25\ \text{Hz}$$

(3) 平均次数 q。

根据表 2-9,可确定平均次数 $q=32$。

(4) 所需的记录长度 $T_q=qT$。

当 $N=512$ 时,

$$T_q=32\times 0.4\ \text{s}=12.8\ \text{s}$$

当 $N=1\ 024$ 时,

$$T_q=32\times 0.8\ \text{s}=25.6\ \text{s}$$

2.5.6　频域特征抽取的若干方法

利用频域分析方法进行故障诊断,首先要利用信号的频谱抽取其特征。一个频谱曲线是由若干条(如 200、400 或 800 条)谱线组成的,观察这些谱线的变化就可以得到诊断信息。显然,谱线数量太多,各条谱线对诊断起的作用大小也不同,不便于分析。因而需要压缩特征量,抽取对故障诊断用处较大的特征量。下面介绍一些常用的方法。

1. 取峰值频率及其谱值

取峰值频率及其谱值(见图 2-46(a)),这是最常用的方法之一,即只取谱图上形成峰值的频率及其谱值。许多故障都有特征频率,观察谱图上有无对应的峰并分析其峰值的消长规律,常有助于诊断。但这需要对机器的结构、故障、机理和运动参数有足够的了解,并且有足够高的频率分辨率。而实际的故障频率与理论上的频率值会有一定的区别或相对理论频率值有一定程度的波动,应用时要注意。

2. 设定若干频率窗

在谱图的某些频段设立若干频率窗,以各窗口的平均高度或面积(功率)作为特征值(见图

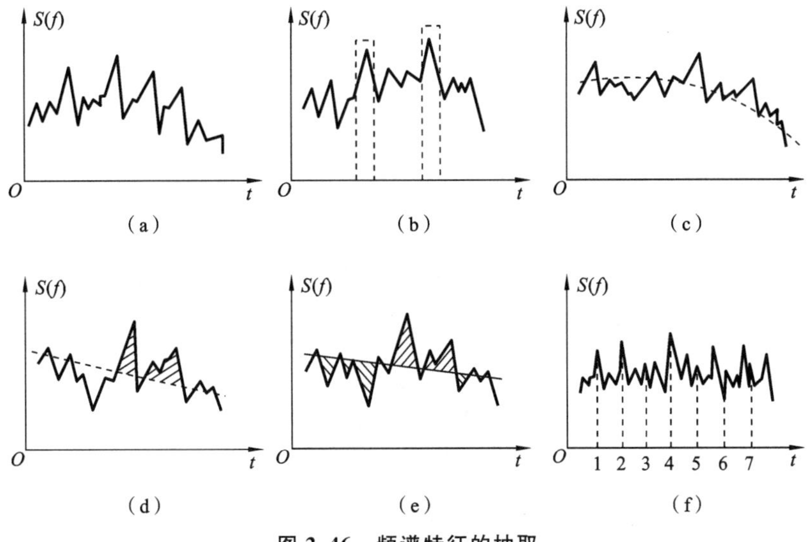

图 2-46 频谱特征的抽取

2-46(c))。这比前一种方法要稳定可靠,实际应用较多。

3. 拟合或者设定参考线

用多项式拟合某段频谱曲线,用多项式的系数作为特征参数(见图 2-46(c))。还可设定参考线(一般用直线或抛物线),将谱线超过参考线的程度(见图 2-46(d)上的阴影部分),作为超过值求和或平方后求和,或通过谱线偏离参考线的程度(见图 2-46(e)上的阴影部分),求出偏离值的平方和作为特征参数。

4. 谐波分析

以某个频率为基波,求它的高次谐波功率与基波功率之比(见图 2-46(f))。

5. 利用功率谱密度函数的统计矩分析

正如在幅域分析中用概率密度函数的矩作为其特征量一样,可以用功率谱密度函数的矩来抽取其特征。对于平稳随机信号 $x(t)$的功率谱密度函数,其 n 次矩为

$$M_n = \int_0^\infty f^n S_x(f)\mathrm{d}f \tag{2-115}$$

(1) 零次矩。

$$M_0 = \int_0^\infty S_x(f)\mathrm{d}f \tag{2-116}$$

M_0 为 $S_x(f)$曲线下的面积。根据功率谱密度函数的定义,它为信号 $x^2(t)$的平均功率,因而有

$$M_0 = E[x^2(t)] = x_{\mathrm{rms}}^2 \tag{2-117}$$

(2) 二次矩。

$$M_2 = \int_0^\infty f^2 S_x(f)\mathrm{d}f \tag{2-118}$$

可以证明

$$M_2 = \int_0^\infty S_{\dot{x}}(f)\mathrm{d}f = E[\dot{x}(t)] \tag{2-119}$$

式中:$S_{\dot{x}}(f)$——$x(t)$的一阶导数(频率)的功率谱密度。

因此 M_2 代表 $x(t)$斜率的均方值,即 $M_2 = \dot{x}_{\max}^2$。

(3) 四次矩。

$$M_4=\int_0^{\infty} f^4 S_x(f)\mathrm{d}f \tag{2-120}$$

同样有

$$M_4=E[\ddot{x}^2(t)]=\ddot{x}_{\max}^2 \tag{2-121}$$

以及 $x(t)$的曲率

$$K=\frac{\ddot{x}}{(1+\dot{x}^2)^{3/2}}$$

当 $\dot{x}\leqslant 1$ 时,$K\approx\ddot{x}$,即 M_4 为 $x(t)$的二阶导数(或曲率)的均方值。

(4) 莱斯频率。

在上述基础上引出的莱斯频率用起来更好。莱斯频率的定义为

$$f_x=\frac{1}{2\pi}\sqrt{\frac{M_2}{M_0}}=\frac{1}{2\pi}\frac{\dot{x}_{\mathrm{rms}}}{x_{\mathrm{rms}}}\ (\mathrm{Hz}) \tag{2-122}$$

对于简谐振动,因有 $\dot{x}_{\mathrm{rms}}=x_{\mathrm{rms}}\omega$,所以 $f_x=\frac{\omega}{2\pi}$,即莱斯频率等于振动频率。当 $x(t)$代表零均值的平稳随机子过程时,f_x 代表正向跨越零线的平均频率,它对快速变化,即高频成分很敏感。当故障出现引起冲击脉冲时,将使 $\dot{x}_{\mathrm{rms}}$ 明显增大,因此 f_x 增大。脉冲越窄,其频谱越宽,即向高频部分伸展得越多,因此 f_x 值越大。这可简单说明如下:假设脉冲波形的频谱为一矩形(见图 2-47),带宽为 B,谱密度为 A,则莱斯频率为

$$f_x=\frac{1}{2\pi}\sqrt{\frac{M_2}{M_0}}=\frac{1}{2\pi}\sqrt{\frac{\frac{1}{3}AB^2}{AB}}=\frac{1}{2\pi}\cdot\sqrt{\frac{B}{3}}$$

所以随着带宽 B 的增加,f_x 也增大。

图 2-48 表明了莱斯频率的诊断能力。随着电动机运行时间的增加,f_x 逐渐增加,到滚动轴承出现缺陷时,f_x 明显增大。

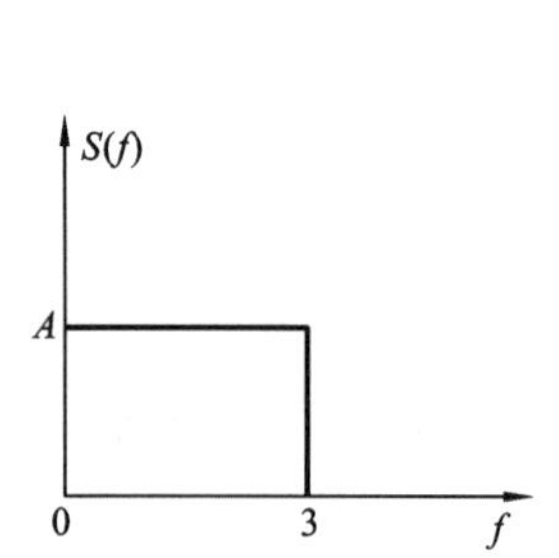

图 2-47　脉冲波形的近似频谱

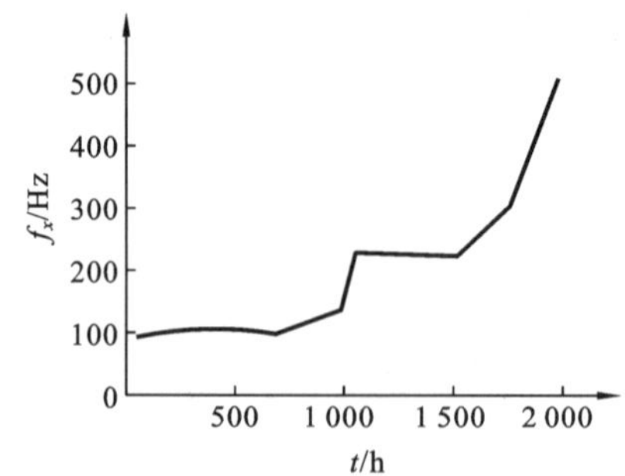

图 2-48　电动机振动速度的莱斯频率随时间变化

2.6　信号的预处理

信号处理的目的在于提高信号的可靠性和信号分析的精度,使故障诊断的灵敏度及可靠性提高。预处理的核心是采用各种滤波技术提高信号的信噪比,做到去伪存真,去芜存精。要对信号进行预处理是因为取得的信号中往往存在各种干扰,包括邻近机器或部件的振动干扰及电气干扰等,还因为早期故障信号中包含的故障信息很弱,常淹没于噪声中。

2.6.1 提取或去除趋势项

在信号分析中，一般把周期大于记录长度的频率成分称为趋势项，它代表数据缓慢变化的趋势。这种变化由环境条件（如温度、电压等）变化或仪器性能漂移而造成，也可由被监测的机器本身性能不稳定造成。如果是前者，就希望从数据中去除趋势项；如果是后者，由于它包含着机器状态的信息，就希望提取趋势项用于诊断。去除或提取趋势项可以用在模拟电路中。去除趋势项用高通滤波器，提取趋势项用低通滤波器。关于滤波器的特性将在下面进行讨论。去除或提取趋势项也可以用于对已采得的离散数据进行数字处理。

通常趋势项可用 n 次多项式(2-123)近似给出：

$$s(t)=d_0+d_1t+d_2t^2+\cdots+d_nt^n \tag{2-123}$$

对于等间隔采样的一组数据 $x_k(k=1,2,\cdots,N)$ 可表示为

$$x_k=s_k+e_k=\sum_{i=0}^{n}d_i(k\Delta t)^i+e_k,\quad i=1,2,\cdots,N \tag{2-124}$$

式中：Δt——采样间隔；

d_i——待定系数；

e_k——拟合误差。

可以用最小二乘法来确定待定系数 d_i，使残差 e_k 的平方和为极小，即令

$$Q=\sum_{k=1}^{N}e_k^2=\sum_{k=1}^{N}\Big[x_k-\sum_{i=0}^{n}d_i(k\Delta t)^i\Big]^2 \tag{2-125}$$

为极小。

在式(2-125)中，Q 对各系数 d_i 逐一求偏导数，并使其值为零，即

$$\frac{\partial Q}{\partial d_i}=\sum_{k=1}^{N}2\Big[x_k-\sum_{j=0}^{n}d_j(k\Delta t)^j\Big]\big[-(k\Delta t)^i\big]=0,i=0,1,\cdots,n \tag{2-126}$$

于是得到下列线性方程组

$$\sum_{j=0}^{n}d_j\sum_{k=1}^{N}(k\Delta t)^{i+j}=\sum_{k=1}^{N}x_k(k\Delta t)^i,i=0,1,\cdots,n \tag{2-127}$$

写成矩阵形式为

$$\begin{bmatrix} N & \sum k\Delta t & \sum(k\Delta t)^2 & \cdots & \sum(k\Delta t)^n \\ \sum k\Delta t & \sum(k\Delta t)^2 & \sum(k\Delta t)^3 & \cdots & \sum(k\Delta t)^{n+1} \\ \sum(k\Delta t)^2 & \sum(k\Delta t)^3 & \sum(k\Delta t)^4 & \cdots & \sum(k\Delta t)^{n+2} \\ \vdots & \vdots & \vdots & & \vdots \\ \sum(k\Delta t)^n & \sum(k\Delta t)^{n+1} & \sum(k\Delta t)^{n+2} & \cdots & \sum(k\Delta t)^{2n} \end{bmatrix}\begin{bmatrix} d_0 \\ d_1 \\ d_2 \\ \vdots \\ d_n \end{bmatrix}=\begin{bmatrix} \sum x_k \\ \sum x_k(k\Delta t) \\ \sum x_k(k\Delta t)^2 \\ \vdots \\ \sum x_k(k\Delta t)^n \end{bmatrix} \tag{2-128}$$

式(2-128)中的所有求和均为 $\sum\limits_{k=1}^{N}$。解上述线性方程组可得到各系数 $d_0,d_1,\cdots,d_n$。

对于具体问题，应取不同的多项式阶数，根据式(2-124)比较它们的残差平方和，选择其中 Q 值较小的，或在满足所需精度条件下选取低阶的多项式。通常 n 不超过 4。

当 $n=0$ 时为常量趋向，d_0 即均值，

$$d_0=\Big(\sum_{k=1}^{N}x_k\Big)/N \tag{2-129}$$

当 $n=1$ 时为线性趋向，

$$d_0=\frac{2(2N+1)\sum_{k=1}^{N}x_k-6\sum_{k=1}^{N}kx_k}{N(N-1)} \tag{2-130}$$

$$d_1=\frac{12\sum_{k=1}^{N}kx_k}{N(N^2-1)\Delta t}-\frac{6\sum_{k=1}^{N}x_k}{N(N-1)\Delta t} \tag{2-131}$$

图 2-49 表示了趋势项的提取和去除，图 2-49(a)为原始信号，有明显趋势，图 2-49(b)为提取出的趋势项，图 2-49(c)为去除了趋势项的信号。

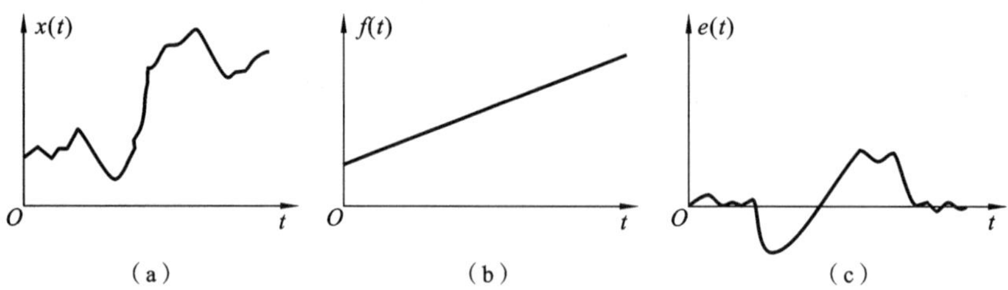

图 2-49 趋势项的提取和去除

(a) 原始信号;(b) 提取出的趋势项;(c) 去除了趋势项的信号

2.6.2 线性滤波方法

一般取得的信号中总混有噪声，因此要用滤波方法去除或减少噪声以提高信噪比(signal noise ratio)，信噪比就是有用信号功率与噪声功率之比，一般用分贝(dB)表示。

$$\mathrm{SNR}=10\lg(P_s/P_n) \tag{2-132}$$

式中：SNR——信噪比；

P_s，P_n——有用信号功率与噪声功率。

滤波的实质是去除或抑制某些频率范围内的信号成分。信号中有用成分 $s(t)$与噪声成分 $n(t)$的关系大体上分为以下几种：

(1) 相加关系

$$x(t)=s(t)+n(t) \tag{2-133}$$

(2) 相乘关系

$$x(t)=s(t)n(t) \tag{2-134}$$

(3) 卷积关系

$$x(t)=s(t)*n(t) \tag{2-135}$$

这里主要讨论第一种情形，此时噪声可以通过线性滤波解决。对第二、第三种情形需要进行非线性滤波，要用同态滤波方法解决，将相乘关系和卷积关系化为相加关系后再进行滤波，这两种情形将在以后作简要介绍。

滤波分为模拟滤波和数字滤波两类，数字滤波因其精度高、可靠性好、灵活且易于改变滤波特性而得到广泛的应用。数字滤波实质上是已采集到的离散数据的一种运算过程，其目的是增强或提升原始信号中所需的信号、压缩或过滤掉不需要的成分或干扰。2.6.1 小节谈到的趋势项提取及去除就是一种特殊的数字滤波方法。

滤波器可分为低通、高通、带通和带阻滤波器。它们的频率传递特性如图 2-50 所示。

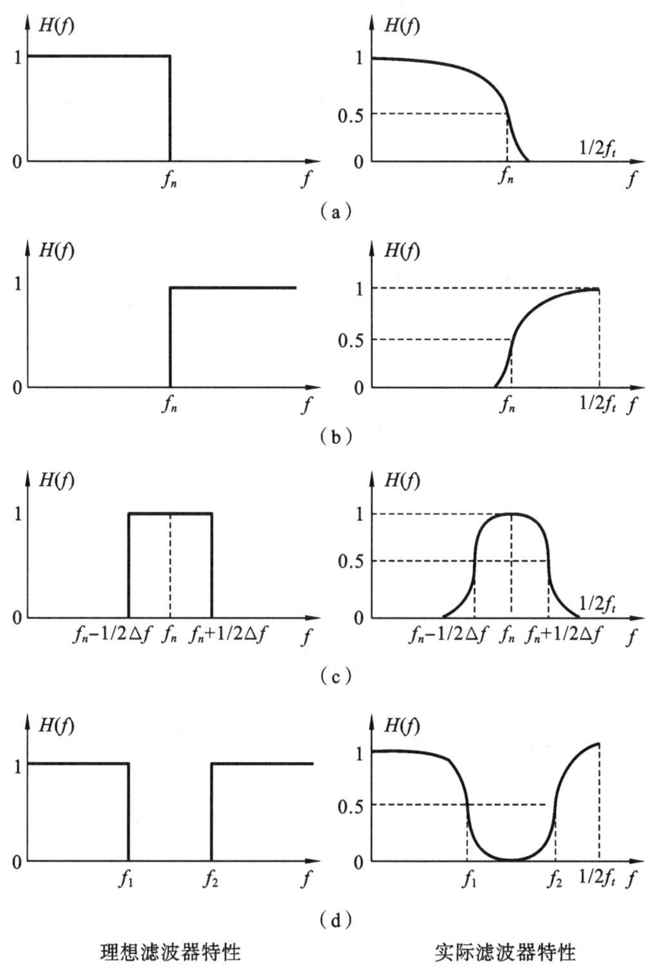

图 2-50　滤波器的传递特性

(a) 低通滤波器；(b) 高通滤波器；(c) 带通滤波器；(d) 带阻滤波器

以低通滤波器为例，它可以抑制高频噪声或不需要的高频成分。理想低通滤波器的特性呈矩形，在频率 f_0 处突然截止，故 f_0 称为截止频率。f_0 在实际滤波器上是逐渐衰减的，以滤波器的增益衰减 50%（−3 dB）处的频率作为截止频率。其余的滤波器可按此类推。

在数据记录或采样前进行滤波（模拟滤波）可提高信噪比，改善信号质量，减小数据处理的难度。上述的几种滤波器在数据记录或采样前进行滤波的作用见表 2-10。

用滤波器提高信噪比的方法简述如下。

对式(2-133)作傅里叶变换得到功率谱

$$S_x(f)=S_s(f)+S_n(f) \tag{2-136}$$

式中：$S_x(f)$——原始信号的功率谱；

$S_s(f)$——有用信号的功率谱；

$S_n(f)$——噪声的功率谱。

如果 $S_s(f)$和 $S_n(f)$的分布范围或分布特性不同，就有可能用滤波方法将噪声分离或抑制；否则就不可能。现讨论以下几种情形。

表 2-10　数据记录或采样前进行滤波的作用

滤波器种类	目　　的
低通滤波器	(1) 去掉信号中不必要的高频成分,降低采样频率,以避免频率混淆; (2) 提取趋势项; (3) 降低对记录设备的要求(如调频式磁带记录仪高频响应差); (4) 去掉高频干扰
高通滤波器	(1) 去除趋势项,以得到较平稳的数据; (2) 去除低频干扰(通常外界的机械振动干扰的频率较低); (3) 去掉信号中不必要的低频成分可减小记录长度或降低对记录设备的要求(如直录式磁带机低频响应差)
带通滤波器	(1) 抑制感兴趣频带以外的频率成分,提高信噪比; (2) 用窄带滤波器从噪声中提取周期性成分; (3) 检测调制信号
带阻滤波器	抑制某一特定频率的干扰,如电源干扰

(1) $S_s(f)$和$S_n(f)$不重叠　这时很容易用前述的一种滤波器将它们分离。如图 2-51(a)所示,可用一截止频率为f_0的低通滤波器(频率传递特性如虚线所示)将噪声去掉,但这种情形较少。

(2) $S_s(f)$和$S_n(f)$部分重叠　如图 2-51(b)所示,可用合适的滤波器将非重叠部分的噪声去除,也能改善信噪比。

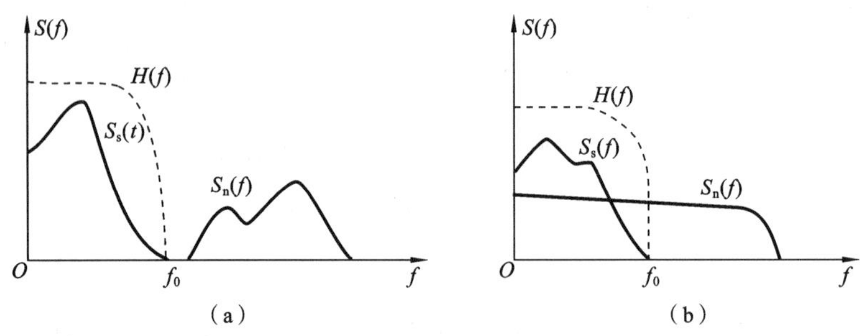

图 2-51　用滤波器去除噪声

(a) $S_s(f)$与$S_n(f)$不重叠;(b) $S_s(f)$与$S_n(f)$部分重叠

滤波前的信噪比为

$$\mathrm{SNR}=\int_0^{\infty}S_s(f)\mathrm{d}f\Big/\int_0^{\infty}S_n(f)\mathrm{d}f$$

滤波后的信噪比为

$$\mathrm{SNR}'=\int_0^{f_0}S_s(f)\mathrm{d}f\Big/\int_0^{f_0}S_n(f)\mathrm{d}f$$

由于滤波后的分母部分减小了,所以$\mathrm{SNR}'>\mathrm{SNR}$,改善了信号的质量。

(3) $S_s(f)$和$S_n(f)$完全重叠　但它们的统计分布特性不同,例如,当$S_s(f)$为若干个周期分量的谱,$S_n(f)$为宽带随机噪声谱。周期分量在频谱上会呈现尖峰而易于辨认。然而当噪声很大,宽带噪声谱起伏也很大时(见图 2-52(a)),就很难从噪声中辨认出周期分量来,但可用下列方法提取周期信号(滤去噪声)。

① 窄带滤波　如果周期分量的频率为 f_0，用中心频率带宽为 Δf 的窄带滤波器对原始信号进行滤波。对周期分量，它的谱峰值在滤波后不随带宽而变化，但宽带随机噪声的能量是大致均布在一定频率范围内的，滤波后它的输出会随着带宽 Δf 的减小而减小，因此窄带滤波器能有效地抑制这种噪声(见图 2-52)。

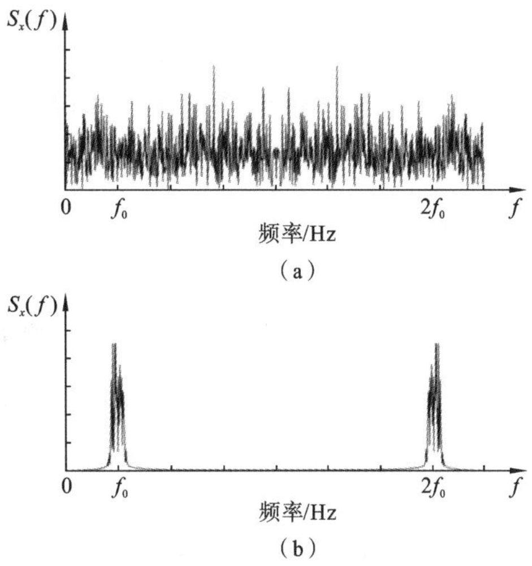

图 2-52　用窄带滤波器从噪声中提取周期分量

(a) 周期分量淹没在噪声中；(b) 窄带滤波器抑制了噪声

若事先不知道周期分量的频率则要不断改变带通滤波器的中心频率以检测出有用的周期分量，这比较费事。比较好的方法是用前述的频率细化谱，频率细化就相当于用窄带滤波器对原信号滤波读取谱值，因此速度快、效果好。

若某信号中有一正弦信号频率为 100 Hz，幅值为1 V(rms)，叠加的随机噪声带宽为(1 000 Hz)，幅值同样为1 V(rms)。若不加滤波，信噪比 SNR＝0 dB。如果用增益为 0 dB、中心频率为 100 Hz，带宽为 10 Hz 的带通滤波器滤波，则其输出的正弦分量的幅值仍为 1 V(rms)，而噪声的幅值为 $1\ \text{V}\times\Delta f/f_B=10/1000=0.01$ V(rms)。因此滤波后的信噪比为

$$\text{SNR}=10\lg(1^2/0.01^2)=40\ \text{dB}$$

这就大大改善了信号的质量。如果用截止频率为 $f_1=125$ Hz 的低通滤波器进行滤波，则噪声输出为$1\ \text{V}\times f_1/f_B=125/1000=0.125$ V(rms)，此时信噪比为

$$\text{SNR}'=10\lg(1^2/0.125^2)=18\ \text{dB}$$

滤波效果远不如窄带滤波器好。

② 相关滤波　因为周期分量的自相关函数也是周期的，而宽带随机噪声的自相关函数在延时足够大时将衰减掉，如表 2-5 中的带通白噪声。利用这种性质可以求原始信号 $x(t)$ 的自相关函数，如在延时足够大时它不衰减且有明显的周期性，就可以将周期分量检测出来。可以看出，随机噪声的带宽越窄，其相关函数衰减越慢，分离的效果就越差。

③ 同期时间平均(相干滤波)　这是从叠加有白噪声 n_i 干扰的信号 x_i 中提取周期信号 s_i 的一种很有效的方法。

设时间序列

$$x_i=s_i+n_t,\quad i=1,2,\cdots,N \tag{2-137}$$

s_i 的周期为 $T=N\Delta t$，Δt 为采样间隔，也就是有

$$s_i=s_{i+Nk},\quad i=1,2,\cdots,N \tag{2-138}$$

其中 k 为正整数，n_i 为白噪声序列。对白噪声 n_i 有

$$E[n_i]=0,\quad E[n_i,n_{i+m}]=\begin{cases}\sigma^2 & (m=0)\\ 0 & (m\neq 0)\end{cases} \tag{2-139}$$

如果以 T 为周期去截取信号，即将信号分成 M 段，每段有 N 点数据。然后将各段数据的对应点相加取平均值，得

$$\bar{x}_i=\frac{1}{M}\sum_{k=0}^{M-1}X_{i+Nk}$$

或

$$\bar{x}_i = \frac{1}{M}\sum_{k=0}^{M-1} s_{i+Nk} + \frac{1}{M}\sum_{k=0}^{M-1} n_{i+Nk} \tag{2-140}$$

利用式(2-138),式(2-140)可化为

$$\bar{x}_i = s_i + \frac{1}{M}\sum_{k=0}^{M-1} n_{i+Nk} \tag{2-141}$$

利用式(2-139)得

$$E[\bar{x}_i]=E[s_i]$$

进一步可得信号的均方值(相当于平均功率)为

$$E[\bar{x}_i^2]=E[s_i^2]+\frac{1}{M}\sigma^2$$

在平均前信号的均方值(相当于平均功率)为

$$E[x_i^2]=E[s_i^2]+\sigma^2$$

比较以上两式可看到同期平均以后(滤波后)功率信噪比提高了 M 倍,从而突出了周期分量。

图 2-53 表示对混有很强随机噪声的一正弦信号进行同期时间平均的效果。在 $M=1$ 时,即没有进行平均时,很难辨认出正弦信号。在进行了 128 次同期时间平均后,已很接近于正弦波。

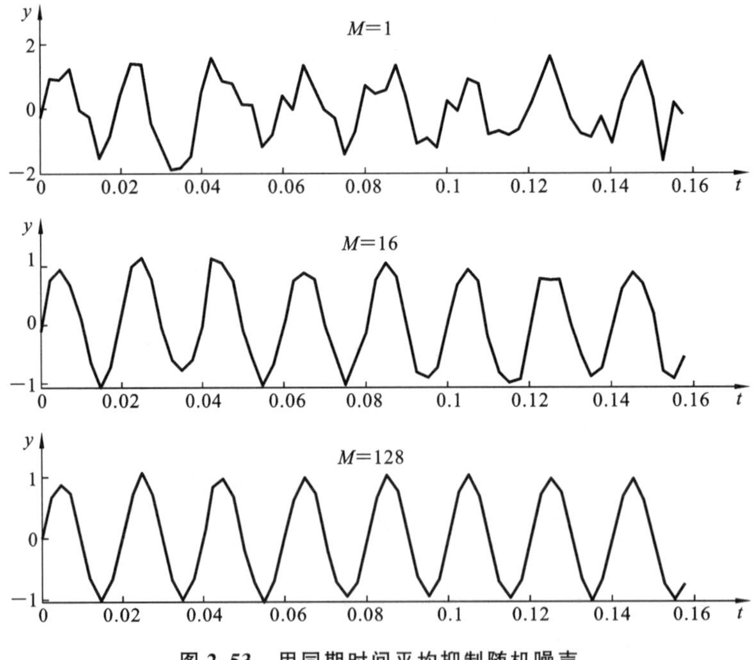

图 2-53　用同期时间平均抑制随机噪声

对于回转机械,要进行同期时间平均,需要确定每转初始相位的参考信号,才能保证作同期时间平均的正确关系。产生这种参考信号可以用图 2-54 所示的方法。图 2-54(a)所示是在轴上做一个键槽,图2-54(b)所示是在轴上做一个凸起的键,它们都称为键相器,用涡流传感器或磁电式传感器产生图 2-54(c)和图 2-54(d)所示的脉冲信号,再经过整形和反相电路得到上升沿的 TTL 电平的矩形脉冲,以上升沿作为相位基准。

也可以在轴上沿圆周方向做一个涂黑的标记,利用光电传感器产生相位参考信号。如图 2-55 所示,光电传感器(见图 2-55(a))中的发光二极管(LED)发出的光线射到圆周表面,再反

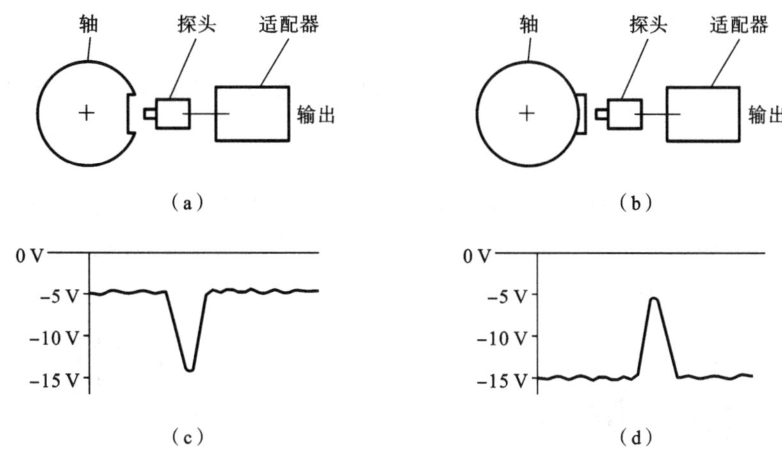

图 2-54　利用键相器产生相位参考信号

(a) 键槽;(b) 凸键;(c) 做键槽时的输出信号;(d) 做凸键时的输出信号

射回透镜,由光敏三极管接收。因表面涂黑的标记对光的反射率不同,而产生一个负脉冲信号(见图 2-55(b)),再用整形、反相电路产生 TTL 电平的相位参考信号。

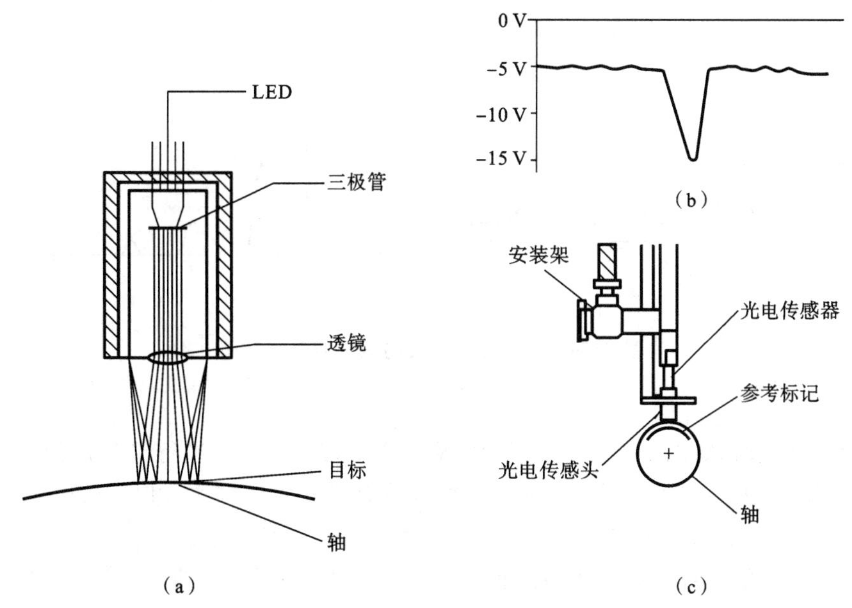

图 2-55　用光电传感器产生相位参考信号

(a) 光电传感器;(b) 光电输出信号;(c) 光电传感器安装图

2.6.3　同态滤波方法简介

如前所述,对于有用信号 $s(t)$与噪声 $n(t)$之间的关系为相乘或卷积时,用线性滤波方法无法将它们分离,要用同态滤波这种非线性滤波方法。这种方法的特点是先将经相乘或卷积而混杂在一起的信号用某种变换将它们变成相加的关系,然后用线性滤波方法去掉不需要的成分,最后用前述变换的逆变换把滤波后的信号恢复出来(其原理略)。

2.6.4 包络线处理

在信号预处理中,特别是当分析高频冲击振动时,包络线处理是一项重要而有效的技术。

图 2-56(a)所示为一个具有频率 f_e 的冲击振动,冲击周期为 $T_s\left(T_s=\frac{1}{f_s}\right)$,在滚动轴承和齿轮传动装置、往复运动发动机等的诊断中,这是经常出现的主要振动形式。严格地说,这不是周期振动。所以,频谱分析时并未出现明确的尖峰。特别是在设备诊断中,很多情况下希望知道周期 T_s,但在频谱上却表示不出来。

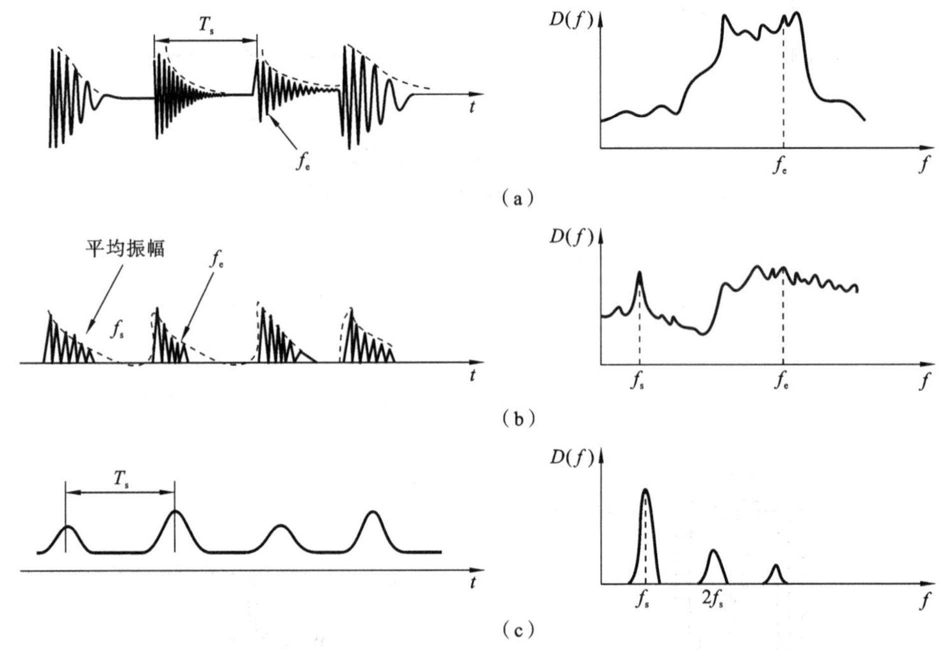

图 2-56 用包络线处理的振动波形和频谱

(a) 随机冲击信号和频谱;(b) 经过绝对值处理后的信号和频谱;(c) 经过低通滤波器用包络线处理的波形和频谱

碰到此类情况时,如图 2-56(b)所示,将振动的负侧变到正侧进行绝对值处理,则波形带有周期性,如图 2-56(b)右侧所示,出现了与冲击周期 T 相当的频率。但此时所得到的也不是完全的周期信号,不能像三角波和矩形波那样成为整齐的线性频谱。

将进行过绝对值处理的信号再通过低通滤波器,如图 2-56(c)所示,进行包络线处理,这个信号大致具有 $\mathrm{d}(t)=\mathrm{d}(t+nTa)$ 的性质,成为了周期振动信号,因而在此处出现了线性频谱。图 2-56(a)所示的信号虽然不是周期振动信号,但由于采用了包络线处理,则可将其变为周期振动信号并且揭示出其冲击周期。包络处理常采用希尔伯特(Hilbert)变换实现,其相关内容将在下一章介绍。

习 题

2-1 什么是频率混叠? 怎么避免频率混叠?

2-2 函数本身与它的自相关函数在哪些方面是相同的?

2-3 若两个信号是相关的,其互相关函数有什么特点? 为什么?

2-4　周期信号和非周期信号的频谱分别是离散的还是连续的？

2-5　随机信号分析为什么用功率谱分析而不用幅值谱分析？

2-6　什么是频率细分？如何将原信号的频谱分辨率提高 2 倍而不增加傅里叶变换的次数，并讨论细分带宽和放大倍数的关系。

2-7　信号和噪声的关系有几种？每种关系应该用什么滤波方法去处理？

2-8　什么是同期时间平均？适用于解决什么样的问题？采用同期时间平均时要注意哪些方面才能取得好的效果？

2-9　以下信号中，哪个是周期信号？哪个是准周期信号？哪个是瞬变信号？它们的频谱各具有哪些特征？

(1) $\cos 2\pi f_0 t e^{-|\pi t|}$；(2) $\sin 2\pi f_0 t + 4\sin f_0 t$；(3) $\cos 2\pi f_0 t + 2\cos 3\pi f_0 t$。

2-10　求正弦信号 $x(t)=x_0 \sin\omega t$ 的绝对值$\mu_{|x|}$ 和均方根值x_{rms}。

2-11　求题 2-11 图所示的周期锯齿波的频谱(三角函数展开)，$x(t)=\dfrac{A}{T_0}t(0\ll 1\ll T_0)$。

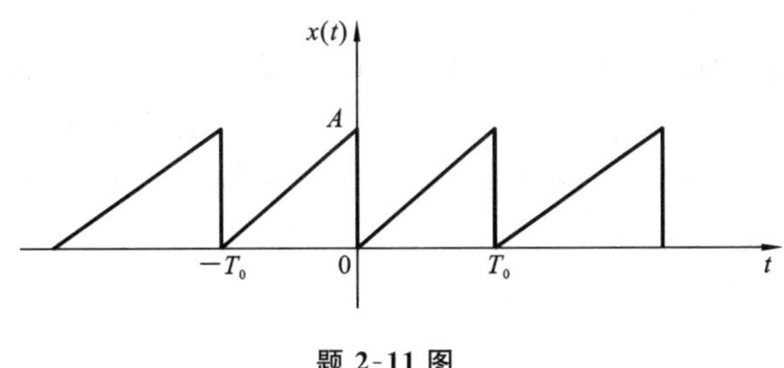

题 2-11 图

2-12　设一时间函数 $f(t)$及其频谱，如题 2-12 图所示，现乘以正弦型振荡 $\cos\omega_0 t$ $(\omega_0>\omega_m)$，在这个关系中，函数 $f(t)$称为调制信号，正弦型振荡 $\cos\omega_0 t$ 称为载波。试求调幅信号 $f(t)\cos\omega_0 t$ 的傅里叶变换，并画出调幅信号及其频谱示意图。

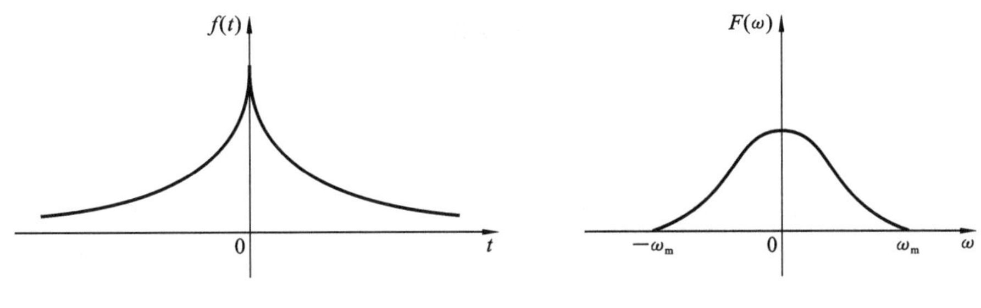

题 2-12 图

2-13　对三个正弦信号$x_1(t)=\cos 2\pi t$，$x_2(t)=\cos 6\pi t$，$x_3(t)=\cos 10\pi t$ 进行采样，采样频率$f_s=4$ Hz，求这三个采样输出序列，比较这三个结果，画出$x_1(t)$，$x_2(t)$，$x_3(t)$的波形及采样点位置，并解释频率混叠现象。

2-14　对非带限模拟信号做数字化频谱分析。要求分析的频率范围是 0～200 Hz，频率分辨率为 1 Hz。试确定采样频率f_s、采样点数 N 和记录长度 τ。

2-15　假设有一个信号 $x(t)$，它由两个频率、幅值和相角均不相等的余弦分量叠加而成，其数学表达式为 $x(t)=A_1\cos(\omega_1 t+\varphi_1)+A_2\cos(\omega_2 t+\varphi_2)$，求该信号的自相关函数。

2-16　如题 2-16 图所示，求具有相同周期的方波和正弦波的互相关函数 $R_{xy}(\tau)$。

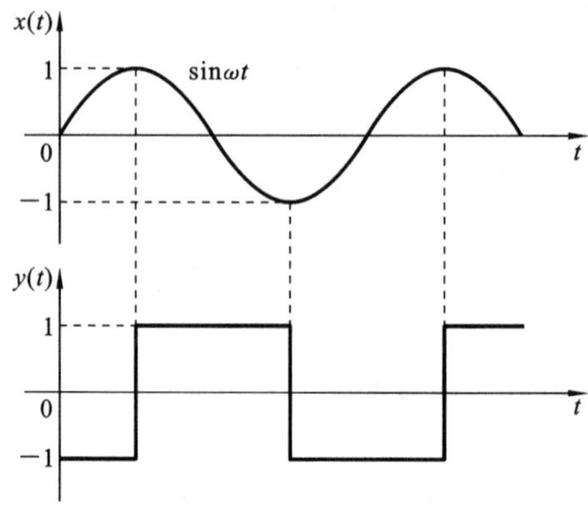

题 2-16 图

2-17　求自相关函数 $R(\tau)=e^{-\alpha|\tau|}\cdot\cos 2\pi f_0\tau\ (\alpha>0)$ 的自谱密度函数，并画出它的图形。

2-18　已知 $x(t)$ 的频谱如题 2-18 图所示，(1) 画出 $x(t)=\cos 2\pi f_m t$ 的频谱；(2) 已知 $\Delta R/R_0=x(t)\cdot\cos 2\pi f_m t$，供桥电压 $e_0(t)=E_0\cos 4\pi f_m t$，采用单臂工作方式，试求该电桥的输出 $e_y(t)$ 的频谱并作图；(3) 若对电桥的输出进行时域采样，不允许产生频混，采样频率至少应为多少？

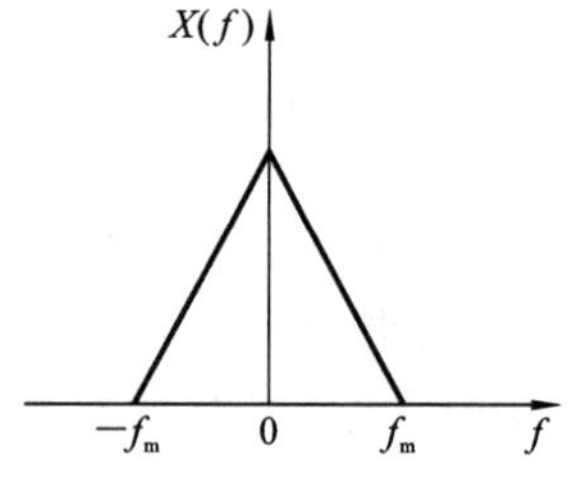

题 2-18 图

第3章　现代信号分析方法简介

3.1　短时傅里叶变换

短时傅里叶变换(STFT)是研究非平稳信号最广泛使用的方法。假定我们听一段持续时间为1 h的音乐，在开始时有小提琴，而在结束时有鼓。如果用傅里叶变换分析整段音乐，傅里叶频谱将表明小提琴和鼓对应的频率的峰值。频谱会告诉我们有小提琴和鼓，但不会给出小提琴和鼓在什么时候演奏的提示。如果要求更好地局部化，那就要把这1 h划分成1 min一个的时间间隔，甚至更小的时间间隔，再用傅里叶变换分析每一个间隔。

短时傅里叶变换的基本思想：把信号划分成许多小的时间间隔，用傅里叶变换分析每一个时间间隔，以确定在那个时间间隔存在的频率，这些频谱的总体就表现了频率在时间上是怎样变化的。为了研究信号在时刻 t 的特性，人们加强时刻 t 的信号而衰减其他时刻的信号，将信号乘以一个滑动的窗函数后对窗内信号 $h(t-\tau)$ 进行傅里叶变换：

$$\mathrm{STFT}_f(\omega,\tau)=\int_{-\infty}^{+\infty}f(t)h^*(t-\tau)\mathrm{e}^{-\mathrm{j}\omega t}\mathrm{d}t \tag{3-1}$$

式中：* 表示复共轭；$h(t)$为窗函数，可采用 Hamming，Hanning，Gabor 等窗函数。

随着 τ 的移动，得到一组原信号的“局部”频谱，从而能够反映非平稳信号的时频分布特征。

图3-1为无级调速电动机驱动的提升齿轮下降过程中的STFT图，展示了齿轮的啮合频率及其2、3次谐波，随着转速变慢，频率值均相应地逐渐减小。并且还发现了幅值不大但频率杂乱的噪声分量，其反映了下降制动的摩擦效应。制动摩擦力还使运行停止前的齿轮啮合频率及其谐波的幅值有所增加。还可看到，停车后由于被提重物下降的惯性冲击，在该时刻出现一宽带频率响应。

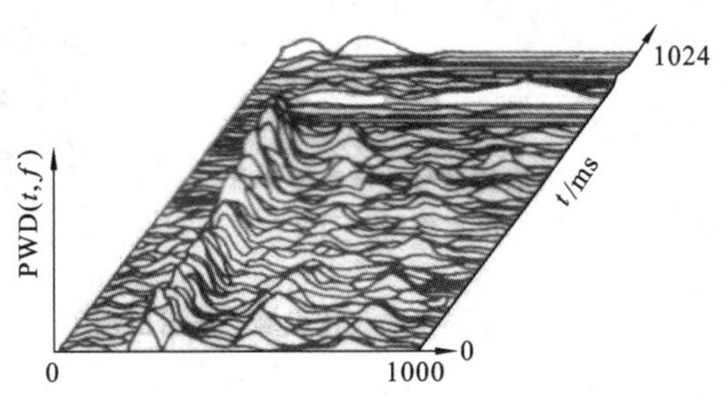

图3-1　提升齿轮下降过程的短时傅里叶频谱

从上面的分析可以看出，短时傅里叶变换具有如下特点。

(1) 具有时频局部化能力，$h(t-\tau)$在时域中是滑动窗，在频域中相当于带通滤波器。

(2) 可分析非平稳信号，由于其基础是傅里叶变换，故更适合分析准平稳信号。

(3) 在STFT计算中，选定 $h(t)$，则时频分辨率保持不变。

3.2　Wigner-Ville 分布

在机械故障诊断学领域,涉及的信号从统计意义上讲都不是平稳的,常常遇到非平稳瞬变和随时间变化的调制信号。这些信号的频率特征与时间有明显的依赖关系,提取和分析这些时变信息对机械故障诊断意义重大。Wigner-Ville 分布可看作信号能量在联合的时间和频率域中的分布,是分析非平稳信号和时变信号的重要工具,是 Wigner 在 1932 年提出的。设$x(t)$为一连续信号,其 Wigner-Ville 分布为

$$w_x(t,f)=\int_{-\infty}^{+\infty}x(t+\tau/2)x^*(t-\tau/2)\mathrm{e}^{-\mathrm{j}2\pi f t}\mathrm{d}\tau \tag{3-2}$$

式中:$*$表示复共轭。

实际应用中,采用加窗离散形式:

$$w_x(n,m)=2\sum_{k=M/2+1}^{M/2}P(k)x(n+k)x^*(n-k)\mathrm{e}^{-\mathrm{j}2\pi mk/M} \tag{3-3}$$

式中:$P(k)$——长度为 M,中心位于 n 的窗函数,如 Hamming, Hanning, Gabor 等窗函数。

Wigner-Ville 分布具有许多优良的特性,总的来说主要有以下几个。

(1) 它是信号 $x(t)$的能量在时频上的分布;

(2) 由于窗函数 $P(k)$的局部化作用,以及 $x(n+k)x^*(n-k)$运算,该发布具有对准平稳或非平稳信号分析的能力;

(3) 对调幅、调频信号及随机噪声均有直观表示。

如图 3-2 所示,机组发生喘振的初期,所产生的低频分量一般存在调幅现象,在图中可看出该低频分量的调幅随时间波动的情况。图 3-3 为某机组支座松动时的 Wigner 分布图,支座松动时振动幅值和频率的不稳定性可清楚地得到展现。同时在时域和频域中展示出振动的全貌,这是前述傅里叶变换所不具备的。

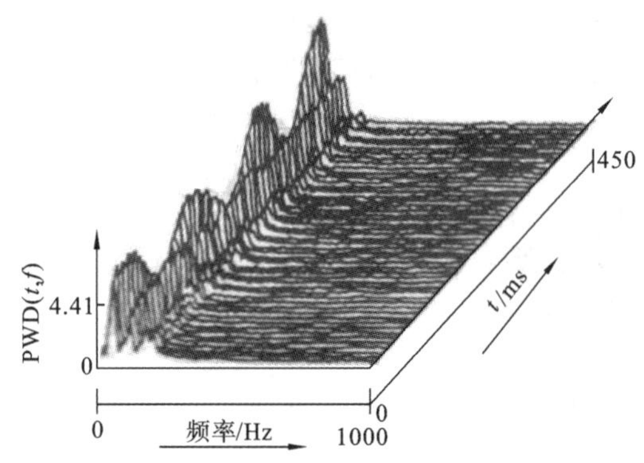

图 3-2　机组喘振时的 Wigner 分布

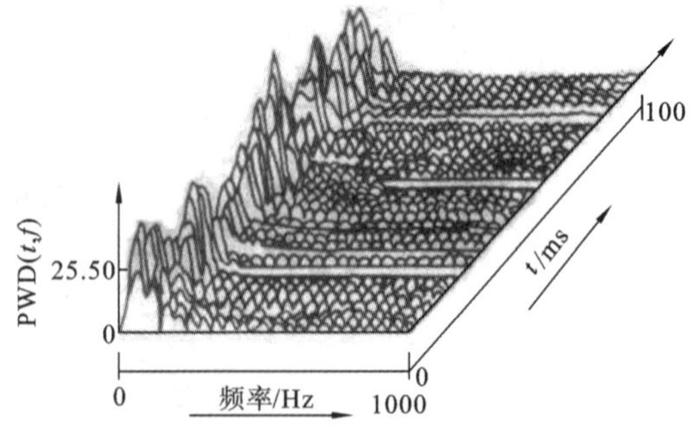

图 3-3　机组支座松动时的 Wigner 分布

3.3　小 波 变 换

如前所述,傅里叶变换可以将时域信号变换到频域中,但它只适用于稳态信号分析,其结果是它既不能有效地提供暂态信号的频域信息,也不能改变信号的分辨率;而 STFT 通过构造窗函数 $w(t)$可以得到与时间有关的信号频谱的描述,但是它对所有的频率都用同一个窗函

数，使得分析的分辨率在时间-频率平面的所有局部都相同，这就导致在时间和频率上均有任意高的分辨率是不可能的。于是，需要一个“柔性”时域窗，其在较高的频率处时域窗可以自动地变窄，而在较低的频率处时域窗又可以自动地变宽，这就是小波变换。

小波变换的基本思想是采用时窗宽度可调的小波函数替代短时傅里叶变换中的窗函数。也就是说小波变换在时频平面不同位置具有不同的分辨率，是一种多分辨(率)分析方法。其目的是“既要看到森林(信号的概貌)，又要看到树木(信号的细节)”，因此，它又被称为数学显微镜。它可将信号交织在一起的多种尺度成分分开，并能对大小不同的尺度成分采用不同的时域或空域采样步长，从而能够不断地聚焦对象的任意细节。这就是小波变换优于短时傅里叶变换的地方。小波变换定义：

$$WT_x(\tau,\alpha) = \frac{1}{\sqrt{\alpha}}\int_{-\infty}^{+\infty} x(t)\xi^*\left(\frac{t-\tau}{\alpha}\right)\mathrm{d}t \tag{3-4}$$

$\xi(t)$是满足$\int_{-\infty}^{+\infty}\xi(t)\mathrm{d}t = 0$(振荡性)和在时域内具有紧支性(时域有限)的函数，称为小波基函数，常见的小波基函数有 Lemarie 小波、Danbechies 小波、Morlet 小波等。可通过平移 τ 和伸缩 α 构成函数族。α 是尺度因子，当 α 增大(减小)时，通过一固定的 $\xi\left(\frac{t-\tau}{\alpha}\right)$(即滤波器)，在时间上扩展(收缩)，即可计及长(短)的时间历程，观察到波形压缩(伸展)的信号。如图 3-4 所示，通过小波变换，利用平移 τ 和伸缩 α 可在不同尺度下对不同时刻的信号进行观察。

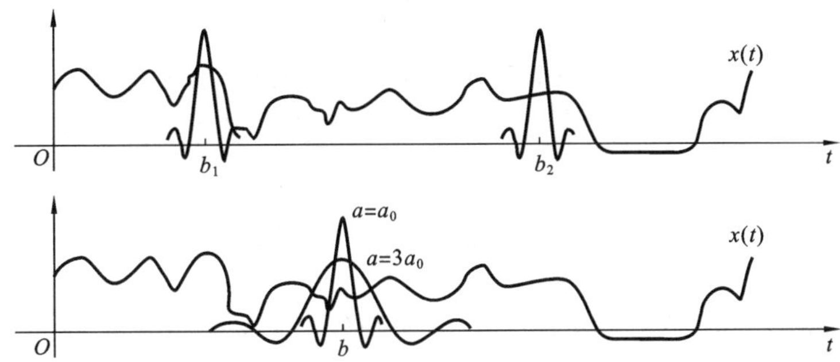

图 3-4　利用小波变换在不同的时移和尺度下对信号进行观察

小波变换具有如下特点。

(1) 可对非平稳信号进行时域分析，其时频局部化方式是：在高频范围内时间的分辨率高，在低频范围内频率的分辨率高。对高频信号有较低的频率分辨率，对低频信号有较大的时间分析长度。

(2) 信号的分解和重构可有针对性地选择有关频带信息，剔除噪声干扰。

(3) 在全频带内正交分解的结果，信号量既无冗余也无遗漏。

(4) 若非平稳信号由低频长波叠加高频短波组成，小波变换是最理想的分解工具。

(5) 时间窗口和频率窗口的乘积为常数，因此时间和频率不能同时达到很高的精度。

(6) 在小波变换中只能使用一个小波基函数，否则容易造成信号能量泄露，产生虚假谐波。

图 3-5(a)所示为某厂混合机托轮轴承产生故障时的原始时域波形，高频振动和低频振动混杂在一起，难以提取故障的特征频率。图 3-5(b)所示为通过小波变换得到的尺度为 7 的时域信号，去噪效果已经非常明显。

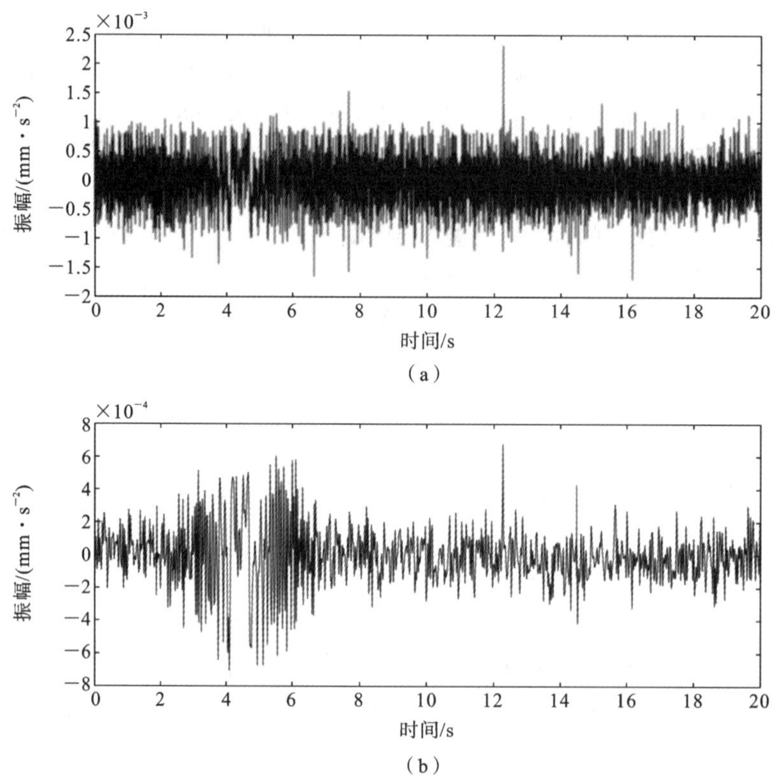

图 3-5　某轴承的时域信号和小波变换信号

(a) 原始时域波形；(b) 小波分解后提取的时域波形

3.4　分形几何

欧几里得空间中，空间维数是整数。20 世纪 70 年代曼德布特提出，如果一个图形的部分以某种方式与其整体本身相似，这个图形就称为分形，分形是对无序的、不稳定的、非平衡的和随机的自然界中绝大多数事物的一般结构进行研究时提出的一个新的概念。分形是一类无规则、混乱而复杂，但其局部与整体有相似性的体系。体系的形成具有随机性，其维数是分数，称为分维数。

最基本的分维数计算方法是变尺度法等，以不规则曲线的分维数计算为例，它是用不同的尺度 λ 去度量曲线的长度 P，由于曲线两点之间小于尺度 λ 的部分被当做多线段来测量，而两点间的曲线长度总是大于线段长度。因此使用的尺度越小，测量的长度越大，使用的尺度不同，对同一条曲线，会测得不同的长度，即

$$P_\lambda = C\lambda^{1-D_f} \tag{3-5}$$

式中：P_λ——用尺度 λ 度量曲线得到的长度，两边取对数可得 $\ln P_\lambda = (1-D_f)\ln\lambda + C$，作出 $\ln P_\lambda$-$\ln\lambda$ 的双对数拟合直线，其直线斜率为 $m=1-D_f$，那么可求得 $D_f=1-m$，m 为负数。分维数是描述分形的重要参数，能够反映分形的基本特征，但由于侧重面不同，有多种定义和计算方法。

1. 拓扑维数

一个几何对象的拓扑维数等于确定其中一个点的位置所需要的独立坐标数目。如果用尺

度为 r 的小盒子覆盖一个 d 维的几何对象，覆盖它所需要的小盒子数目为 $N(r)$，则拓扑维数为

$$d=\frac{\ln N(r)}{\ln(1/r)} \tag{3-6}$$

2. 容量维数 D_c

容量维数是利用相同大小形状的小球或立方体包覆几何对象而定义的维数，由苏联著名数学家科尔莫哥诺夫提出。设一几何对象 S，若以直径为 r 的小球为标准去覆盖 S，所需小球的最小数量为 $N(r)$，则容量维数为

$$D_c=\lim_{r\to 0}\frac{\ln N(r)}{\ln(1/r)} \tag{3-7}$$

3. 豪斯道夫(Hausdorf)维数

豪斯道夫在 1919 年提出连续空间的概念，空间的维数不是跃变的，可以是连续变化的，定义：将一个整体 S 划分为 $N(r)$ 个大小和形态完全相同的小图形，每一个小图形的线度是原图形的 r 倍，则豪斯道夫维数为

$$D_f=\lim_{r\to 0}\frac{\ln N(r)}{\ln(1/r)} \tag{3-8}$$

豪斯道夫维数和容量维数都是基于包覆的，其不同点在于容量维数是用相同大小形状的球或立方体去作包覆来定义的维数，而豪斯道夫维数是用最有效的包覆来定义的维数。

4. 信息维数

如果将每一个小盒子编号，并记分形中的部分落入第 i 个小盒子的概率为 P_i，那么用尺度为 r 的小盒子所测算的平均信息量为

$$I=-\sum_{i=1}^{N(r)}P_i\ln P_i \tag{3-9}$$

若用信息量 I 取代小盒子数 $N(r)$ 的对数就可以得到信息维 D_1 的定义

$$D_1=\lim_{r\to 0}\frac{-\sum_{i=1}^{N(r)}P_i\ln P_i}{\ln(1/r)} \tag{3-10}$$

曲线的分维数的大小取决于该曲线在空间中充满的程度。对于一确定的直线，其分维数等于其拓扑维数 1，对于白噪声序列产生的曲线其分维数为 2，对于一般的曲线其分维数在 1～2之间。图 3-6 所示为某气压机组一个运行周期内不同时刻的轴心轨迹及分维数，从上到下三个轴心轨迹越来越不稳定，但这只是定量的描述。经计算，三个轴的分维数分别为1.387，1.543，1.615，可见分维数的大小很好地定量反映了机组轴心的稳定程度。

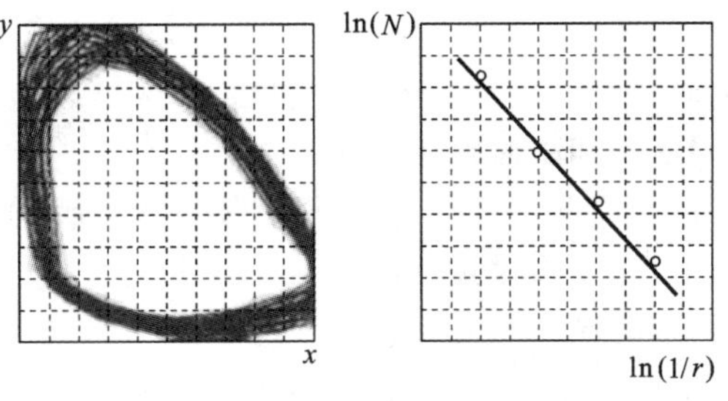

图 3-6　机组的轴心轨迹及分维数

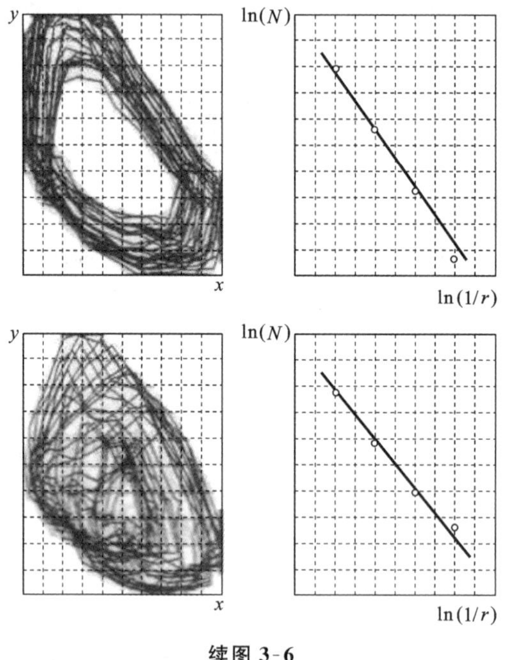

续图 3-6

3.5 经验模态分解

在机械动态分析、设备状态监测与故障诊断过程中，存在着大量的非平稳信号，短时傅里叶变换(STFT)、Wigner-Ville 分布、小波和小波包分析等方法不同程度地对此类信号的时变性给予了恰当的描述，在工程实际中获得了一定的应用。

对非平稳、非线性信号比较直观的分析方法是使用具有局域性的基本量和基本函数，如瞬时频率。1998 年，美籍华人 Norden E. Huang 等人在对瞬时频率的概念进行了深入研究之后，创造性地提出了本征模式函数(intrinsic mode function，IMF)的概念以及将任意信号分解为本征模式函数的新方法——经验模式分解(empirical mode decomposition，EMD)方法，从而赋予了瞬时频率合理的定义和有实际物理意义的求法，初步建立了以瞬时频率表征信号交变的基本量，以本征模式分量为时域基本信号的新的时频分析方法体系。

3.5.1 基本概念

在讨论基于 EMD 的时频分析方法之前，必须先介绍两个基本概念：一个是瞬时频率的概念，另一个是基本模式分量的概念，相对于原信号的希尔伯特变换的结果，只有对基本模式分量进行希尔伯特变换后的时频谱才具有具体的物理意义。

1. 希尔伯特(Hilbert)变换和瞬时频率

在希尔伯特变换方法产生之前，有两个主要原因使得接受瞬时频率的概念较为困难：一是受到傅里叶变换分析的影响；二是瞬时频率没有唯一的定义。当可以使离散数据解析化的希尔伯特变换方法产生以后，瞬时频率的概念得到了统一。

对任意时间序列 $x(t)$，可得到它的希尔伯特变换 $y(t)$ 为

$$y(t)=\frac{1}{\pi}\int_{-\infty}^{+\infty}\frac{x(\tau)}{t-\tau}\mathrm{d}\tau \tag{3-11}$$

在频域上，$y(t)$为 $x(t)$与函数 $1/(\pi t)$的卷积，$1/(\pi t)$的傅里叶变换为$-\mathrm{j}=\mathrm{e}^{-\mathrm{j}\pi/2}(f>0)$。从频域上看，$y(t)$的傅里叶变换等于 $x(t)$和 $1/(\pi t)$各自傅里叶变换的乘积。因此如果 $x(t)$可看作多段或者一段正弦信号的话，$y(t)$相当于 $x(t)$的相位移动了$-\pi/2$，而两者的幅值相同。

一般信号经过傅里叶变化会产生没有物理意义的负频率谱线，采用希尔伯特变换可以构造没有负频率分量的信号——解析信号 $z(t)$：

$$z(t)=x(t)+\mathrm{j}y(t)=A(t)\mathrm{e}^{\mathrm{j}\varphi(t)} \tag{3-12}$$

由此可以看出解析信号的实部是信号本身，其中幅值函数

$$A(t)=\sqrt{x^2(t)+y^2(t)} \tag{3-13}$$

是原信号 $x(t)$的包络，可用于 2.6.4 小节中提及的包络处理。包络的傅里叶变换得到的是希尔伯特包络谱。相位函数

$$\varphi(t)=\arctan\frac{y(t)}{x(t)} \tag{3-14}$$

而相位函数的导数即瞬时频率

$$\omega(t)=\frac{\mathrm{d}\varphi(t)}{\mathrm{d}t} \tag{3-15}$$

或

$$f=\frac{1}{2\pi}\frac{\mathrm{d}\varphi(t)}{\mathrm{d}t} \tag{3-16}$$

然而按上述定义求解的瞬时频率在某些情况下是有问题的，可能会出现没有意义的负频率。考虑如下信号

$$x(t)=x_1(t)+x_2(t)=A_1\mathrm{e}^{\mathrm{j}\omega_1 t}+A_2\mathrm{e}^{\mathrm{j}\omega_2 t}=A\mathrm{e}^{\mathrm{j}\varphi(t)} \tag{3-17}$$

为了简单起见，假设信号幅值 A_1 和 A_2 是恒定的，ω_1 和 ω_2 为正。信号 $x(t)$的频谱应由两个在 ω_1 和 ω_2 处的谱线组成，即

$$X(\omega)=A_1\delta(\omega-\omega_1)+A_2\delta(\omega-\omega_2) \tag{3-18}$$

既然认为 ω_1 和 ω_2 为正，那么这个信号是解析的，按式(3-14)和式(3-13)可以分别求得其相位

$$\varphi(t)=\arctan\frac{A_1\sin\omega_1 t+A_2\sin\omega_2 t}{A_1\cos\omega_1 t+A_2\cos\omega_2 t} \tag{3-19}$$

和幅值的平方

$$A^2(t)=A_1^2+A_2^2+2A_1A_2\cos(\omega_2-\omega_1)t \tag{3-20}$$

取相位的导数，得其瞬时频率，有

$$\omega(t)=\frac{\mathrm{d}\varphi(t)}{\mathrm{d}t}=\frac{1}{2}(\omega_2-\omega_1)+\frac{1}{2}(\omega_2-\omega_1)\frac{A_2^2-A_1^2}{A^2(t)} \tag{3-21}$$

从式(3-21)中可以看出，瞬时频率与幅值的取值有很大关系。假设 $\omega_1=10$ Hz，$\omega_2=20$ Hz，当 $A_1=0.2$，$A_2=1$ 时，其瞬时频率是连续的，如图 3-7(a)所示。而当 $A_1=-1.2$，$A_2=1$，虽然信号是解析的，瞬时频率却出现了负值，如图 3-7(b)所示，而已知信号的频率是离散的和正的。可见，对任意一个信号做简单的希尔伯特变换可能会出现无法解释的、缺乏实际物理意义的频率成分。

Norden E. Huang 等人对瞬时频率进行深入研究后发现，只有满足一定条件的信号才能求得具有实际物理意义的瞬时频率，并将此类信号称之为本征模式函数(IMF)或基本模式分量。

2. 基本模式分量

基本模式分量的概念是为了得到有意义的瞬时频率而提出的。基本模式分量 $f(t)$需要

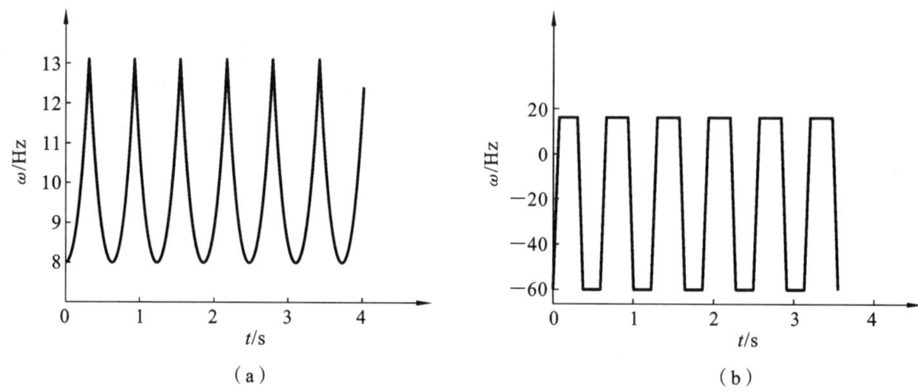

图 3-7　两个正弦波叠加的瞬时频率

(a) $A_1=0.2, A_2=1$；(b) $A_1=-1.2, A_2=1$

满足的两个条件为：

(1) 在整个数据序列中，极值点的数量 N_e（包括极大值点和极小值点）与零点的数量 N_z 必须相等，或最多相差不多于一个，即

$$N_z-1 \leqslant N_e \leqslant N_z+1 \tag{3-22}$$

(2) 在任一时间点 t_i 上，信号局部极大值确定的上包络线 $f_{\max}(t)$ 和信号局部极小值确定的下包络线 $f_{\min}(t)$ 的均值为零。即

$$\frac{f_{\max}(t_i)+f_{\min}(t_i)}{2}=0, \quad t_i \in [t_a, t_b] \tag{3-23}$$

其中$[t_a, t_b]$为一个时间区间。

第一个限定条件非常明显，类似于传统平稳高斯过程的分布。第二个条件是创新的地方，它把传统的全局性的限定变为局域性的限定。这种限定是必需的，可以去除由于波形不对称而造成的瞬时频率的波动。第二个限定条件的实质是要求信号的局部均值为零。而对于非平稳信号而言，计算“局部均值”涉及“局部时间”，这是很难定义的。因而用局部极大值和局部极小值的包络作为代替和近似，强迫信号局部对称。

满足以上两个条件的基本模式分量，其连续两个零点之间只有一个极值点，即只包括一个基本模式的振荡，没有复杂的叠加波存在。需要注意的是，如此定义的基本模式分量并不被限定为窄带信号，可以是具有一定带宽的非平稳信号，例如纯粹的频率和幅度调制函数。

3.5.2　EMD 的基本原理

对于满足基本模式分量两个限定条件的信号可以通过希尔伯特变换求出其瞬时频率。但大多数信号或数据并不是基本模式分量，任何时刻，信号中可能包括多个振荡模式，这就是为什么简单的希尔伯特变换不能给出一般信号完全的频率内容的原因。对于复杂的非平稳信号需要先按一定的规则提取出所包含的基本模式分量。基于此，Norden E. Huang 等人创造性地提出了如下假设：任何信号都是由一些不同的基本模式分量组成的；每个模式可以是线性的，也可以是非线性的，满足 IMF 的两个基本条件；任何时候，一个信号可以包含多个基本模式分量；如果模式之间相互重叠，便形成复合信号。在此基础上，Huang 进一步指出，可以用 EMD 方法将信号的基本模式提取出来，然后再对其进行分析。EMD 方法也称为筛选过程。这种方法的本质是通过数据的特征时间尺度来获得基本模式分量，然后分解数据。基于基本模式分量的定义，我们可以提出信号的模式分解原理，信号模式分解的目的就是要得到使瞬时频率有意义的时间序列——基本模式分量。而基本模式分量必须满足两个条件，即式(3-22)和式(3-23)。因而，其分解原理如下：

(1) 把原始信号 $x(t)$作为待处理信号，确定该信号的所有局部极值点(包括极大值点和极小值点)，然后将所有极大值点和所有极小值点分别用三次样条曲线连接起来，得到 $x(t)$的上、下包络线，使信号的所有数据点都处于这两条包络线之间。取上、下包络线的均值组成的序列 $m(t)$。

(2) 从待处理信号 $x(t)$中减去其上、下包络线均值序列 $m(t)$，得到

$$h_1(t)=x(t)-m(t) \tag{3-24}$$

检测 $h_1(t)$是否满足基本模式分量的两个条件。如果不满足，则把 $h_1(t)$作为待处理信号，重复上述操作，直至 $h_1(t)$成为一个基本模式分量，记

$$c_1(t)=h_1(t) \tag{3-25}$$

(3) 从原始信号 $x(t)$中分解出第一个基本模式分量 $c_1(t)$之后，从 $x(t)$中减去 $c_1(t)$得到剩余值序列 $r_1(t)$，即

$$r_1(t)=x(t)-c_1(t) \tag{3-26}$$

(4) 把 $r_1(t)$作为新的“原始”信号重复上述操作，依次可得第二、第三直至第 n 个基本模式分量，记 $c_1(t),c_2(t),\cdots,c_n(t)$，这个处理过程在满足预先设定的停止准则后即可停止，最后剩下原始信号的余项 $r_n(t)$。

这样就将原始信号 $x(t)$分解为若干个基本模式分量和一个余项的和，即

$$x(t)=\sum_{i=1}^{n}c_i(t)+r_n(t) \tag{3-27}$$

第(4)步中的停止条件被称为分解过程的停止准则，它可以是如下两种条件之一：① 当最后一个基本模式分量 $c_n(t)$或剩余分量 $r_n(t)$变得比预期值小时便停止；② 当剩余分量 $r_n(t)$变成单调函数，从中不能再筛选出基本模式分量为止。

基本模式分量的两个限定条件只是一种理论上的要求，在实际的筛选过程中，很难保证信号的局部均值绝对为零。如果完全按照上述两个限定条件判断分离出的分量是否为基本模式分量，很可能需要过多的重复筛选，从而导致基本模式分量失去了实际的物理意义。为了保证基本模式分量保存足够的反映实际幅度与频率调制的信息，我们必须确定一个筛选过程的停止准则。筛选过程的停止准则可以通过限制两个连续的处理结果之间的标准差 S_d 的大小来实现：

$$S_d=\sum_{t=0}^{T}\frac{h_{(k-1)}(t)-h_{(k)}(t)}{h_k^2(t)} \tag{3-28}$$

式中：T 表示信号的时间跨度；$h_{k-1}(t)$和 $h_{(k)}(t)$是在筛选基本模式分量过程中两个连续的处理结果的时间序列。S_d 的值通常取 0.2～0.3。

对式(3-27)中的解析信号的每个 IMF 进行希尔伯特变换，注意到解析信号的实部是原信号且剩余分量 $r_n(t)$是一个单调函数或是一个常量可省略，得

$$x(t)=\mathrm{Re}\sum_{i=1}^{n}a_i(t)\mathrm{e}^{\mathrm{j}\Phi(t)}=\mathrm{Re}\sum_{i=1}^{n}a_i(t)\mathrm{e}^{\mathrm{j}\int\omega_i(t)\mathrm{d}t} \tag{3-29}$$

定义希尔伯特谱表示信号幅值在整个频率段上随时间和频率的变化规律：

$$H(\omega,t)=\begin{cases}\mathrm{Re}\sum\limits_{i=1}^{n}a_i(t)\mathrm{e}^{\mathrm{j}\int\omega_i(t)\mathrm{d}t}, & \omega_i(t)=\omega\\ 0, & \text{其他}\end{cases} \tag{3-30}$$

另定义希尔伯特边际谱表示信号幅值在整个频率段上随频率的变化情况：

$$h(\omega)=\int_0^T H(\omega,t)\mathrm{d}t \tag{3-31}$$

从信号分解基函数的理论角度来说，不同的基函数可以对信号实现不同的分解，从而得到性质迥然的结果。如果用单位脉冲函数(δ 函数)对信号分解，得到的仍然是信号本身，即 δ 函数就是时域的基函数，此时的分解结果只有时域的描述，缺乏频域的任何信息。如果采用在时域中持续等幅振荡的不同频率正余弦函数作为基函数对信号分解，就是傅里叶分解，可以得到频域的详细描述而丧失了时域的所有自有信息。如果信号是非平稳信号，则需要采用相应的信号分析工具，如短时傅里叶变换、小波变换以及与其类似的变换等。这些方法的一个共同特点就是采用具有有限支撑的振荡衰减的波形作为基函数，然后截取一小段时间区域内的信号进行相似性的度量，而且这些基函数大多都是预先选定的。匹配追踪算法可以包容各种基函数，组成“原子”集，根据最大匹配投影原理寻找最佳基函数的线性组合实现对信号的分解，虽然具有更广泛的适用性，但仍然要事先给定基函数。而 EMD 方法则得到了一个自适应的广义基，基函数不是通用的，没有统一的表达式，而是依赖于信号本身，是自适应的，不同的信号分解后得到不同的基函数，与传统的分析工具有着本质的区别。因此可以说，EMD 方法是基函数理论上的一种创新。另一方面，EMD 方法也存在模态混叠和端点效应等问题，所以在此基础上又发展出了变分模态经验法、总体平均经验模态分解法等。

3.5.3　EMD 分解实例

SKF 深沟球轴承的内圈存在故障，故障的特征频率为 162.2 Hz，从图 3-8 所示的原始信号的时域波形图、频谱图和希尔伯特包络谱上，难以直接看出故障的信息。

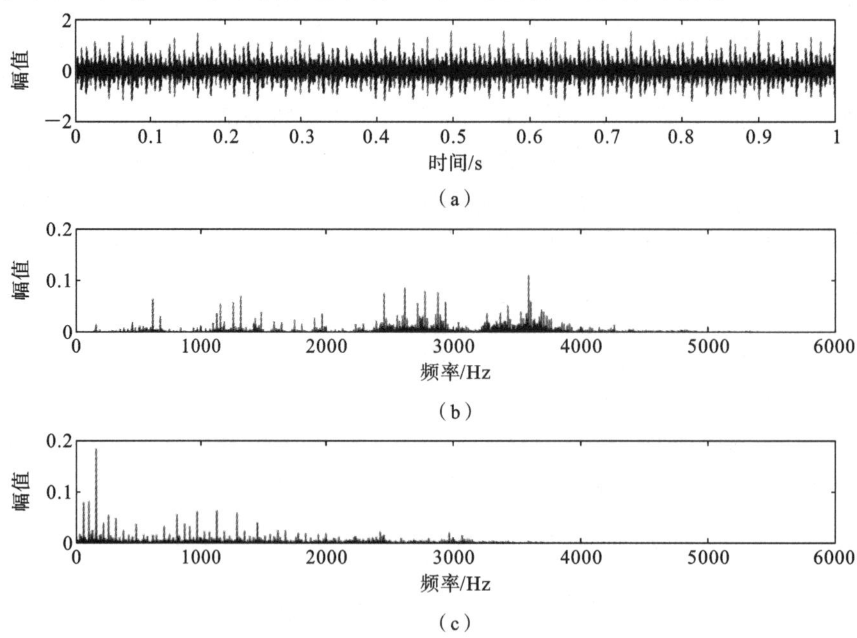

图 3-8　轴承的时域信号和频谱

(a) 原始信号的时域波形；(b) 频谱图；(c) 希尔伯特包络谱

然后用 EMD 方法对该时域信号进行信号分解，分解后生成 7 个 IMF 分量和 1 个残余分量，各 IMF 分量和残余分量如图 3-9 所示。由于各 IMF 分量均是平稳的，可以对其进行希尔伯特变换以提取包络谱。

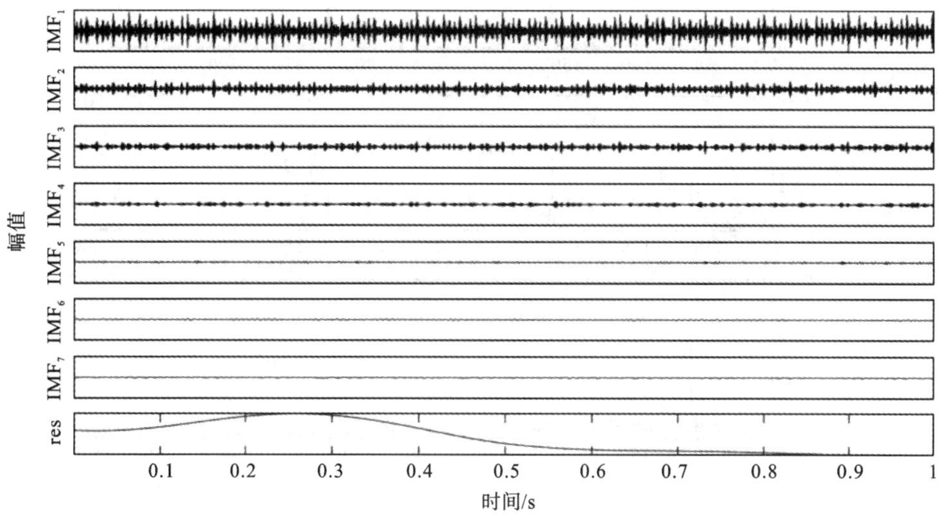

图 3-9 EMD **结果**

EMD 分解出来的信号能量主要集中在前 3 层 IMF 中，对前 3 层 IMF 进行希尔伯特变换后得到的频谱图和包络谱图分别如图 3-10、图 3-11 所示。图 3-10 中的希尔伯特谱已经显现出了故障特征分量，这在图 3-11 中的 IMF 包络谱图中更加明显。在 IMF 包络谱图中，频率 161.9 Hz 处具有非常突出的谱峰，该频率和内圈的故障理论计算特征频率 162.19 Hz 相近，此外前 2 阶 IMF 还存在 2 倍频成分，与轴承的内圈故障对应。

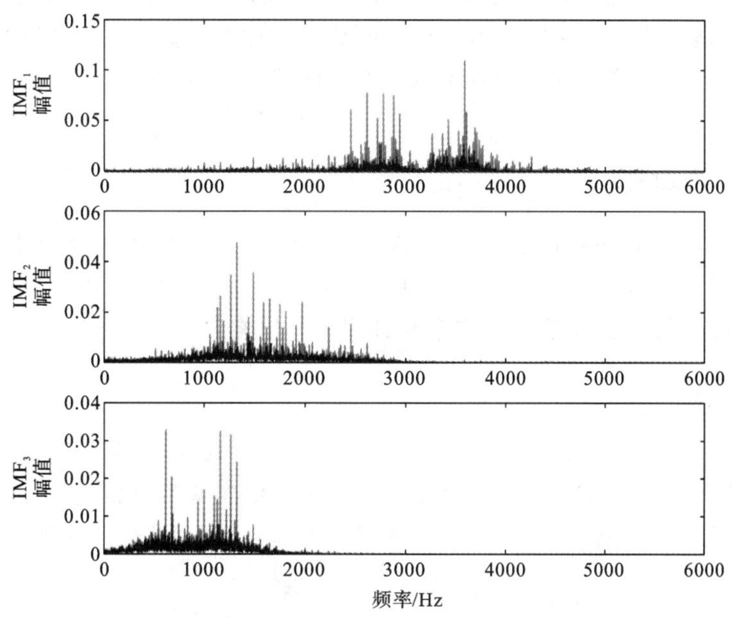

图 3-10　前 3 **阶** IMF **的频谱图**

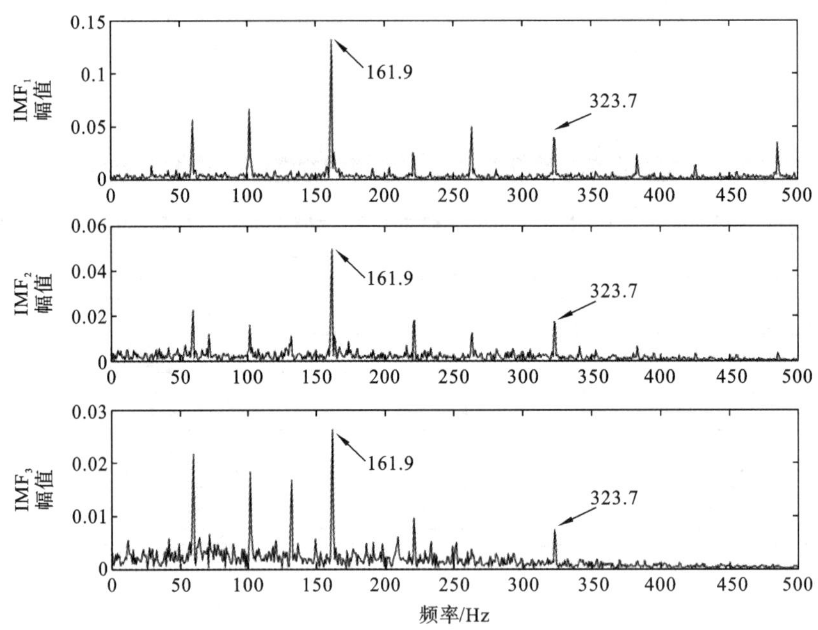

图 3-11　前 3 阶 IMF 的包络谱图

3.6　故障分类方法简介

随着故障诊断处理的信号复杂程度的增加，以及故障诊断专家系统的迅速发展，各种具有部分智能或智能的故障诊断分类识别方法被相继提出。从处理问题的性质和解决问题的方法等角度，模式分类分为有监督的分类和无监督的分类两种。二者的主要差别在于，各实验样本所属的类别是否预先已知。一般来说，有监督的分类往往需要提供大量已知类别的样本。除此之外，模式还可以分为抽象的和具体的两类。当前应用较多的模式分类法有支持向量机和神经网络法等。

3.6.1　支持向量机

支持向量机(support vector machine，SVM)是由 Vapnik 于 1995 年提出的，是一种监督学习分类器，也是一种机器学习方法。SVM 的目标是找到一个超平面来划分不同的数据集，使不同数据集离超平面最远，即最大间隔，由此表示泛化能力最强。支持向量机构造最优超平面的示意图如图 3-12 所示。

对于给定训练数据：

$$T=\{(x_1,y_1),(x_2,y_2),\cdots,(x_m,y_m)\}\in(X\times Y)^m \tag{3-32}$$

其中：$x_i\in X=R^n$，$y_i\in Y=\{1,-1\}$，$i=1,2,\cdots,m$。SVM 的基本思路就是在满足最大间隔的同时，让不满足约束条件 $y_i(\omega^{\mathrm{T}}x_i+b)\geqslant 1$ 的样本尽可能少，所以优化目标为

$$\begin{cases}\min\limits_{\omega,b,\xi_i}\dfrac{1}{2}\|\omega\|^2+C\sum\limits_{i=1}^{m}\xi_i \\ \text{s.t.}\ \ y_i(\omega^{\mathrm{T}}x_i+b)\geqslant 1-\xi_i\end{cases}\quad \xi_i\geqslant 0,\quad i=1,2,\cdots,m \tag{3-33}$$

式中：C——正则化参数，$C>0$；

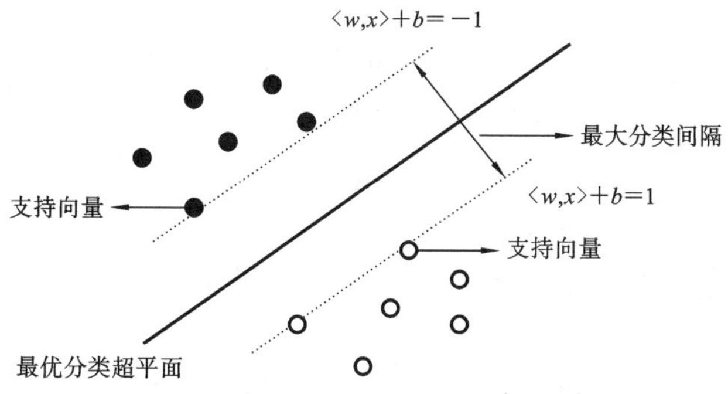

图 3-12　最优分类超平面

$\omega^{\mathrm{T}} x_i + b$——分类超平面；

ξ_i——松弛因子。

引入拉格朗日乘子 α_i，得到对偶问题，即

$$\begin{cases} \max\limits_{\alpha} \sum\limits_{i=1}^{m} \alpha_i - \dfrac{1}{2} \sum\limits_{i=1}^{m} \sum\limits_{j=1}^{m} \alpha_i \alpha_j y_i y_j x_i^{\mathrm{T}} x_j \\ \text{s. t.} \ \sum\limits_{j=1}^{m} \alpha_i y_j = 0 \end{cases} \quad 0 \leqslant \alpha_i \leqslant C, \ i = 1,2,\cdots,m \tag{3-34}$$

当解决非线性问题时，可以引入核函数把样本映射到高维特征空间。设样本 x 映射后的向量为 $\varphi(x)$，划分超平面为 $f(x)=\omega^{\mathrm{T}}\varphi(x)+b$，那么对偶问题变为

$$\begin{cases} \max\limits_{\alpha} \sum\limits_{i=1}^{m} \alpha_i - \dfrac{1}{2} \sum\limits_{i=1}^{m} \sum\limits_{j=1}^{m} \alpha_i \alpha_j y_i y_j \varphi\ (x_i)^{\mathrm{T}} \varphi(x_j) \\ \text{s. t.} \ \sum\limits_{j=1}^{m} \alpha_i y_j = 0 \end{cases} \quad \alpha_i \geqslant 0, \ i = 1,2,\cdots,m \tag{3-35}$$

通过求解式(3-35)，可得到模型参数向量，其中不为 0 的样本被称为支持向量。SVM 对于小样本数据的分类问题有着较好的泛化能力，其衍生算法支持向量回归机、支持向量数据域描述对小样本的回归、异常检测等问题也有着良好效果，因此被广泛用于解决各类工程应用问题。

SVM 是一种基于结构风险最小化原理，建立在统计理论基础上的机器学习方法。该分类方法通过核函数将待分类数据映射到高维空间，借助最优超平面构造判决函数，可以在很大程度上克服小样本、维数灾难及非线性等问题，因而被广泛应用于模式识别、回归分析等领域。但是支持向量机用于解决分类问题时，参数和核函数的选择对分类效果会产生很大影响。

3.6.2　神经网络

神经网络(neural network，NN)是以神经元为信息处理的基本单元，信息通道为神经元之间的连接弧，由多个神经元共同组成网络结构，其特点是具有联想、记忆和学习的功能。在机械故障诊断中，BP(反向传播)神经网络及其改进算法应用较为广泛。BP 算法的基本思想是把相似模式的特征值提取出来，并映射到连接权值上，这是网络学习的一个过程。当网络遇到一个新模式时，将其特征值与所学习到的各类特征值相比较，从而判断其类别。由于神经网络的函数具有逼近和记忆能力，其在处理轴承振动信号时，将振动的特征参数转化为特征向量，进而实现对滚动轴承的故障监测与诊断。

1. BP 神经网络

BP 神经网络是由 Rumelhart 和 McCelland 等人提出的一种误差反向传播的前向网络,通过大量简单的处理单元(神经元)之间的相互连接形成的复杂的网络结构,其中神经元的模型如图 3-13 所示。

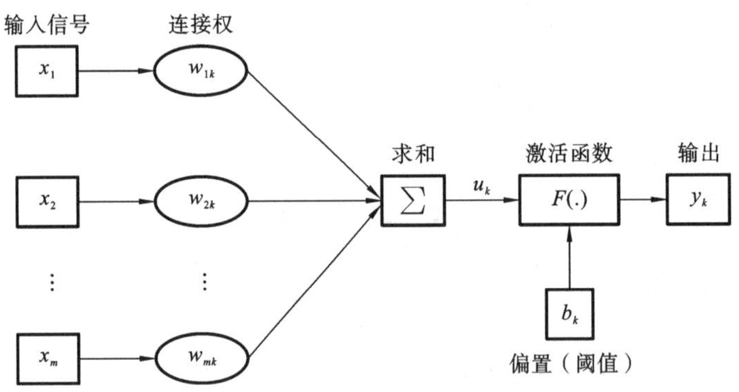

图 3-13　神经元模型

由图 3-13 可以看出,神经元是由输入信号、连接权、激活函数和输出信号组成,其中的关联性可表示为

$$u_k = \sum_{i=1}^{m} x_i w_{ik} \tag{3-36}$$

$$y_k = F(u_k + b_k) \tag{3-37}$$

在实际应用中,单一的神经单元并没有具体意义,需要连接成神经网络才能发挥作用,图 3-14 是一种典型的三层 BP 神经网络结构,由输入层、隐含层和输出层组成。当信号样本通过输入层进入网络之后,经隐含层向输出层传播,此时网络的权重和阈值保持不变,若输出值与期望值之间的误差超过设定的阈值,则将得到的误差按照信号样本的传播路径反向传播,调整各神经元的权重和阈值,直至得到预期的网络输出,其本质就是以输出值的均方误差为目标函数,利用梯度下降法来使目标函数获得最小值。

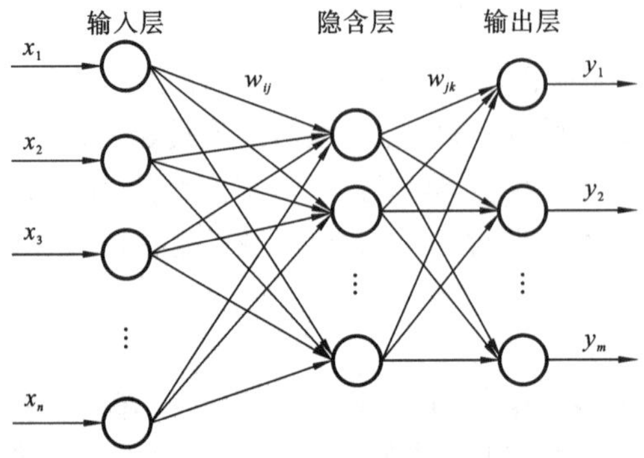

图 3-14　BP 神经网络的结构

2. 卷积神经网络

卷积神经网络(CNN)是一种多层的监督学习型神经网络,包含滤波级(filtering stage)与分类级(classification stage)。其中,滤波级用来提取输入信号的特征,分类级对学习到的特征进行分类,两级网络参数是共同训练得到的。滤波级包含卷积层(convolutional layers)、池化

层(pooling layers)与激活层(activation layers)共 3 个基本单元,而分类级一般由全连接层(full connected layers)组成。一维卷积神经网络结构图如图 3-15 所示。

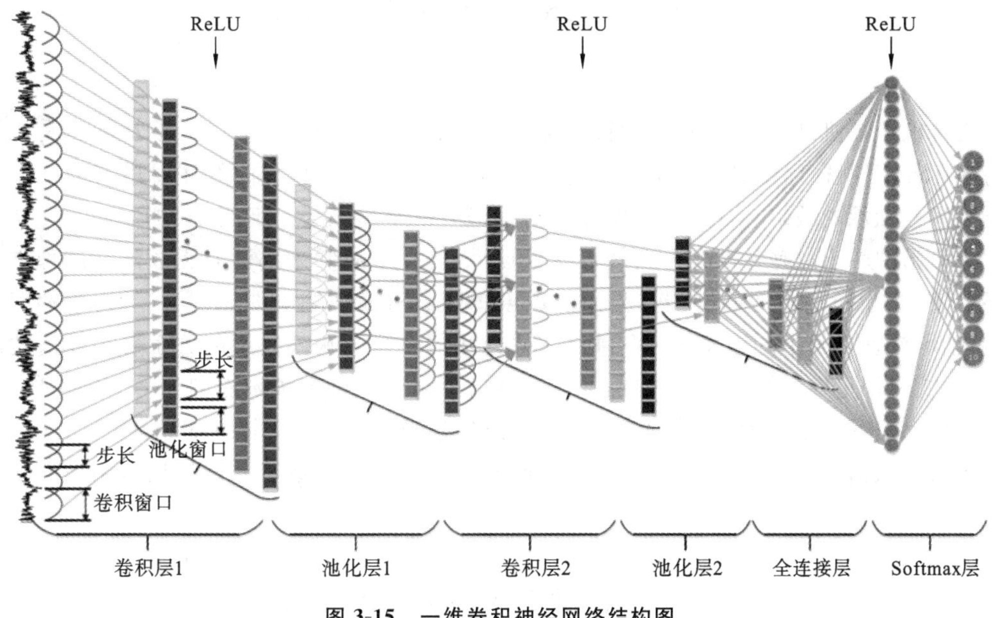

图 3-15　一维卷积神经网络结构图

卷积层使用卷积核(convolutional kernels)对输入信号(或特征)的局部区域进行卷积运算,并产生相应的特征。卷积层最重要的特点是权值共享(weights sharing),即同一个卷积核将以固定的步长(stride)遍历一次输入。经过卷积操作之后,激活函数将对每一个卷积输出的 logits 值进行非线性变换。激活函数的目的是将原本线性不可分的多维特征映射到另一空间,在此空间内,特征的线性可分性将增强。

池化层进行的是降采样操作,主要目的是减少神经网络的参数。常用的池化函数有均值池化(average pooling)与最大值池化(max pooling)。

图 3-15 中,第一个全连接层以 ReLU 作为激活函数,接受最后一个池化层的特征输出,将其平铺成一维特征向量,再输入以 Softmax 为激活函数的全连接层即分类器层进行分类。

因为 CNN 共享卷积核,所以对处理高维数据有很好的效果,其特征的分类效果也很好。但是 CNN 需要手动调节参数来确定最优网络结构,同时需要大量的训练样本来优化模型。此外,CNN 本身是一个黑盒模型,即物理意义不明确,因此在可解释性方面尚存在不足。

习　　题

3-1　简述傅里叶变换、离散傅里叶变换、瞬时傅里叶变换和小波变换的主要异同点。

3-2　本章中介绍的方法有哪几种是时频方法？各有什么特点？

3-3　试分析比较支持向量机、BP 神经网络和卷积神经网络的特点。

第 4 章　滚动轴承故障诊断

旋转机械是机械诊断的重点，而许多旋转机械的故障都和轴承有关。滚动轴承是机器中的易损元件。据统计，旋转机械的故障有 30％是由轴承引起的，它的好坏对机器的工作状况影响极大。轴承的缺陷会导致机器剧烈振动和产生噪声，甚至会引起设备的损坏。

最原始的轴承故障诊断是用听音棒接触轴承部位，靠听觉来判断有无故障。这种方法至今还在使用，也可用电子听诊器来提高灵敏度。随着对滚动轴承的运动学、动力学的深入研究，对轴承振动信号中的频率成分和轴承零件的几何尺寸及缺陷类型的关系有了较清楚的了解，加之快速傅里叶变换技术的发展，使人们得以用频域分析方法来检测和诊断轴承的故障。除了用振动信号监测轴承外，其他技术也逐渐发展起来，如油污分析法（如光谱分析法、磁性磁屑探测法和铁谱分析法）、声发射法、声响诊断和电阻法等。本章将重点讨论应用最广泛的振动监测法。

4.1　滚动轴承的动态特征

4.1.1　运动学分析

滚动轴承内部的运动学关系是比较复杂的，例如，滚动体绕自身轴线旋转，同时又绕轴承轴线公转，在滚动的同时，滚动体沿滚道还有一定的滑动，还可能产生偏离其自身轴线的倾斜。因此，在分析滚动轴承内部的运动学关系时，为使问题变得简单而建立的运动方程，应假设：

（1）轴承零件为刚体，不考虑接触变形；

（2）滚动体沿套圈滚道为纯滚动，滚动体表面和内、外圈滚道接触点的速度相等；

（3）忽略径向游隙的影响；

（4）不考虑润滑油膜的作用。

由此建立径向滚动轴承的简单运动关系模型，如图 4-1 所示。其外圈固定不动，内圈与轴

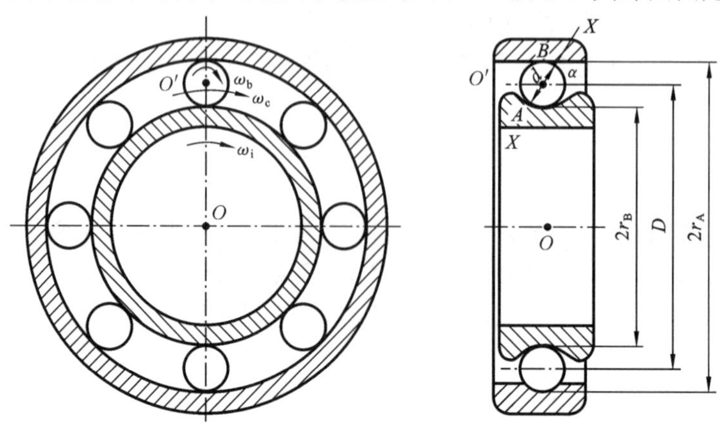

图 4-1　滚动轴承的运动学关系

一起旋转。图中 D 为轴承节径，d 为滚珠直径，α 为接触角，A、B 分别为滚珠与内、外圈接触点，O、O'分别为旋转轴和滚珠的中心。根据几何条件，可求得几个旋转频率和通过频率。

1. 内圈旋转频率 f_i

将轴的转速 N(r/min)转化为频率(Hz)即可，有

$$f_i = N/60 \tag{4-1}$$

2. 保持架旋转频率(即滚动体公转频率) f_c

由于滚珠在滚道上作纯滚动，接触点 A 的速度与内圈上的速度相等，即

$$v_A = 2\pi\,\overline{AO}f_i = 2\pi \times \frac{1}{2}(D - d\cos\alpha)f_i = \pi(D - d\cos\alpha)f_i$$

外圈固定，点 B 为速度瞬心，点 O'的速度

$$v_{O'} = \frac{1}{2}v_A = \frac{\pi}{2}(D - d\cos\alpha)f_i$$

保持架的旋转频率等于一个滚珠绕轴心 O 旋转的频率，即切线速度 $v_{O'}$ 除以 πD，有

$$f_c = \frac{v_{O'}}{\pi D} = \frac{1}{\pi D} \times \frac{\pi}{2}(D - \cos\alpha)f_i = \frac{1}{2}\left(1 - \frac{d}{D}\cos\alpha\right)f_i \tag{4-2}$$

3. 滚珠自转频率 f_b

滚珠和保持架分别绕点 O'和 O 作反向旋转，根据刚体绕平行轴反向旋转合成定理，它们绕点 O'和 O 的旋转频率与两轴到瞬心 B 的距离成反比：

$$\frac{f_b}{f_c} = \frac{\overline{OB}}{\overline{OB}_e} = \frac{\frac{1}{2}(D + d\cos\alpha)}{\frac{1}{2}d\cos\alpha} = \frac{D}{d\cos\alpha}\left(1 + \frac{d\cos\alpha}{D}\right)$$

即

$$\begin{aligned} f_b &= \frac{D}{d\cos\alpha}\left(1 + \frac{d\cos\alpha}{D}\right)f_c = \frac{D}{d\cos\alpha}\left(1 + \frac{d\cos\alpha}{D}\right) \times \frac{1}{2}\left(1 - \frac{d}{D}\cos\alpha\right)f_i \\ &= \frac{1}{2}\frac{D}{d\cos\alpha}\left[1 - \left(\frac{d\cos\alpha}{D}\right)^2\right]f_i \end{aligned} \tag{4-3}$$

4. 保持架通过内圈频率 f_{ci}

f_{ci}等于内圈和保持架旋转频率之差，即

$$f_{ci} = f_i - f_c = f_i - \frac{1}{2}\left(1 - \frac{d}{D}\cos\alpha\right)f_i = \frac{1}{2}\left(1 + \frac{d\cos\alpha}{D}\right)f_i \tag{4-4}$$

5. 滚珠通过内圈频率 f_{bi}

f_{bi}等于轴承滚珠数 z 乘以 f_{ci}，即

$$f_{bi} = zf_{ci} = \frac{z}{2}\left(1 + \frac{d}{D}\cos\alpha\right)f_i \tag{4-5}$$

6. 滚珠通过外圈频率 f_{bo}

f_{bo}等于轴承滚珠数 z 乘以 f_c，即

$$f_{bo} = zf_c = \frac{z}{2}\left(1 - \frac{d}{D}\cos\alpha\right)f_i \tag{4-6}$$

显然，根据上述轴承零件之间滚动接触的速度关系建立的运动方程，可以求得轴承接触激发的基频。当轴承零件有故障时，其旋转频率或通过频率便会在振动信号中出现。例如：当内滚道有故障时，应在信号中找到 f_{bi}；外圈滚道有故障时，应找到 f_{bo}；滚珠有故障时，因滚珠自旋一次应通过内、外圈各一次，故滚珠故障频率 $f_B = 2f_b$。由于轴承滚动激发基频的理论计算

数值往往与实际测量数值完全一样,因而在故障诊断前需计算出有关频率,以供信号分析时使用。滚动轴承故障频率计算公式见表 4-1。

表 4-1　滚动轴承故障频率计算公式

损坏原因	特征频率/Hz	实际频率/Hz
内圈剥落一点	$f_{bi}:\frac{1}{2}zf_i[1+(d/D)\cos\alpha]$	$nf_{bi}, nf_{bi}\pm f_i$
外圈剥落一点	$f_{bo}:\frac{1}{2}zf_i[1-(d/D)\cos\alpha]$	nf_{bo}
钢球剥落一点	$f_b:\frac{1}{2}[f_iD/(d\cos\alpha)][1-(d/D)^2\cos^2\alpha]$	$nf_b, nf_b\pm f_c$
内圈滚道不圆	f_i	nf_i
保持架不平衡	$f_{ci}:\frac{1}{2}f_i[1+(d/D)\cos\alpha]$	nf_{ci}

4.1.2　振动分析

滚动轴承的结构比较简单,但作为一个振源却显得相当复杂。由滚动轴承产生的振动可分为两大类:一类是与轴承弹性有关的振动;另一类是与轴承传动面的形状误差和损伤等原因有关的振动。前者的振动代表滚动体的固有振动,不管轴承是否出现异常,这类振动都在发生,所以,这类振动信号不能表征轴承的异常;而后一类振动,只有当滚动轴承出现各种异常时才会发生,所以后者与轴承的故障诊断密切相关。因而需分别讨论这两类振动的特征。

1. 滚动轴承的固有振动

在滚动轴承中,由于滚动体与内圈或外圈冲击而产生的振动为冲击振动,此时的振动频率为轴承各部分的固有频率。固有频率的值要受轴承装配状态的影响。在固有振动发生时,表现最明显的是内、外圈振动。

(1) 计算内、外圈弯曲方向的固有频率时,将内、外圈看为矩形截面的圆环,得出如下的近似计算公式:

$$f_n=\frac{n(n^2-1)}{2\pi(D/2)^2\sqrt{n^2+1}}\sqrt{\frac{EIg}{\gamma A}}\quad(\text{Hz})\tag{4-7}$$

式中:E—— 弹性模量,钢材为 210 GPa;

I——圆环横截面的惯性矩,mm^4;

g——重力加速度,9800 mm/s^2;

γ——密度,钢的密度为 7.86×10^{-6} kg/mm^3;

A——圆环横截面积,$A\approx bh$,mm^2,h 为圆环厚度,mm;

D——圆环的中径,mm;

n——振动阶数,$n=1,2,\cdots$。

对钢材,将诸常数代入式(4-7)得

$$f_n\approx9.4\times10^5\times\frac{n(n^2-1)}{\sqrt{n^2+1}}\quad(\text{Hz})\tag{4-8}$$

图 4-2 为计算滚动轴承套圈径向弯曲振动固有频率用的圆环横截面简化图。图 4-3 是当

$n=2$ 和 3 时的套圈径向弯曲振动的振型。

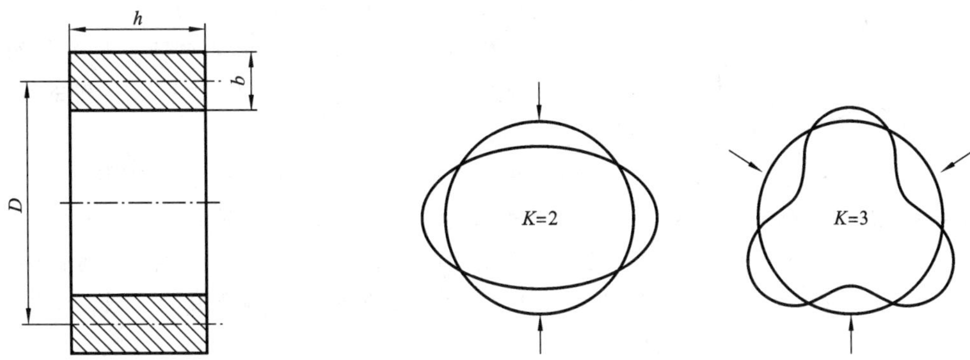

图 4-2　滚动轴承圆环横截面简化图　　**图 4-3　滚动轴承圆环径向弯曲振动**

通常，滚动轴承的固有频率是较高的，达几千赫兹至几万赫兹。

对外径为 2 in(1 in=25.4 mm)，D 为 1.54 in 的单排大接触角球轴承，其内、外圈的径向弯曲振动固有频率用式(4-8)计算。计算所得的频率是轴承圈在自由状态下的固有频率，在轴承安装后，由于受到邻近结构零件的影响，此频率将有些变化。例如 6205 轴承内圈的弯曲固有频率为

$$\frac{n}{f_n(\text{kHz})}=\frac{2}{3.94}\ \frac{3}{11.14}\ \frac{4}{21.36}\ \frac{5}{34.54}$$

(2) 钢球的固有频率为

$$f_{bn}=0.212\frac{Eg}{R\gamma} \tag{4-9}$$

式中：R——钢球半径；

E、g 和 γ 的意义和式(4-7)中的相同。

例如：$R=5/32$ in 的钢球，其振动固有频率为

$$f_{bn}=387.5\ \text{kHz}$$

2. 异常振动

1) 构造异常引起的振动

当滚动轴承受到一定载荷时，由于在不同位置承载的滚动体数目不同，因而承载刚度有变化，从而引起旋转轴心随着滚动体的位置发生波动，由轴心的波动而引起轴承振动，这种振动称为滚动体的传输振动(见图 4-4)。因这种振动是由滚动体的公转而产生的，所以振动频率

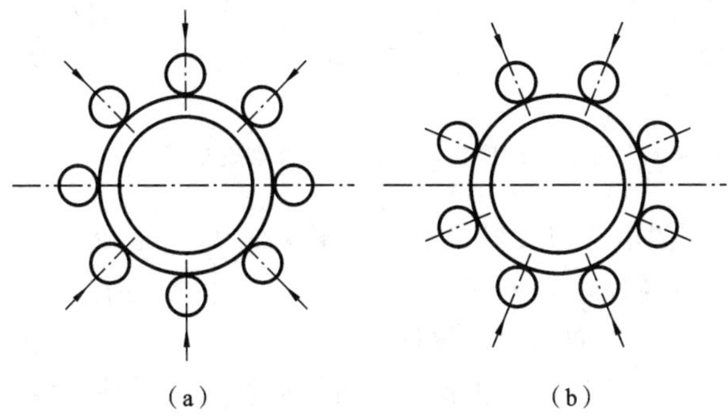

图 4-4　滚动轴承的承载刚度和滚子位置的关系

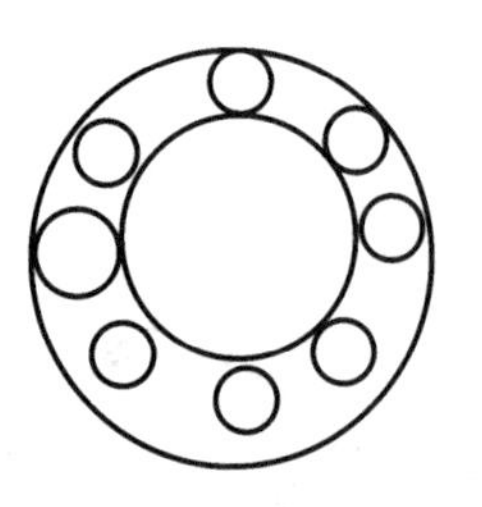

图 4-5　滚动体大小的不均引起的轴心变动

取决于滚动体的参数。如滚动体数为 z，则其传输振动的频率等于滚动体通过外圈的频率，即 $f_{bo}=zf_c$。

当出现旋转轴弯曲，或者发生轴与轴承装配歪斜的异常时，将会产生频率成分等于 $zf_c\pm f_i$(其中 f_i 为轴的旋转频率)的异常振动。

当轴承的滚动体直径大小存在差异，如其中一个滚动体的直径比其他滚动体直径大时(见图 4-5)，轴心将随滚动体的公转周期而变动，支承刚度也会发生变化，从而将引起 f_c 及 $nf_c\pm f_i$(其中 $n=1,2,3,\cdots$)两种频率成分的振动。这种振动的频率成分一般在 1 kHz 以下，没有固有频率那样高的频率成分。

2) 加工面误差引起的振动

由轴承零件的加工面(内圈、外圈滚道面及滚动体表面)的波纹度引起的振动噪声在轴承中有很重要的地位，往往成为轴承制造中的关键。这将引起明显的高频振动(比滚动体在滚道上的通过频率高很多倍)。高频振动噪声及轴心的振摆，不仅会引起轴承的径向振动，在一定条件下还会引起轴向振动。Gustafsson 给出了振动频率与波纹度峰值数的关系(见表 4-2)。表中：k 为正整数；z 为滚动体数；f_i 为轴回转频率；f_{bi} 为单个滚动体在内圈滚道上的通过频率，由式(4-5)确定；f_c 为保持架转速，由式(4-2)确定；f_b 为滚珠的自转频率，由式(4-3)确定。

表 4-2　振动频率与波纹度峰值数的关系

有波纹度的零件	波纹度峰数		振动频率/Hz	
	径向振动	轴向振动	径向振动	轴向振动
内圈	$kz\pm1$	kz	$kzf_{bi}\pm f_i$	kzf_{bi}
外圈	$kz\pm1$	kz	kzf_c	kzf_c
滚动圈	$2k$	$2k$	$2kf_b\pm f_c$	$2kf_b$

下面就这种振动的机理作一说明。如图 4-6 所示，轴承内圈有波纹度，球的个数 $z=8$，内圈波纹度峰数分别为 $kz-1,kz,kz+1$，它们对外圈径向振动有影响。

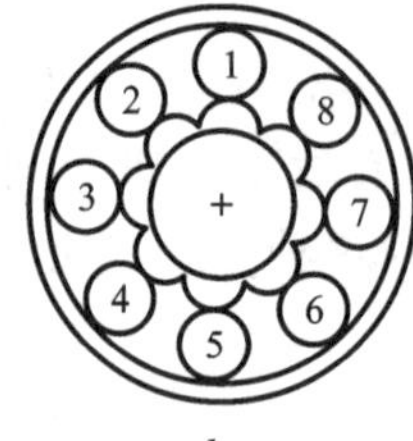

图 4-6　内圈波纹度引起外圈径向振动的机理($k=1,z=8$)

图中都是符号为"1"的滚珠与波峰接触。当波峰数为 kz 时，外圈在径向无移动，但滚珠与 $kz\pm1$ 个波峰数的波纹面接触时，在外圈箭头方向上有最大的位移。当符号为"1"的滚珠与波谷接触时，也是 kz 个波峰时外圈无径向位移，在滚珠与 $kz\pm1$ 个波峰数的波纹面接触时，外圈在与箭头相反的方向有最大位移。用类似方法可说明波峰数对轴向振动的影响。

还要指出，不仅轴承滚道和滚动体的波纹度会引起轴承振动，轴承的内、外配合及轴颈和轴承座孔的波纹度也会引起精密轴承发生类似的振动，因为装配轴承后套圈会变形。

3）轴承刚度非线性引起的振动

滚动轴承的轴向刚度常为非线性的（见图 4-7），特别是当润滑不良时，易产生异常的轴回振动。在刚度曲线呈对称非线性时，振动频率为 $f_i, 2f_i, 3f_i, \cdots$；在刚度曲线呈非对称非线性时，振动频率为 $f_i, 1/2f_i, 1/3f_i, \cdots$。$f_i$ 为轴回转频率。这是一种自激振动，常发生在深沟球轴承上，在自调心球轴承和滚子轴承上很少发生。

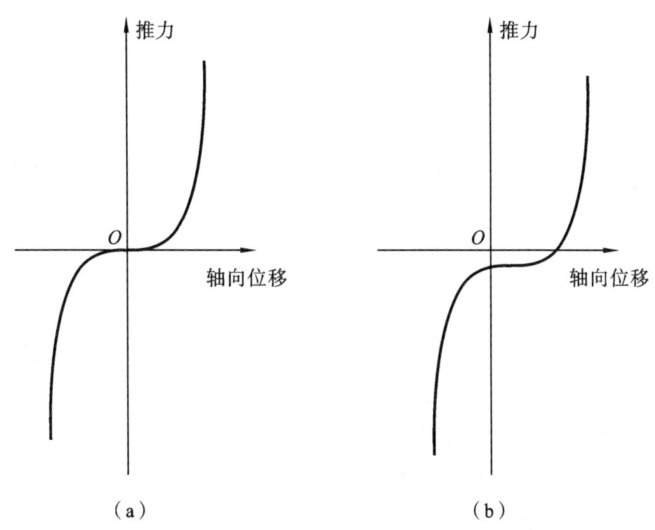

图 4-7　轴承的轴向刚度

（a）对称非线性弹性；（b）非对称非线性弹性

4）轴承偏心引起的振动

当轴承游隙过大，或滚道偏心时都会引起轴承振动，其频率为 kf_i。f_i 为轴的旋转频率，$k=1,2,\cdots$（见图 4-8）。

5）疲劳剥落损伤

在轴承零件上产生了疲劳剥落坑后（图 4-9 以夸大的方式表示出了疲劳剥落坑），在轴承运转中因为碰撞就会产生冲击脉冲。图 4-10 给出了钢球落下产生冲击的过程示意图。在冲击的第一阶段，在碰撞点将产生很大的冲击加速度（图 4-10(a)和(b)），它的大小和冲击速度 v 成正比（与轴承中疲劳损伤的大小成正比）；在冲击的第二阶段，构件变形产生衰减自由振动（见图 4-10(c)），振动频率取决于系统结构，为其固有频率（见图 4-10(d)）。振幅的增加量 A 也与冲击速度 v 成正比（见图 4-10(e)）。

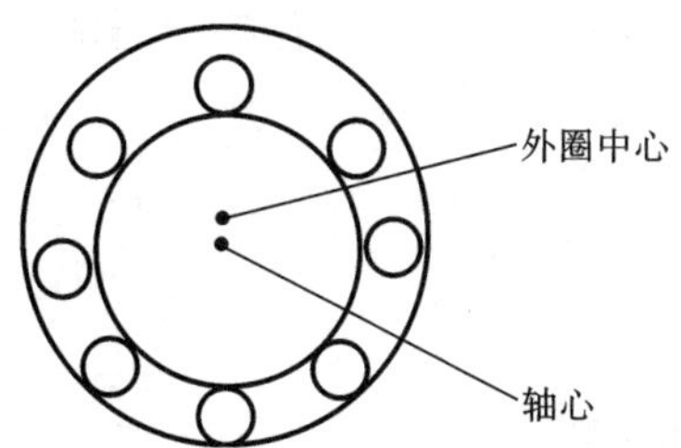

图 4-8　轴承偏心引起的轴承振动

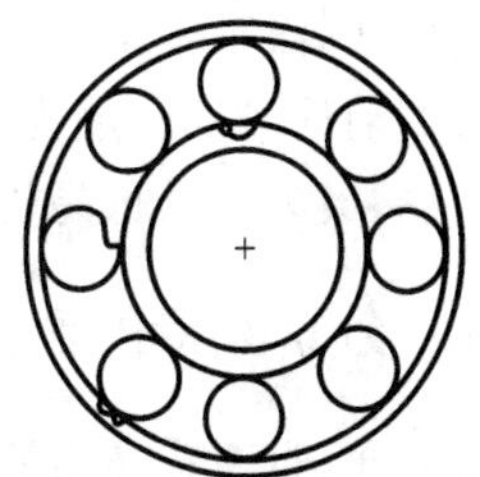

图 4-9　轴承零件上的疲劳剥落坑

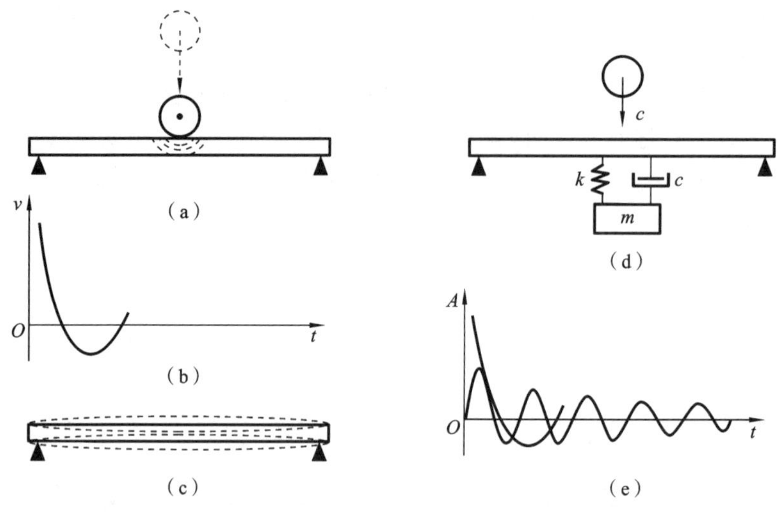

图 4-10　冲击过程示意图

在滚动轴承中剥落碰撞产生的冲击力的脉宽一般都很小,大致为微秒级。因为力的频率宽度与脉冲持续时间成反比,所以其频率可从直流延展到 100～500 kHz。它可以在很宽的频率范围内激发起轴承-传感器系统的固有振动。当然,从冲击发生处到测量点的传递特性对此有很大的影响。要适当地选择测点位置(最好接近承载区),振动传递界面越少越好。

有疲劳剥落故障轴承的振动信号如图 4-11(a)所示,图 4-11(b)所示为其简化的波形。T 取决于碰撞的频率,$T=1/f_p$。在简单情况下,碰撞频率就等于滚动体在滚道上的通过频率 f_{bi} 或 f_{bo},或滚动体自转频率 f_b。

图 4-11　有疲劳剥落故障轴承的振动信号

4.2　滚动轴承的振动监测技术

由实践可知,滚动轴承的故障大部分可归结为表面的劣化,进而使振动加剧。因此与表面状态关联的振动信号反应最为灵敏,从中可以汲取反映轴承状态的重要信息。而且振动监测技术已趋成熟,最为可靠也易于实现。

4.2.1　分析频带的选择

首先用低通、带通或高通滤波器对信号进行预处理再分析。

1) 低频段(小于 1 kHz)

用低通滤波器(截止频率 $f\leqslant 1$ kHz)滤去高频成分后再作频谱分析。由于轴承的故障频率(通过频率)都在 1 kHz 以下,可直接观察频谱图上相应的特征谱线,作出判断。但由于在这个频率范围易受到机械及电源干扰,并且在故障初期反应故障的频率成分的低频段的能量很小。因此,信噪比低、故障监测灵敏度差,目前已很少应用。

2) 中频段(1～20 kHz)

① 用高通滤波器(截止频率为 1 kHz)滤去 1 kHz 以下的低频成分,以消除机械干扰。然后用信号的峰值、RMS 值或峭度系数作为检测系数进行检测。许多轴承的检测仪表用这种方式进行简易诊断。

② 用带通滤波器提取轴承或结构零件的共振频率成分。滤波器的通带截止频率根据轴承类型及尺寸选择。用通带内的信号总功率作为监测参数。例如监测 309 球轴承时,通带中心频率为 2.2 kHz 左右,带宽可选为 1～2 kHz。

3) 高频段(20～80 kHz)

由于轴承的故障引起的冲击有很大部分的能量分布在高频段,将加速度传感器的谐振频率取得较高。利用传感器的谐振或电路的谐振增强所得到的衰减振动信息。瑞典的冲击脉冲计和美国首创的早期故障探测(incipient failure detection,IFD)法就是利用这个频段的频率。

4.2.2　测试点的选择

滚动轴承因故障引起的冲击振动由冲击点以半球面波的方式向外传播,通过轴承零件、轴承座传到箱体或机架。由于冲击所含的频率较高,通过零件的界面传递一次,其能量损失约 80%。因此,测量点应尽量靠近被测轴承的承载区,应尽量减少中间环节,探测点离轴承外圈的距离越短越直接越好。

图 4-12 表示了传感器位置对故障检测灵敏度的影响。在图 4-12(a)中,如果传感器放在承载方向上时灵敏度为 100%,则在承载方向±45°方向上降为 95%(−5 dB),在轴向上时灵敏度则降为 22%～25%(−12 dB～−13 dB)。在图 4-12(b)中,当止推轴承有故障产生冲击向外散发球面波时,如果在轴承盖正对故障处的读数为 100%时,在轴承座轴向读数降为 5%(−19 dB)。图 4-12(c)和(d)给出了传感器安放的正确位置和错误位置,较粗的弧线表示振动较强烈的部位,较细的虚线表示因振动波通过界面衰减导致振动减弱的情形。

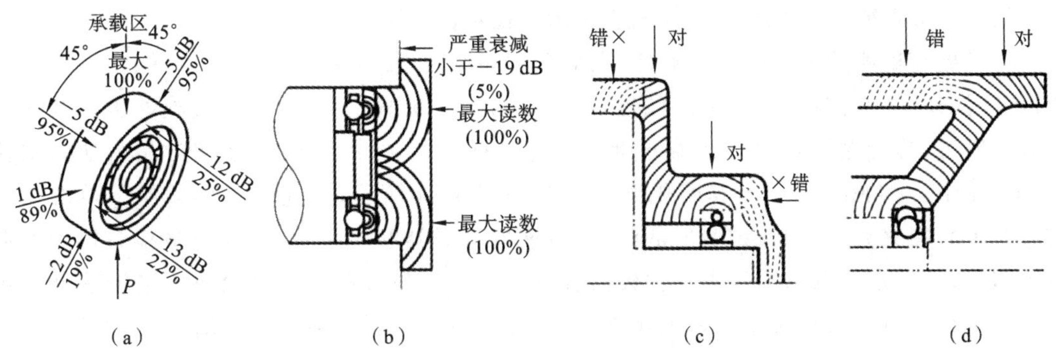

图 4-12　传感器位置对故障检测灵敏度的影响

4.2.3 简易诊断法及测量仪器

简易诊断法主要判断有无故障和故障的严重程度,常用的方法有冲击脉冲法、峰值检测法和峭度检测法等。

1. 冲击脉冲法(SPM)

当滚动轴承中有缺陷时,如有疲劳剥落、裂纹、磨损和混杂物时,就会产生冲击,引起脉冲性振动。由于阻尼的作用,这是衰减振动。冲击脉冲的强弱反映了故障的程度,其与轴承寿命的关系如图 4-13 所示。滚动轴承缺陷产生的冲击脉冲信号不同于一般机器的振动信号,它的振动信号频率范围很宽,信噪比很低,容易淹没在噪声中。SPM(shock pulse method)采用一些特殊的检测技术和处理方法来检测脉冲信号,根据脉冲的强弱来分析故障的严重程度。

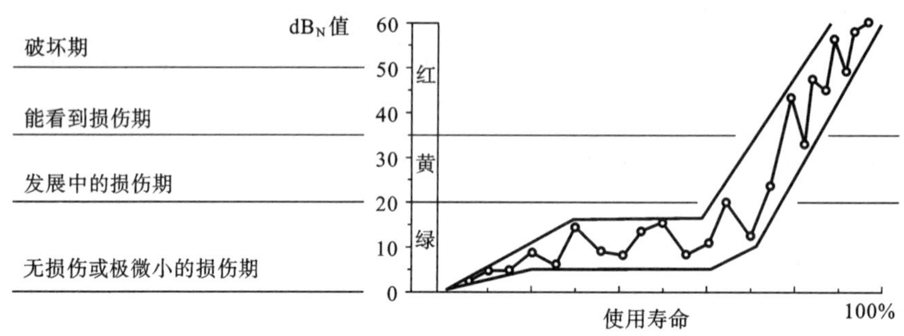

图 4-13 冲击脉冲值与轴承寿命的关系

在无损伤或极微小的损伤期,脉冲值(dB 值)大体在水平线上下波动。随着故障的发展,脉冲值逐渐增大。当冲击能量达到初始值的 1 000 倍(60 dB)时,就认为该轴承的寿命已经结束。

总的冲击能量 dB 与初始值冲击能量 dB_i 之差称为标准冲击能量 dB_N。

可根据 dB_N 的值判断轴承的状态:

当 $0 \leqslant dB_N \leqslant 20$ 时,轴承为正常状态;

当 $20 \leqslant dB_N \leqslant 35$ 时,轴承为不好的状态,表示轴承有初级损伤;

当 $35 \leqslant dB_N \leqslant 60$ 时,轴承为坏的状态,表示轴承已有明显的故障。

初始冲击能量也称背景分贝,可根据轴承内径及转速加以确定。

为了提高检测的灵敏度及可靠性,采用谐振频率为 32 kHz 的加速度传感器,电路上采用以 32 kHz 为中心频率的带通滤波器,以滤除附近的机械干扰,而只让反映冲击脉冲振动的成分通过,然后测量其冲击脉冲能量。现有多种冲击脉冲计问世,近期产品为便携式仪表,如 CMJ-1 型冲击脉冲计,其简化电路框图如图 4-14 所示,加速度传感器所拾得的振动信号经中心频率为 32 kHz 的带能滤波器、可调的衰减器和放大器,再经包络检波得到解调后的信号,与设定的电压通过电压比较器进行比较。当超过此电压时就使多谐振荡器产生的 1.5 kHz 音频信号通过扬声器发出声音,或通过发光二极管发光。此时可从度盘上读出 dB_N 值。

2. 峰值检测法

日本 NSK 公司生产的 NB-1～NB-4 型轴承检测仪和新日铁研制的 MCV-21A 型机械检

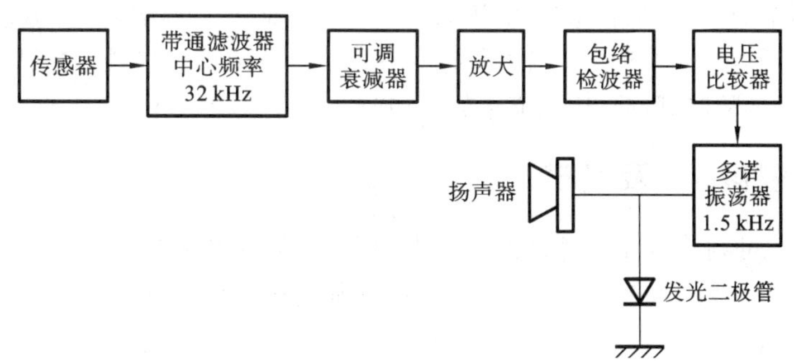

图 4-14　CMJ-1 型冲击脉冲计的简化电路框图

测仪器就属于峰值检测仪。它们测量振动信号的峰值或峰值系数，有的还测量 RMS 值或绝对平均值。

NB 系列仪表的信号处理过程如图 4-15 所示。振动信号由加速度传感器拾取，经电荷放大器、高通滤波器（截止频率为 1 kHz）放大后，读取其峰值及 RMS 值。

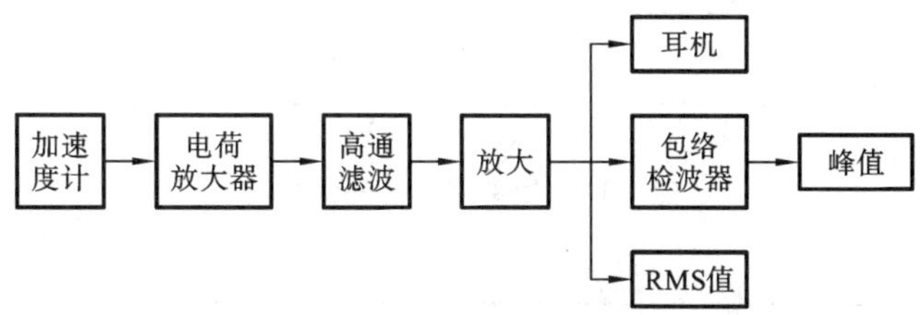

图 4-15　NB 系列轴承检测仪的信号处理框图

3. 峭度检测法

英国钢铁公司用其研制的峭度检测仪监测滚动轴承的故障取得了很好的效果：仪器的测量动态范围为 0.02 g～100 g；在 0～20 kHz 范围内划分了四个通道，每个通道占 5 kHz，可任意选择；可测峭度系数、加速度峰值和加速度 RMS 值；加速度计的测头直接接触轴承外圈，有快装接头便于装卸。图 4-16 给出了用此仪器监测同一轴承疲劳的试验结果。总共试验了 84 h，在 74 h 时峭度系数上升到 6，已发生疲劳破坏，而加速度峰值（见图 4-16(b)）和加速度 RMS（见图 4-16(c)）尚无明显增大。到 84 h 峭度系数超过 20（见图 4-16(a)），图中虚线表示在不同转速（800～2700 r/min）和不同载荷（0～11 kN）下做试验时，上述值的变动范围。很明显，峭度系数的变化范围最小，为±8%，它受轴承工作条件的影响最小，即可靠性及一致性较高。

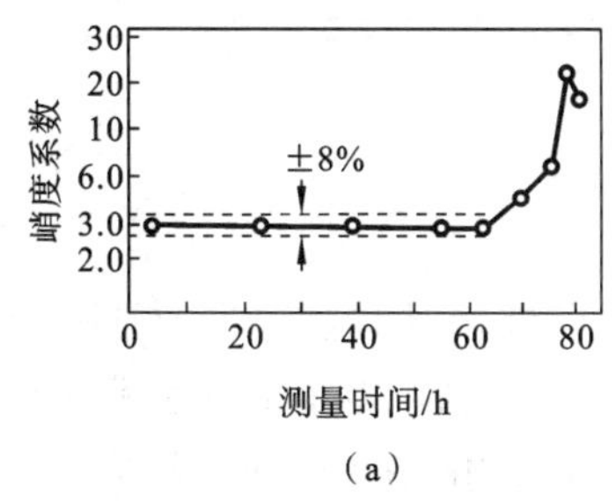

(a)

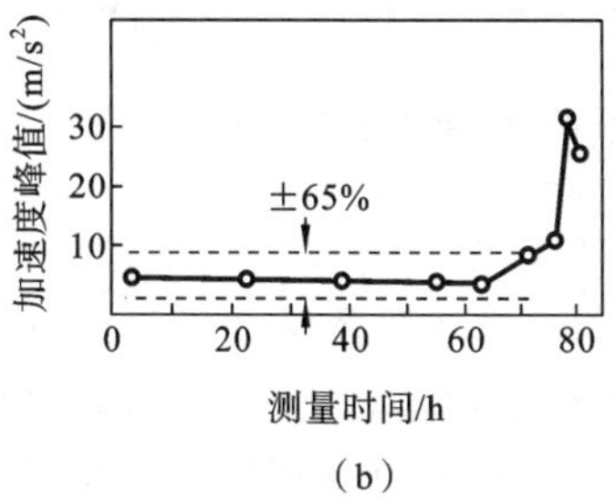

(b)

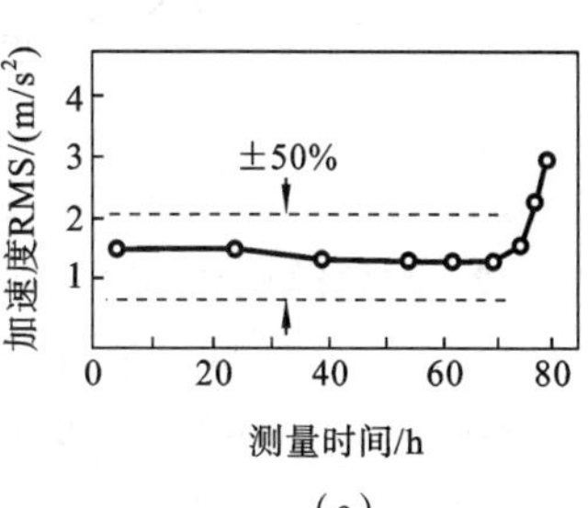

(c)

图 4-16　轴承疲劳试验过程

用此峭度检测仪监测了数百套轴承,有球轴承、圆柱轴承、圆锥轴承,还有深沟球轴承、角接触轴承和双列自位轴承等,在现场对各种转速和载荷也进行了实际监测。由于加速度 RMS 值可以有效地发现严重的故障,因此,用峭度系数和加速度 RMS 值来共同监测,成功率可达到 96%。

4.2.4 精密诊断法及仪器

精密诊断不仅可判读有无故障和故障的严重程度,还对故障的部位和产生的原因进行深入分析。常用的精密诊断法有频率分析法、共振解调法和倒频谱分析等。

1. 频率分析法

轴承振动信号经 FFT 后转换到频域,建立振动信号的频谱,然后进行频谱分析。如果在频谱图中出现了 4.1.2 小节中所分析的异常振动的特征频率成分时,就被认为对应的各轴承元件存在缺陷。图 4-17 所示为某轴承振动信号的频域描述,即频谱。根据频谱分析,可以进行故障分析及诊断。该轴承的分析及诊断结果列于表 4-3。

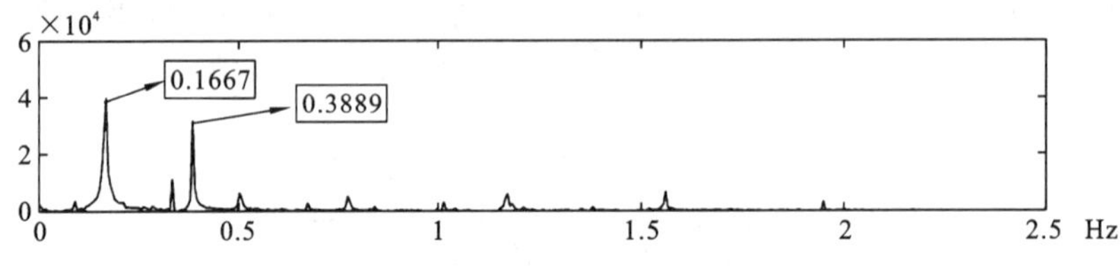

图 4-17 轴承振动信号的频谱

表 4-3 轴承的振动分析

频率成分	激发频率		故障说明
	理论值/Hz	实验值/Hz	
保持架回转频率	0.17	0.1667	保持架不规则
轴承回转频率	0.39	0.3889	安装时出现偏心

当其他零件产生了干扰噪声,且其振动频率又极其逼近时,就会产生干扰作用,该干扰信号将妨碍对被测轴承进行准确的分析与判断。对此类问题,同样可采用前述的同期时间平均方法来分离信号,提高被测信号的信噪比。图 4-18 给出了图 4-17 所示的信号,经过同期时间平均后的频谱,其被测特征频率清楚地显示了出来。

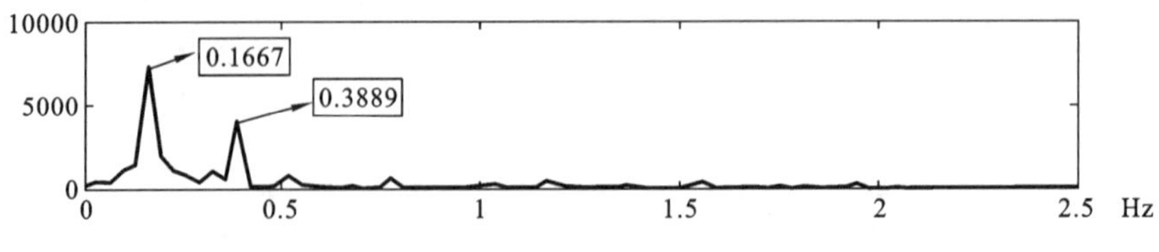

图 4-18 经过同期时间平均后的频谱

2. 共振解调法

在轴承运转过程中,轴承的某一个零件表面上的蚀坑与别的零件接触时会产生一系列的高频脉冲,其脉冲间隔,即脉冲的重复速率就是指示故障部位的重要信息。由于重复速率容易被背景噪声淹没,所以从原始信号中寻找重复速率比较困难。一般采用共振解调法来找出重复速率。

共振解调法利用传感器及电路的谐振，将故障冲击引起的衰减振动放大，因而可大大提高故障探测的灵敏度，这与前面所述的冲击脉冲法有相同之处。但该方法还利用解调技术将故障信息提取出来，通过对解调后的信号作频谱分析，诊断故障的部位，指出故障发生在轴承外圈、内圈滚道，还是发生在滚动体上。这是美国波音公司提出的一项技术，又称为早期故障探测法，其信号变换过程如图 4-19 所示。故障引起的脉冲 $F(t)$ 经传感器拾取，经电路谐振，得到放大的高频衰减振动 $a(t)$，再经包络检波，得到的波形相当于是将故障引起的脉冲加以放大和展宽后的波形，并且摒除了其余的机械干扰，最后作频谱分析可得到与故障冲击周期 T 相应的重复速率的频率成分 f_0 及其高次谐波。

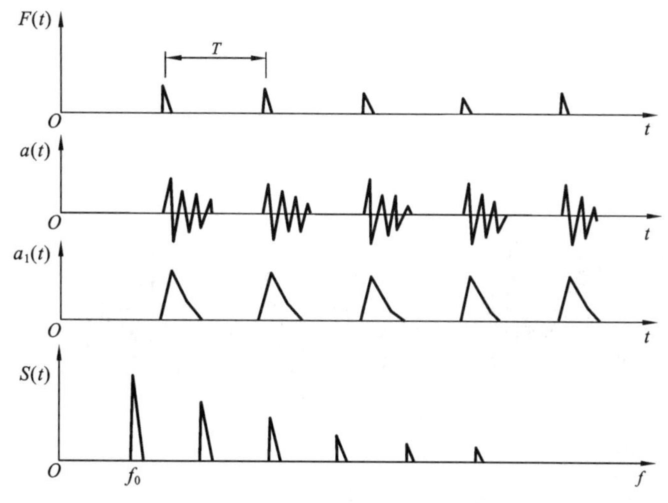

图 4-19　IFD 法的信号变换过程

国内也对此方法进行了详尽的研究，也研制出基于此原理的仪器，如 JK8241 系列仪表，其电路的简化框图如图 4-20 所示。由加速度传感器拾取的信号经电荷放大器、限幅报警电路和高通滤波器接到多频道谐振器。通道谐振频率为 25 kHz、50 kHz、100 kHz 和 250 kHz，可任意选择。经过谐振放大后再通过增益自动控制、包络检波和低通滤波，得到的信号可供故障报警及故障分析使用。故障分析一般作频谱分析，也可作其他分析。

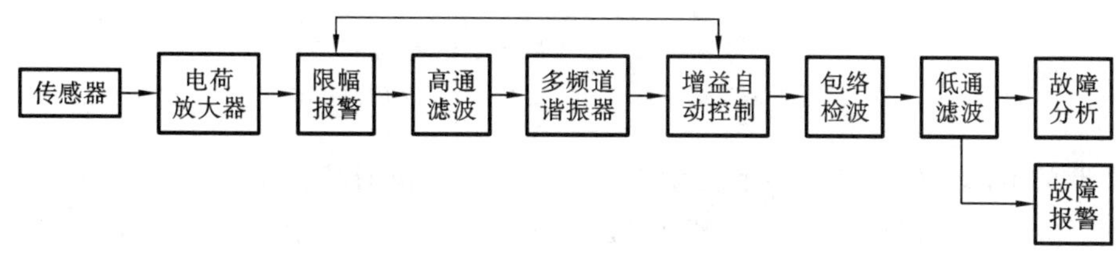

图 4-20　JK8241 系列仪表电路简化框图

3. 倒频谱分析

对滚动轴承的振动信号也可以作倒频谱分析。滚动轴承运转时，各元件的相互动力作用形成了各自的特征频率，且相互叠加或调制，因而在功率谱图上呈现多族谐频的复杂图形，很难识别，采用倒频谱分析，目的就是研究和分析其谐频和边频的特征，进一步为轴承质量评定和故障诊断提供信息。

图 4-21 为正常轴承的时域信号、频谱和倒频谱。图 4-22 为轴承外圈有故障时的时域信

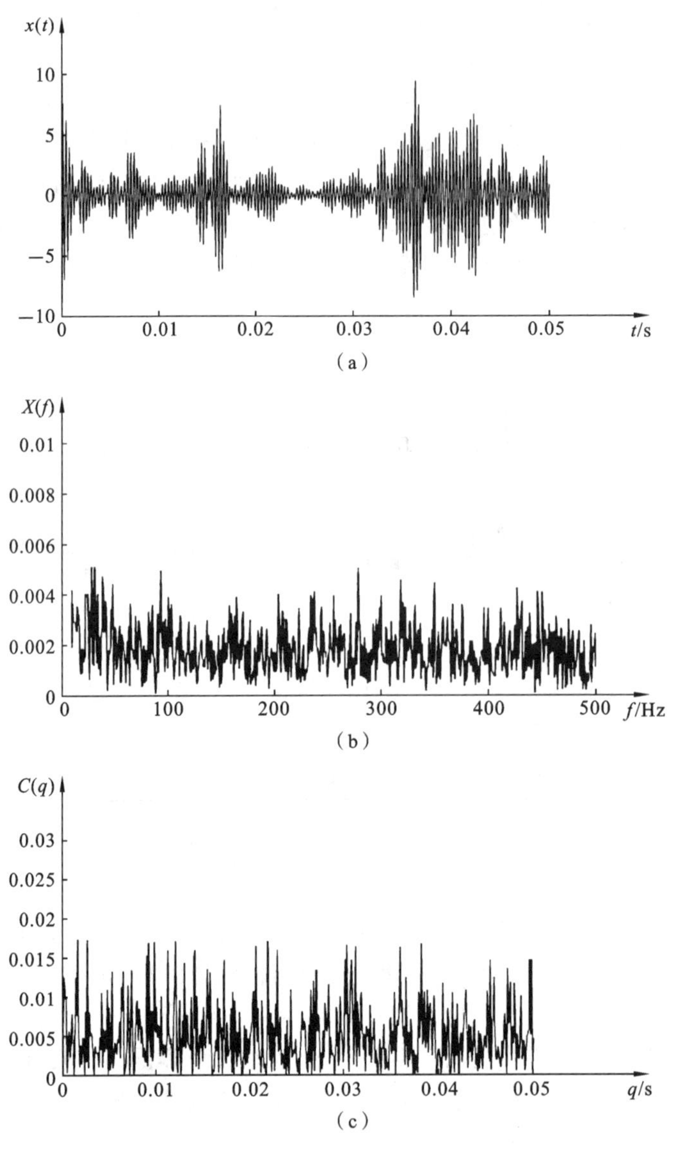

图 4-21 正常轴承的信号

(a) 时域信号;(b) 信号的频谱;(c) 信号的倒频谱

号、频谱、倒频谱以及包络谱。轴承类型为深沟球轴承。其外圈故障频率为 $f_{o1}=107.2$ Hz,转频 $f_{o2}=30.03$ Hz,经过分析并解剖观察证实轴承的故障是由轴承外圈的疲劳剥落损伤导致的。

经过分析可以得到,由于各频率的互相叠加和调制,呈现出多族谐频和边频,在图 4-22(b)所示的故障轴承的频谱上尽管可以看到转频和故障频率,但是存在较多的峰值谱线,不容易识别故障。在图 4-22(c)所示的故障轴承的倒频谱上,出现了三条比较醒目的谱线,分别为 $q_1=0.0093$(相当于 107.5 Hz),$q_2=0.033$(相当于 30.3 Hz),$q_3=0.0166$(相当于 60.2 Hz),很清晰地显示出故障信号的转频以及故障频率。

从上述分析可以进一步看出,倒频谱也可以作为诊断轴承故障的一种方法,特别是在有较多边频或者谐波的情况时。但通常对于冲击类的故障,包络法的效果更好一些,如图 4-22(d)所示

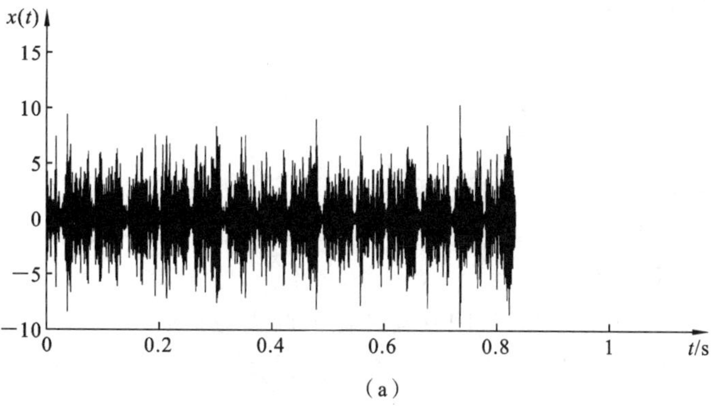

(a)

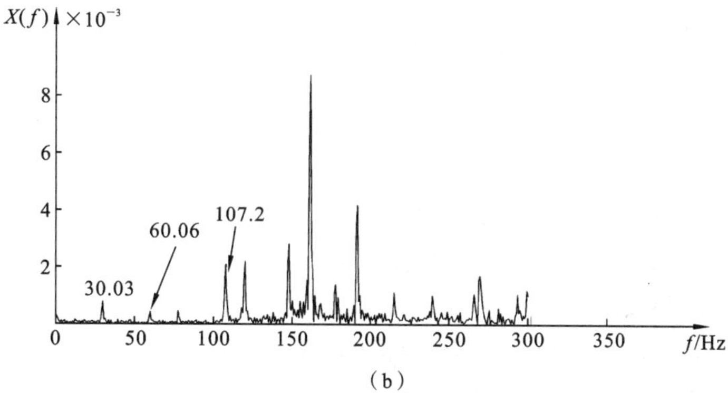

(b)

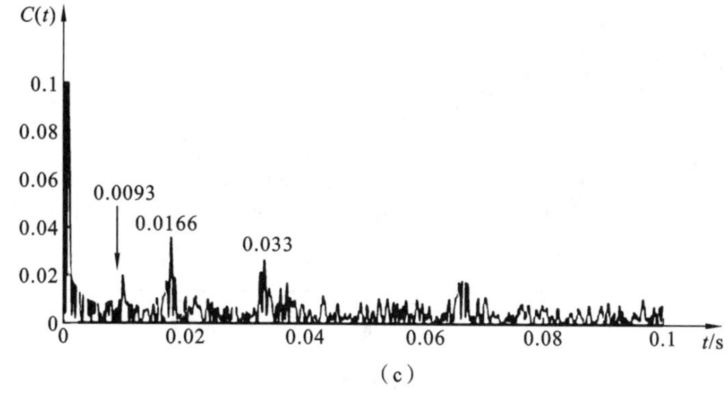

(c)

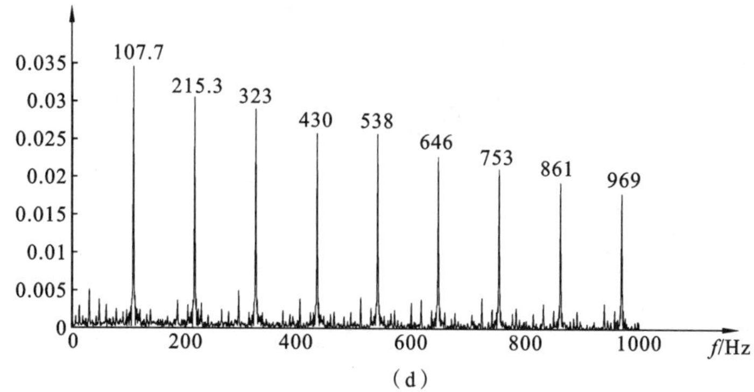

(d)

图 4-22　有故障轴承的信号

(a) 时域信号;(b) 信号的频谱;(c) 信号的倒频谱;(d) 信号的包络谱

的希尔伯特包络谱就更明显地突出了故障频率。

习　　题

4-1　试推导钢球剥落一点产生的振动频率。

4-2　当轴承滚动体内圈波峰个数为滚动体个数的整数倍时,轴承内圈会不会在运转中产生振动?当不是整数倍时呢?

4-3　简述冲击脉冲法的原理,说明其与共振解调法的关系。

4-4　试分析各种轴承故障引起的振动频率与保持架旋转频率、内圈旋转频率和滚动体旋转频率的关系。

4-5　频率分析法是根据什么特征来寻找故障的?特征的测量值和理论值应该符合什么关系?

4-6　测量轴承时,传感器的位置应怎么布置?

4-7　监测轴承时,频带应怎么选择?

4-8　某球轴承节径 $D=512$ mm,滚珠直径 $d=72$ mm,接触角 $\alpha=13°$,滚珠数 $z=18$,轴的转速为23.5 r/min,如题4-8图所示,轴承频谱中的0.17 Hz和0.34 Hz超过了正常值。试分析该轴承可能出现的故障。

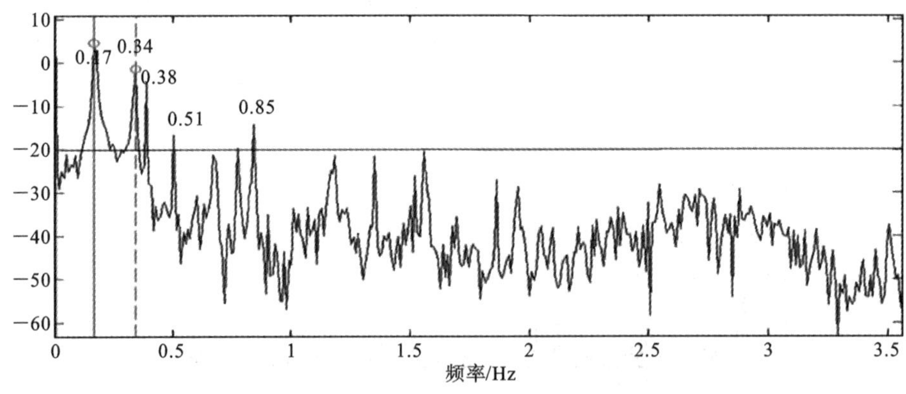

题 4-8 图

第5章　齿轮故障诊断

齿轮传动是机械设备中最常用的转动方式。齿轮失效又是诱发机器故障的重要因素。从表 5-1 齿轮箱的失效原因及其失效比重看，开展齿轮运行状态的在线监测和故障诊断，对于降低设备维修费用，防止突发性事故具有现实意义。表 5-1 中还列出了齿轮箱的失效零件及其失效比重。

表 5-1　齿轮箱的失效原因、失效零件及其失效比重

失效原因	失效比重/(%)			失效零件	失效比重/(%)
齿轮箱缺陷	设计	12	40	齿轮	60
	装配	9		轴承	19
	制造	8		轴	10
	材料	7		箱体	7
	修理	4		紧固件	3
运行缺陷	维护	24	43	油封	1
	操作	19			
相邻部件(联轴器、电动机)缺陷			17		

齿轮诊断方法大体上可分为两大类：一类是通过采集齿轮运行中的动态信号（振动和噪声），运用信号分析方法进行诊断；另一类是根据摩擦磨损原理，通过润滑油液分析来诊断。本章主要讨论前一种方法。后一种方法将在第 7 章中阐述。

把齿轮诊断和滚动轴承诊断作对比可知，齿轮故障诊断的困难在于信号在传递中所经环节较多（齿轮→轴→轴承→轴承座→测点），高频信号（20 kHz 以上）在传递中大多丧失。由于这一原因，齿轮故障通常还需借助较为细致的信号分析技术，以达到提高信噪比和有效地提取故障特征的目的。

5.1　齿轮的振动机理

5.1.1　齿轮动力学分析

齿轮具有一定质量，齿轮可看作是弹簧，所以若以一对齿轮作为研究对象，则该齿轮副可看作是一个振动系统，如图 5-1 所示，其振动方程为

$$M_r\ddot{x}+C\dot{x}+K(t)[x-E(t)]=(T_2-iT_1)/r_2 \tag{5-1}$$

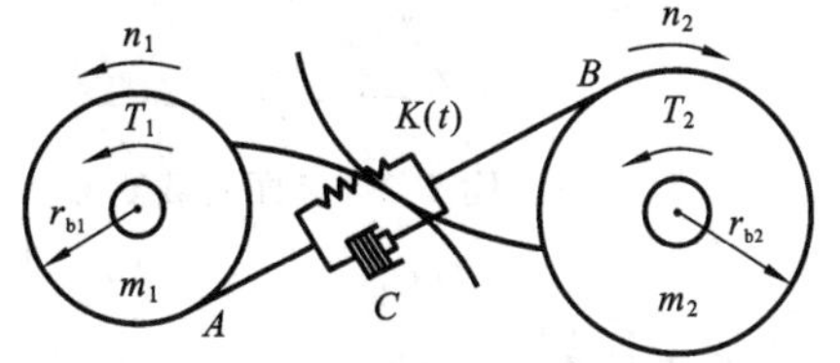

图 5-1　齿轮副力学模型

式中：x——沿啮合线上的两个齿轮的 A 点和 B 点的相对位移，$x=\theta_1 r_{b1}-\theta_2 r_{b2}$；

C——齿轮啮合阻尼；

$K(t)$——齿轮啮合刚度;

T_1, T_2——作用于齿轮上的扭矩;

r_2——齿轮的节圆半径;

$E(t)$——由于轮齿变形和误差及故障而造成的两个齿轮在作用线方向上的相对位移;

M_r——换算质量,即

$$M_r = m_1 m_2/(m_1 + m_2) \tag{5-2}$$

若忽略齿面摩擦力的影响,则 $(T_i - iT_2)/r_2 = 0$。将 $E(t)$分解为两部分:

$$E(t) = E_1 + E_2(t) \tag{5-3}$$

其中:E_1 为齿轮受载后的平均静弹性变形;$E_2(t)$为由于齿轮误差和故障造成的两个齿轮间的相对位移,故也可称为故障函数。这样式(5-1)可简化为

$$M_r\ddot{x} + c\dot{x} + K(t)x = K(t)E_1 + K(t)E_2(t) \tag{5-4}$$

由式(5-4)可知,齿轮的振动为自激振动。该公式等号左侧代表齿轮副本身的振动特征,右侧为激振函数。由激振函数可以看出,齿轮的振动来源于两部分:一部分为 $K(t)E_1$;另一部分为 $K(t)E_2(t)$,它取决于齿轮的综合刚度和故障函数,这一部分可以较好地解释齿轮信号中边频的存在以及与故障的关系。

值得注意的是,式(5-4)中的齿轮啮合刚度 $K(t)$为周期性的变量,由此可见齿轮的振动主要是由 $K(t)$的这种周期变化引起的。

$K(t)$的变化可用两点来说明:一是随着啮合点位置的变化,参加啮合的单一轮齿的刚度发生了变化;二是参加啮合的齿数在变化。例如,对于重合系数在 1~2 之间的渐开线直齿轮,在节点附近是单齿啮合,在节线两侧某部位开始至齿顶、齿根区段为双齿啮合(见图 5-2)。显然,在双齿啮合时,整个齿轮的载荷由两个齿分担,故此时齿轮的啮合刚度就较大;同理,单齿啮合时的啮合刚度较小。

每当一个轮齿开始进入啮合到下一个轮齿进入啮合,齿轮的啮合刚度就变化一次。由此可计算出齿轮的啮合周期和啮合频率。总的来说,齿轮的啮合刚度变化规律取决于齿轮的重合系数和齿轮的类型。直齿轮的刚度变化较为陡峭,而斜齿轮或人字齿轮刚度变化较为平缓,较接近正弦波(见图 5-3)。

图 5-2 齿面受载变形

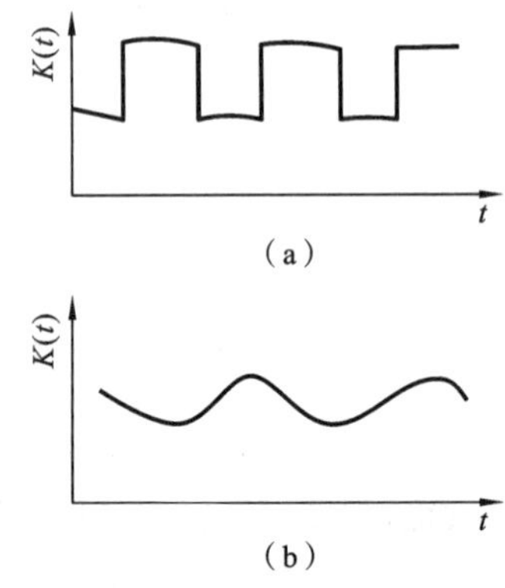

图 5-3 啮合刚度变化曲线

(a) 直齿轮;(b) 斜齿轮

若齿轮副主动轮转速为 n_1、齿数为 z_1,从动轮转速为 n_2、齿数为 z_2,则齿轮啮合刚度的变化频率(即啮合频率)为

$$f_c = f_1 z_1 = f_2 z_2 = \frac{n_1}{60} z_1 = \frac{n_2}{60} z_2 \tag{5-5}$$

齿轮处于正常或异常状态下，这一振动成分总是存在的。但两种状态下的振动水平是有差异的。从这个意义上讲，根据齿轮振动信号啮合频率分量进行故障诊断是可行的。但由于齿轮信号比较复杂，故障对振动信号的影响也是多方面的。由于幅值调制和频率调制的作用，在齿轮的振动频谱上通常总是存在众多的边频带结构。

5.1.2　幅值调制与频率调制

在齿轮振动信号的调制现象中包含有很多故障信息，所以研究信号调制对齿轮故障诊断来说是非常重要的。从频域上看，调制的结果是使齿轮啮合频率周围出现边频带成分。调制可分为两种：幅值调制和频率调制。

1. 幅值调制

幅值调制是由齿面载荷波动对振动幅值的影响造成的。比较典型的例子是齿轮的偏心使齿轮啮合时一边紧一边松，从而产生载荷波动，使振幅按此规律周期性地变化。齿轮的加工误差（例如节距不匀）及齿轮故障使齿轮在啮合中产生短暂的“加载”和“卸载”效应，也会产生幅值调制。

幅值调制从数学上看，相当于两个信号在时域上相乘，而在频域上，相当于两个信号的卷积，如图 5-4 所示。这两个信号一个称为载波，其频率相对来说较高；另一个称为调制波，其频率相对于载波频率来说较低。在齿轮信号中，啮合频率成分通常是载波成分，齿轮轴旋转频率成分通常是调制波成分。

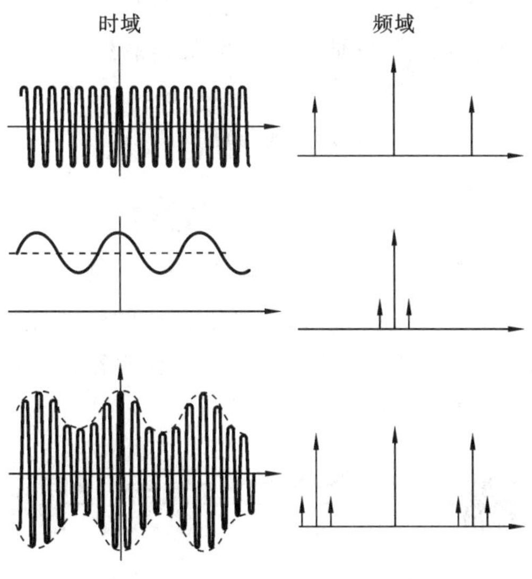

图 5-4　单一频率的幅值调制

若 $x_c(t) = A\sin(2\pi f_c t + \varphi)$ 为齿轮啮合振动信号，$a(t) = 1 + B\cos 2\pi f_z t$ 为齿轮轴的转频振动信号，则调幅后的振动信号为

$$x(t) = A(1 + B\cos 2\pi f_c t)\sin(2\pi f_z t + \varphi) \tag{5-6}$$

即

$$x(t) = A\sin(2\pi f_c t + \varphi) + \frac{1}{2}AB\sin[2\pi(f_c + f_z)t + \varphi] + \frac{1}{2}AB\sin[2\pi(f_c - f_z)t + \varphi]$$

式中：A——振幅；

B——调制指标;

f_z——调制频率(也是齿轮的旋转频率)。

上述调制信号在频域可表示为

$$|x(f)|=A\delta(f-f_c)+\frac{1}{2}AB\delta(f-f_c-f_z)+\frac{1}{2}AB\delta(f-f_c+f_z) \tag{5-7}$$

调制后的信号中,除原来的啮合频率分量外,增加了一对分量 f_c-f_z 和 f_c+f_z。它们以 f_c 为中心,以 f_z 为间距对称分布于两侧,所以称为边频带(见图 5-4)。

齿轮信号在幅值调制前的总能量为$\frac{1}{2}A^2$,经幅值调制后,总的能量 E_n 应为各频率成分的能量之和

$$E_n=\frac{1}{2}\left[A^2+\left(\frac{1}{2}AB\right)^2+\left(\frac{1}{2}AB\right)^2\right]=\frac{1}{2}A^2\left(1+\frac{1}{2}B^2\right) \tag{5-8}$$

显然,调制作用使信号总能量增加了$\frac{1}{4}A^2B^2$,这部分能量恰恰反映了齿轮故障的程度,而调制变频带的间距 f_z 表明了故障发生的部位。

实际的齿轮振动信号、载波信号和调制信号都不是单一频率的,一般来说,均为周期函数。由式(5-4)可知,一般情况下,齿轮的激振函数为 $K(t)E_1+K(t)E_2(t)$,其中 $K(t)E_1$ 基本上不随故障变化,而 $K(t)E_2(t)$恰好反映了故障产生的幅值调制。

设 $y(t)=K(t)E_2(t)$,其中:$K(t)$为载波信号,它包含有齿轮啮合频率及其倍频成分;$E_2(T)$为调幅信号,反映齿轮的误差和故障情况,由于齿轮周而复始地运转,所以齿轮每转一圈,$E_2(t)$就变化一次,$E_2(t)$包含了齿轮轴旋转频率及其倍频成分。

在时域上

$$y(t)=K(t)E_2(t) \tag{5-9}$$

在频域上

$$S_y(f)=S_K(f)*S_E(f) \tag{5-10}$$

$S_y(f)$、$S_K(f)$和 $S_E(f)$分别为 $y(t)$、$K(t)$和 $E_2(t)$的频谱。由于在时域上载波信号 $K(t)$和调制信号 $E_2(t)$相乘,在频域上调制的效果相当于它们的幅值频谱的卷积,即近似于一组频率间隔较大的脉冲函数和一组频率间隔较小的脉冲函数的卷积,从而在频谱上形成若干组围绕啮合频率及其倍频成分两侧的边频族(见图 5-5)。

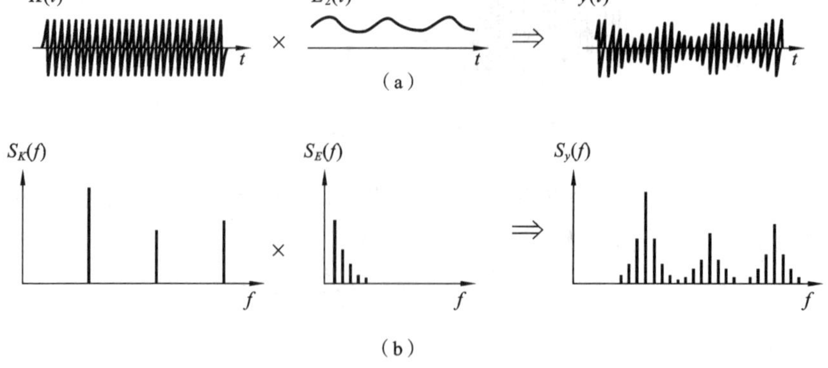

图 5-5 齿轮频谱上边频族的形式

(a) 时域;(b) 频域

在实际的啮合信号中，由于系统传递特性及频率调制的影响，频谱中的边频成分不会如此规则和对称，但其总体分布趋势主要还是取决于调幅函数 $E_2(t)$ 的变化。

图 5-6 所示为齿轮存在缺陷时的情形，由于缺陷分布所产生的幅值调制较为平缓，相当于 $S_E(f)$ 中的高阶频谱分量较少，由此形成的边频带比较高而且较窄，并且，齿轮上的缺陷分布越均匀，频谱上的边频带就越高、越集中。

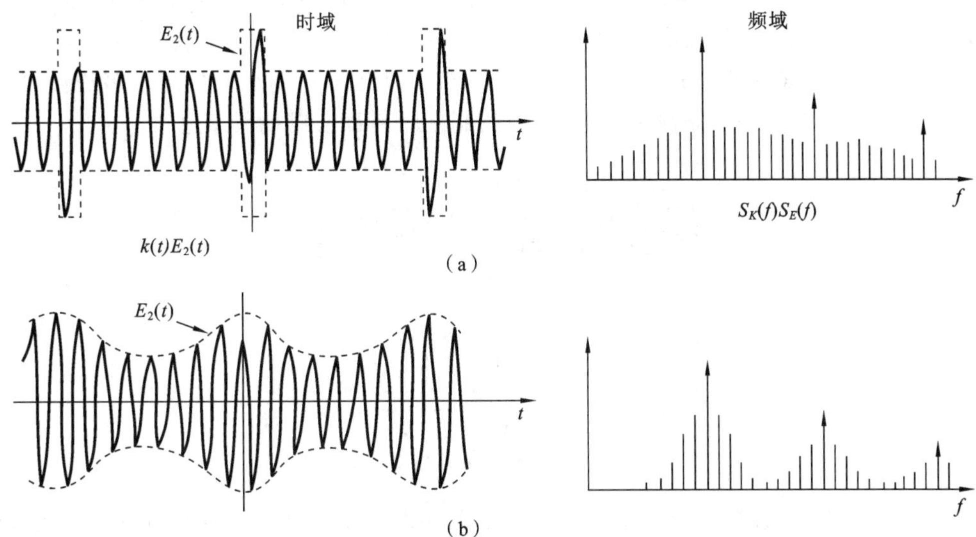

图 5-6　齿轮缺陷对边频带的影响

(a) 集中缺陷；(b) 分布缺陷

实际上，齿轮磨损时的频谱上的变化也可以用调制现象来解释，只不过此时的调制频率等于载波频率-齿轮啮合频率，所以边频成分刚好叠加到各阶啮合频率成分上去了。

2. 频率调制

由齿轮载荷不均匀、齿距不均匀及故障造成的载波波动，除了对振动幅值产生影响外，同时也必然产生扭矩波动，使齿轮转速产生波动。这种波动表现在振动上即为频率调制（也可以认为是相位调制）。所以，任何导致产生幅值调制的因素同时也会导致频率调制。两种调制总是同时存在的。对于质量较小的齿轮副，频率调制现象尤为突出，可用公式表示为

$$\begin{aligned} x(t) &= A\sin((2\pi f_c + k_f\cos 2\pi f_z t)t + \varphi) \\ &= A\sin(2\pi f_c t + \beta\sin 2\pi f_z t + \varphi) \end{aligned} \tag{5-11}$$

式中：A——振幅；

f_c——载波频率；

f_z——调制频率；

k_f——比例系数；

β——调制指数，等于由调制产生的最大相位移，$\beta = k_f/(2\pi f_z)$；

φ——初相位。

式(5-11)可以用贝塞尔(Besser) 函数展开为无穷级数

$$\begin{aligned} f(t) = \frac{A}{2}\{ & J_0(\beta)\sin[2\pi f_c t + \varphi] + J_1(\beta)\sin[2\pi(f_c - f_z)t + \varphi] + J_1(\beta)\sin[2\pi(f_c + f_z)t + \varphi] \\ & + J_2(\beta)\sin[2\pi(f_c - 2f_z)t + \varphi] + J_2(\beta)\sin[2\pi(f_c + 2f_z)t + \varphi] + \cdots\} \end{aligned} \tag{5-12}$$

式中:$J_1(\beta)$、$J_2(\beta)$,…为贝塞尔系数。

调频振动信号的频谱函数为

$$F(t)=\frac{A}{2}\{J_0(\beta)\delta(f-f_c)+J_1(\beta)\delta(f-f_c+f_z)+J_1(\beta)\delta(f-f_c-f_z)+J_2(\beta)\delta(f-f_c+2f_z)+J_2(\beta)\delta(f-f_c-2f_z)+\cdots\} \tag{5-13}$$

由式(5-12)、式(5-13)可知,调频的振动信号包含有无限多个频率分量,并以啮合频率 f_c 为中心,以调制频率 f_z 为间隔形成无限多对的调制边频带(见图 5-7)。比较频率调制与幅值调制的边频会发现,如果调制波为单一频率的正弦信号,频率调制后会出现很多边频,但幅值调制只有两个边频。如果调制波为一般信号,调制后两者都会出现很多边频。

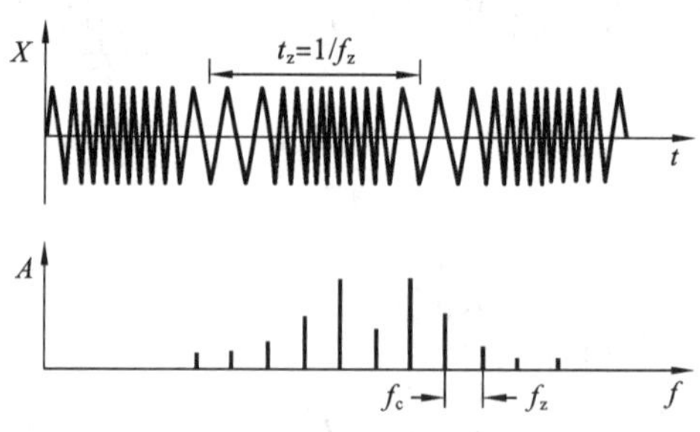

图 5-7 频率调制及其边频带

贝塞尔系数 $J_0(\beta)$ 总是小于 1,故频率调制后载频的能量下降了。调制后各个边频成分的能量正比于它的贝塞尔系数的平方,由于频率调制后的信号包络线不变,故包络线的平方:能量-时间曲线也未变,说明频率调制后的总能量不变。这一点不同于幅值调制,从频域上看,频率调制的结果相当于把频率上的能量分散到边频上去了,由此形成的边频带及各阶边频相对幅值的大小取决于调制指数 β。图 5-8 给出了在不同频率调制指数 β 下的边频带。

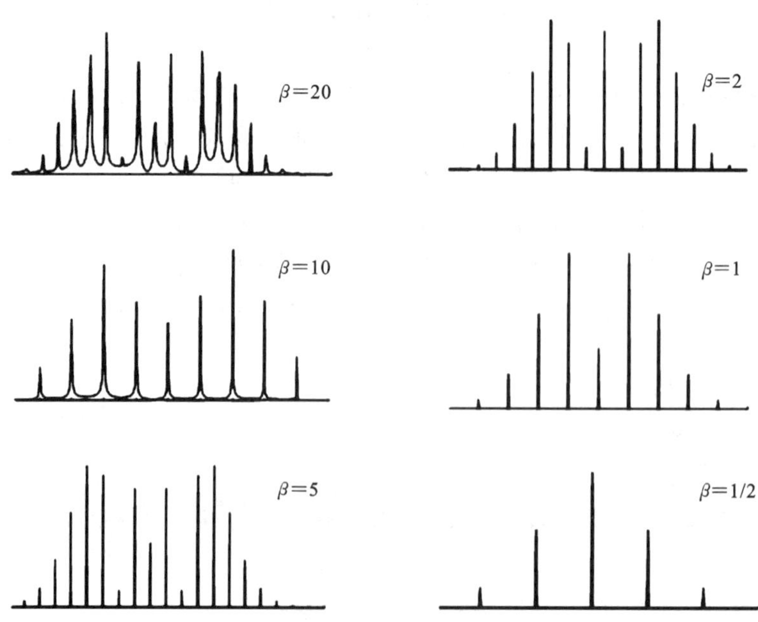

图 5-8 不同调制指数下的边频带

相位调制具有和频率调制相同的效果。事实上,所有的相位调制也可以看作频率调制,反之亦然。例如，式(5-11)可以看作调制函数为 $\sin(2\pi f_z t)$ 的相位调制，但需要注意调制指数和比例系数的关系。这一点若用希尔伯特变换及频率解调理论可以较好地解释。

图 5-9　故障对啮合刚度函数的影响

（虚线部分为受故障影响后的 $K(t)$）

对齿轮振动信号而言，频率调制的根源在于齿轮啮合刚度函数由于齿轮加工误差和故障的影响而产生的相位变化，如图 5-9 所示。这种相位变化会因为齿轮的旋转而具有周期性。因此在齿轮信号频率调制中，载波函数和调制函数均为一般周期函数，均包含基频及其各阶倍频成分。调制结果是在各阶啮合频率两侧形成一系列边频带。边频的间隔为齿轮轴的调制频率 f_z，边频族的形状主要取决于调制指数 β。

如果把故障对齿轮啮合刚度的影响看作瞬时频率的波动，当载波频率的最大漂移为 Δf 时，频率调制指数 β 也可以这样描述：

$$\beta=\frac{\Delta f}{f_z}=\frac{\Delta f\times f_c}{f_z\times f_c}=cz \tag{5-14}$$

式中：c——齿轮的相对角速度波动系数；

z——齿数。

例如，对于一个齿数为 100 的齿轮，若 $c=1\%$，则 $\beta=1$。用另一种形式来表示的话，就是说当齿轮周节误差大到等于半个周节的话，最大相位移将会达到 π，即调制指数 $\beta=\pi$。

齿轮振动信号的频率调制和幅值调制的共同点在于：① 载波频率相等；② 边带频率对应相等；③ 边带对称于载波频率。

在实际的齿轮系统中，调幅效应和调频效应总是同时存在的，所以，频谱上的边频成分为两种调制单独作用时所产生的边频成分的叠加。虽然在理想条件下（即单独作用时），两种调制所产生的边频都是对称于载波频率的，但两者共同作用时，由于边频成分具有不同的相位，所以它们的叠加是向量相加。叠加后有的边频幅值增加，有的反而下降，这就破坏了原有的对称性。

边频具有不稳定性。幅值调制与频率调制的相对相位关系容易受随机因素的影响而变化，所以在同样的调制指数下，边频带的形状会有所改变，但其总体水平不变。因此在齿轮故障诊断中，只监测某个边频往往是不可靠的。

5.1.3　齿轮诊断中的其他成分

齿轮诊断信号中除了存在啮合频率、边频成分外，还存在其他振动成分，为了有效地识别齿轮故障，需要对这些成分加以识别和区分。

1. 附加脉冲

齿轮信号的调制所产生的信号大体上都是对称于零电平的。但实际上测到的信号不一定对称于零线，这可归因于附加脉冲的影响。由于附加脉冲是直接叠加在齿轮的常规振动上，而不是以调制的形式出现的，在时域上比较容易区分，如图 5-10 所示。

在频域上，附加脉冲和调制效应也很容易区分。调制在谱上产生一系列边频成分，这些边频以啮合频率及其谐频为中心，而附加脉冲是齿轮旋转频率的低次谐波。

齿轮动平衡不好、对中不良和机械松动等，均是旋转频率的低次谐波的来源，但低次谐波不一定与齿轮本身的缺陷直接相关。附加脉冲的影响一般不会超出低频段，即在啮合频率以下。

齿轮的严重局部故障，如严重剥落、断齿等也会产生附加脉冲。此时在低频段上表现为齿

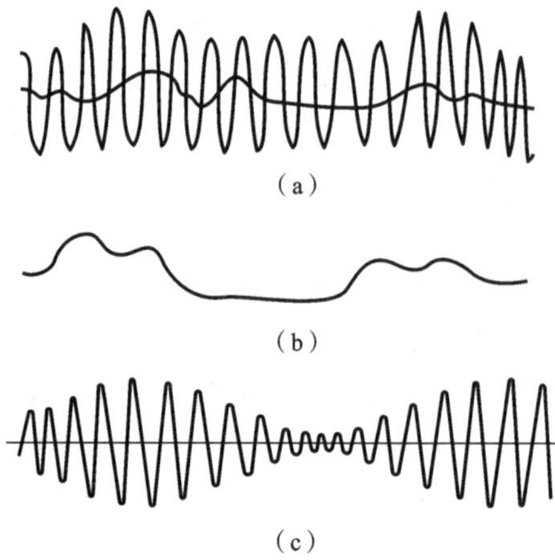

图 5-10　将齿轮箱振动信号分解出附加脉冲

(a) 总信号;(b) 附加信号;(c) 调幅部分

轮旋转频率及其谐频成分的增加。

2. 隐含成分

隐含谱线(又称鬼线)是功率谱上的一种频率分量,产生的原因是加工过程中的周期性缺陷。隐含频率对应于滚齿机工作台分度蜗轮蜗杆的啮合频率,而这种周期性缺陷来源于分度蜗轮、蜗杆及齿轮的误差。有时,在振动频谱上有一未知频率分量,需要在加工过程不明的情况下证实是否有隐含谱线,应从以下方面考虑。

(1) 隐含谱线一般对应于某个分度蜗轮的整齿数,因此,必然表现为一个特定回转频率的谐波(见图 5-11)。

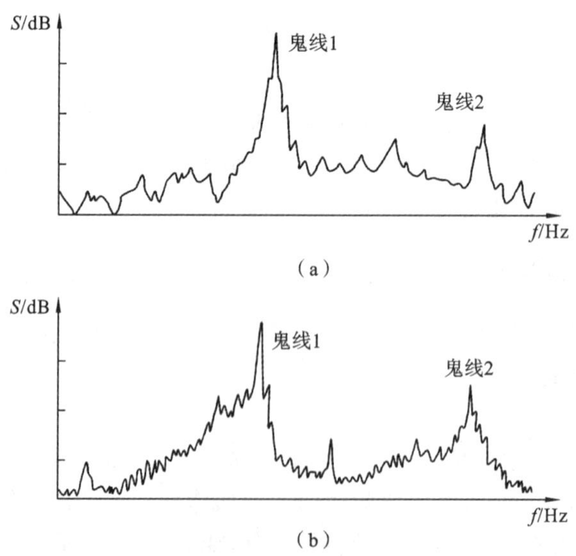

图 5-11　载荷对鬼线分量和啮合分量的影响

(a) 轻载;(b) 满载

(2) 隐含谱线是由几何误差产生的,齿轮工作载荷对它的影响很小,随着齿轮的跑合和磨损它会逐渐降低。

3. 轴承振动

由于测量齿轮振动时的测点位置选在轴承座上，所测得的信号中当然会包含轴承振动的成分，轴承常规振动的水平明显低于齿轮振动，一般要小一个数量级。所以，在齿轮振动频率范围内，轴承振动的频率成分很不明显。滑动轴承的振动信号往往在低频段，即在旋转频率及其低次谐波频率范围内可以找到其特征频率成分，而滚动轴承特征频率范围比齿轮宽得多，所以，滚动轴承的诊断不宜在齿轮振动频率范围内进行，而应在高频段范围内进行或采用其他方法解决。

当滚动轴承出现严重故障时，在齿轮振动频段内也可能会出现较为明显的特征频率成分。这些成分有时单独出现，有时表现为与齿轮振动成分交叉调制，出现和频与差频成分。和频与差频并不是独立的，只是在它们的基本频率成分改变时才会有所改变。

5.2　齿轮故障诊断

由于齿轮的动态特性及故障特征的复杂性，齿轮故障诊断时通常需要进行较为密集的信号分析处理，通过前后对比得出诊断结论。信号分析通常可以在频谱分析仪上进行，也可以采用配备 A/D 转换功能的微型计算机来实现。前者分析速度快，工作可靠性高，但分析功能有限，灵活性差；后者的功能主要通过软件来实现，通过改变不同的软件，可以随时把有效的信号分析与数据处理技术应用到故障诊断中去。随着微型计算机及外部设备的发展，以微型计算机为中心的故障诊断系统显示出越来越高的性价比。

5.2.1　频谱分析

频谱分析可以确定齿轮振动信号的频率构成，是其他分析方法的基础。齿轮故障诊断的频谱分析一般采用功率谱，虽然幅值谱和功率谱的功能类似，但功率谱比幅值谱更能突出啮合频率及其谐波等线状谱成分并减少随机振动信号在频谱图上产生的“毛刺”。

1. 啮合频率及各阶波频率分析

啮合频率为

$$f_c = \frac{n}{60}Z \tag{5-15}$$

式中：n——齿轮轴的转速，r/min；

Z——该齿轮的齿数。

啮合频率及其各阶谐波成分和齿轮的磨损有关。随着齿轮的磨损，频谱上啮合频率及其各阶谐波的幅值都会上升，高阶谐波的幅值增加较多，如图 5-12 所示。在这一点上，研究者们所得到的结论非常一致。

由于齿轮磨损时其频率变化规律比较明显，可以用一些综合参数来衡量频谱的这种变化。

设正常状态下齿轮的各阶啮合频率幅值分别为 $A_1, A_2, \cdots, A_N$，故障状态下分别为 $B_1, B_2, \cdots, B_N$。

（1）平均幅值变化系数

$$a_1 = \sum_{i=1}^{N} B_i \Big/ \sum_{i=1}^{N} A_i \tag{5-16}$$

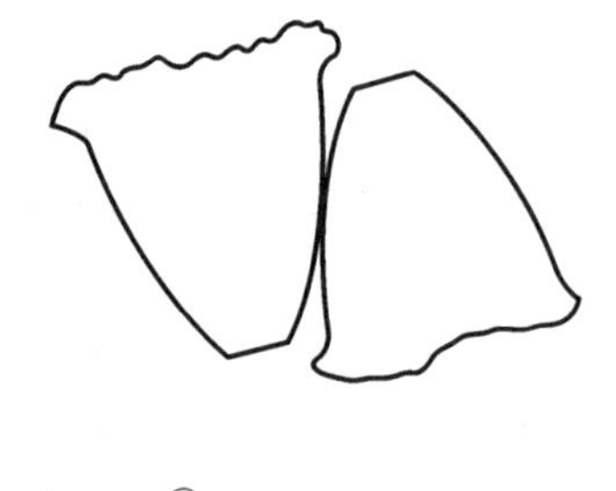

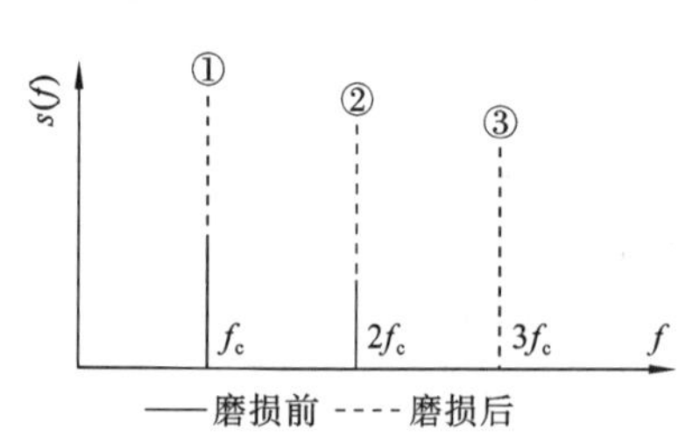

图 5-12 磨损的典型频谱

(2) 平均相对幅值变化系数

$$a_2 = \frac{1}{N}\sum_{i=1}^{N} B_i / A_i \tag{5-17}$$

上述两种平均都是等加权平均。为了突出高阶谐频变化的影响,可实行不等加权平均。

$$a_3 = \sum_{i=1}^{N} C_i B_i \Big/ \sum_{i=1}^{M} C_i A_i \tag{5-18}$$

$$a_4 = \left(\sum_{i=1}^{N} C_i B_i / A_i\right) \Big/ \left(N \sum_{i=1}^{N} C_i\right) \tag{5-19}$$

加权数列 $C_1, C_2, \cdots, C_N$ 可采用递增的等比数列,例如 $1, 1.5, \cdots, 1.5^{N-1}$。

2. 边频带分析

大部分齿轮的故障使信号产生调制,而调制的结果是在频谱上出现边频。根据边频带呈现的形式间隔得到下列信息。

(1) 当齿轮的偏心、齿距缓慢的周期变化及载荷的周期波动等缺陷存在时,齿轮每旋转一周,这些缺陷就重复作用一次,即这些缺陷的重复频率与该齿轮的旋转频率 f_z 一致。因此,根据调制原理,在啮合频率及其谐频的两侧产生 $mf_c \pm nf_z (m, n = 1, 2, 3, \cdots)$ 的边频带。

(2) 由于转轴上联轴器或齿轮本身的不平衡产生振动,则在啮合频率及其谐频两侧产生 $mf_c \pm nf_z (m, n = 1, 2, 3, \cdots)$ 的边频带。

(3) 齿轮的点蚀等局部故障会在频谱上形成类似于(1)的边频带,但其边频带数量少且集中在啮合频率及其谐频的两侧(见图 5-6(b))。

(4) 齿轮的剥落、齿根裂纹及部分断齿等局部故障会产生特有的瞬态调制作用,在啮合频率及其谐频的两侧产生一系列边频带。其特点是边带阶数多而谱线分散,由于高阶边频的互相叠加而使边频带形状各异(见图 5-6(a))。严重的局部故障还会使旋转频率 f_z 及其谐波成分增高。

需要指出的是,由于边频成分具有不稳定性,在实际工作环境中,尤其是几种故障并存时,边频的变化呈现出综合效果,其变化规律难以用上述一种典型情况来表述,但边频的总体水平将随着故障的出现而上升。

边频分析中,常常需要采用频率细化技术来研究某一频段内的频率结构,以提高频率分辨率。

相互啮合的一对齿轮的齿数往往是不一样的,这样就会在啮合频率及其谐频成分两侧产生间隔不同的两组边频。它们的频率间隔分别对应于齿轮的旋转频率。如果齿轮的齿数相差不大,则两个齿轮产生的边频成分就很接近。在通常的频率分辨率下这种结构是模糊不清、难以辨认的,通过细化技术分析可以解决这一问题(见图 5-13)。

5.2.2 倒频谱分析

利用倒频谱能较好地检测出功率谱上的周期成分。通常在功率谱上无法对边频的总体水平作定量估计,而倒频谱对边频成分具有"概括"能力,能较明显地显示功率谱上的周期成分,使之定量化。

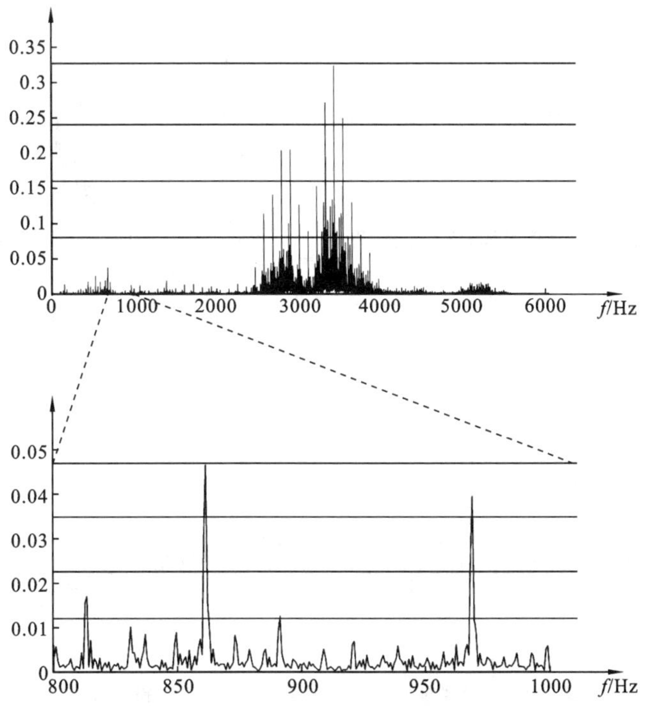

图 5-13　细化谱提高频率分辨率

图 5-14(a)是某齿轮振动的仿真信号的频谱，频率为 0～5000 Hz。其中齿轮啮合频率为 950 Hz，两个齿轮轴的转频分别为 85 Hz 和 50 Hz。由于频率分辨率太低(40 Hz)，频谱上没有分解出边频带，图(b)是对图(a)的频谱细化，将分辨率提高到 20 Hz 的频谱。谱中已经能够显示出各个频率的谱线，但仍很难分辨出它们的周期。将图(b)中的频谱进一步提高频率分辨率到 10 Hz，得到图(c)，可以清楚地看到各个频率，但是啮合频率的谱线和边频混在一起，不容易识别故障频率。图(d)是该信号的倒频谱。倒频谱上清楚地表明了对应于两个齿轮旋转频率(85 Hz 和 50 Hz)的两个倒频分量(A_1 和 B_1)。

倒频谱的另一个主要优点是受信号传递路径的影响较小，这一优点对于故障识别极为有利。

测点振动的功率谱 $S_y(f)$可表示为传递函数的幅频特性 $H(f)$与齿轮振动激励的功率谱 $S_x(f)$的乘积，即

$$S_y(f)=|H(f)|^2 S_x(f) \tag{5-20}$$

两边取对数使相乘变为相加

$$\lg S_y(f)=2\lg|H(f)|+\lg S_x(f) \tag{5-21}$$

两边作傅里叶逆变换

$$F^{-1}\{\lg S_y(f)\}=F^{-1}\{2\lg|H(f)|\}+F^{-1}\{\lg S_x(f)\} \tag{5-22}$$

即

$$C_y(\tau)=C_H(\tau)+C_x(\tau) \tag{5-23}$$

式(5-23)表明，通常所得的信号的倒频谱 $C_y(\tau)$由两部分相加而成，一部分 $C_H(\tau)$取决于信号的传输途径，另一部分 $C_x(\tau)$取决于信号源的特征。对于齿轮系统，这两部分总是分布在不同的倒频谱段上，如图 5-15 所示。代表信号传递特性的 $2\lg|H(f)|$在功率谱上属于缓慢变化部分，所以在倒频谱上处于左边的低频率段上，而代表齿轮振动激励特征的 $\lg S_x(f)$在功率

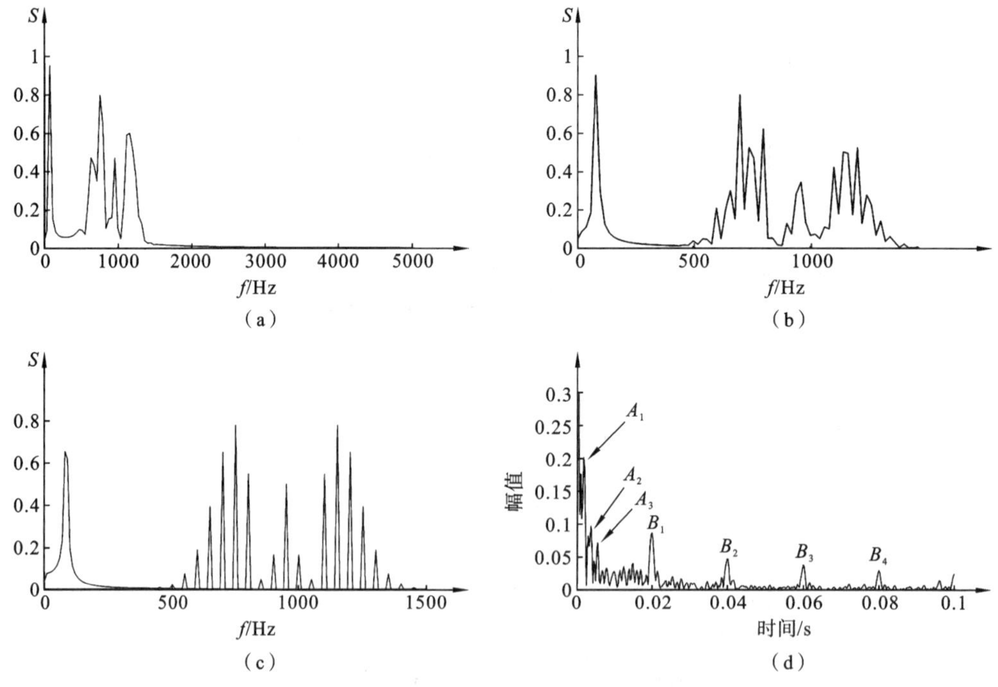

图 5-14　用倒频谱分析齿轮箱振动信号中的边频带

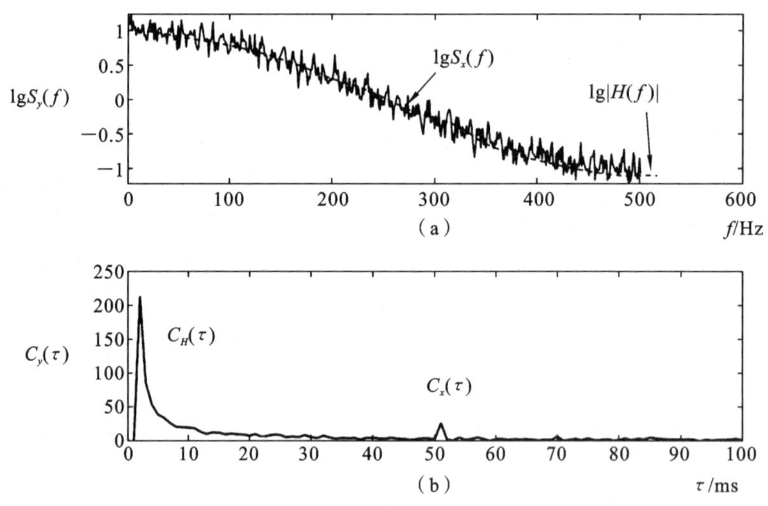

图 5-15　倒频谱对信号源和系统传递特性影响的分离

(a) 频谱;(b) 倒频谱

谱上属于频繁变化部分,所以在倒频谱上处于右边的高倒频段上。

图 5-16 是两个传感器在齿轮箱上不同测点的分析结果。可以看到,由于传递路径不同,只有低倒频率段存在由于传递函数差异而产生的影响。由于这一效应,信号的功率谱也不相同。但在倒频谱上,由于信号源的振动效应和传递途径的效应分离,代表齿轮振动特征的倒频率分量几乎完全相同时,可以不必考虑信号测取时的衰减和标定系数带来的影响。

如前所述,在齿轮箱的振动中,调频和调幅的同时存在及两种调制在相位上的变化使边频具有不稳定性,这种不稳定性对在功率谱上识别边频会造成不利影响。而在倒频谱上,代表齿

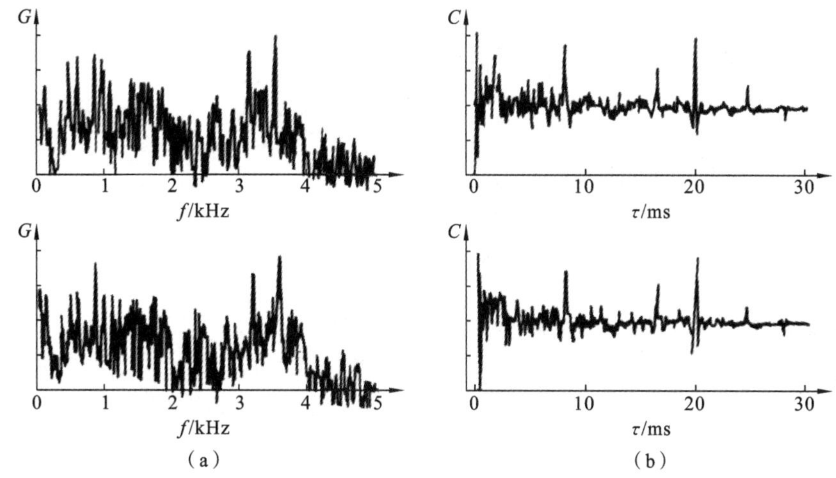

图 5-16　故障信号在功率谱和倒频谱中的明显性比较

(a) 功率谱;(b) 倒频谱

轮调制程度的幅值不受不稳定性的影响,这也是倒频谱分析的优点之一。

在实际的齿轮振动信号中,由于存在宽带噪声,功率谱上边频成分的有效高度会变化,如图 5-17 所示。由此得到的倒频谱上对应的峰值会变小。因此,只有在同样的基础噪声下测得的倒频谱才可以进行相互比较。

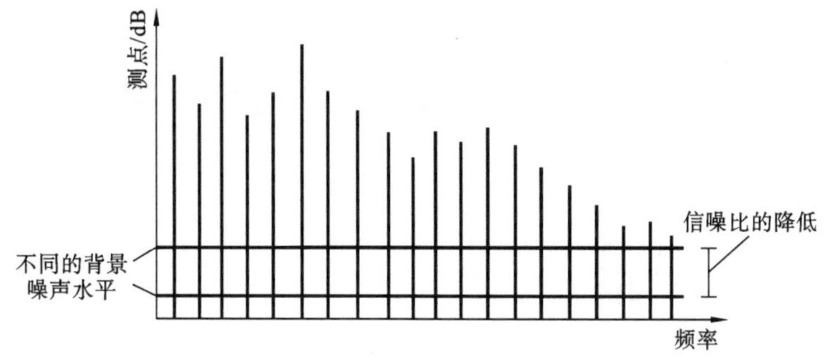

图 5-17　噪声水平对倒频谱的影响

5.2.3　同期时域平均技术的应用

同期时域平均必须按特定整周期截取信号。在齿轮信号中,总是取齿轮的旋转周期。通常的做法是,在测取齿轮箱振动加速度的同时,记录一个齿轮实际旋转周期 T' 的同步脉冲信号。在作信号的时域平均时,以此脉冲信号来触发 A/D 转换器,从而保证按齿轮轴的旋转周期 T' 截取信号,且每段样本的起点对应于转轴的某一特定转角。其过程如图 5-18 所示,T 为理想的齿轮旋转周期。

随着平均次数的增加,齿轮旋转频率及其各阶倍频成分保留,而其他噪声部分逐渐消失,由此得到仅与被检齿轮振动有关的信号。如果在一个传动链中,需要对若干齿轮逐个诊断时,可以将所测的时标信号适当延伸或压缩,或在相应的齿轮轴上重新测取同步转速信号,按不同的周期来作时域平均,从而分别得到代表不同齿轮情况的诊断信号。

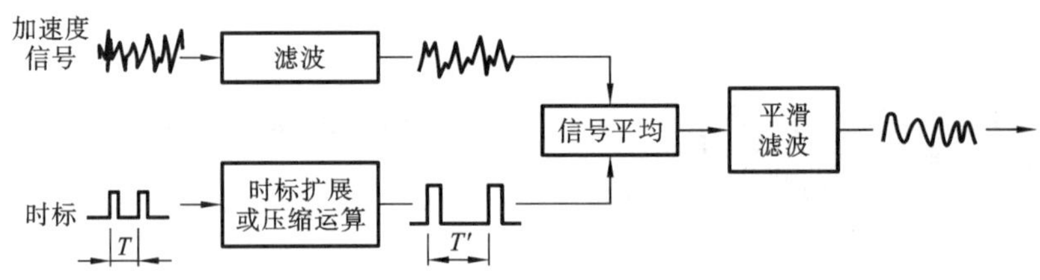

图 5-18　同期时域平均法

经过时域平均后,比较明显的故障可以从时域波形上看出来,如图 5-19 所示。图(a)所示是正常齿轮的时域平均信号,信号由均匀的啮合频率分量组成,没有明显的高次谐波;图(b)所示是齿轮安装对中不良时的情形,信号的啮合频率分量受到幅值调制,但调制频率较低,只包含转频及其低阶谐频;图(c)所示是齿轮的齿面严重磨损时的情况,啮合频率分量严重偏离正弦信号的形状,故其频谱上必然出现较大的高次谐波分量,由于是均匀磨损,振动的幅值在转动一周内没有大的起伏;图(d)所示为齿轮有局部剥落或断齿时的典型信号,振动的幅值在某一位置有突跳现象。应当指出,观察时域平均后的齿轮振动波形对于识别故障类型是很有帮助的。

对通常的功率谱与同期时域平均方法作比较可知:前者不能略去输入信号的任何分量,因此待检的齿轮信号可能淹没在噪声中;而后者能够有效地消除与待检齿轮无关的分量,从而提高信噪比。

一般情况下,信号处理在作时域平均时实行的是外接触、内时钟采样,这对于大部分情况是没问题的。但是当齿轮转速存在不可忽略的不均匀性时,就会对时域平均的结果产生较大的影响。这是因为实际转速出现了微小变化,而采样仍按等时间间隔进行,将破坏时域上的相位锁定。

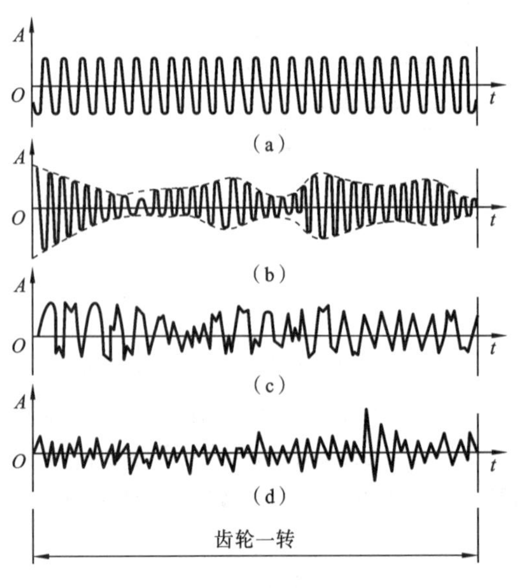

图 5-19　齿轮在各种状态下的时域平均信号

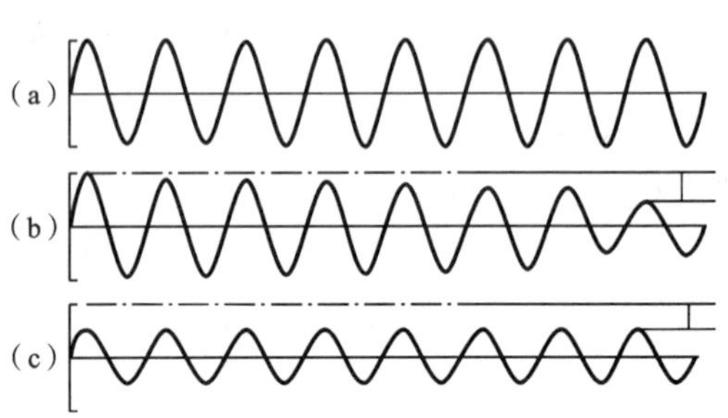

图 5-20　转速的变化对时域平均结果的影响

转速的不均匀性可分为低频率的速度"漂移"和高频率的速度"颤抖",前者通常是由电动机的电压波动或静载荷的变化引起的,而后者主要源于工作载荷的短时跳动和周期变化。转速的变化对时域平均结果的影响如图 5-20 所示。转速的低频“漂移”使平均波形的后半部分幅值明显降低，而转速的高频“颤抖”则使信号幅值普遍下降。

从频域上看，转速不均匀使高频成分衰减较大，而对低频成分影响较小。所以，这种效应使时域平均的同时又具有低通滤波器的作用。这种作用使信号失去了部分高频信息，因此对分析故障不利。根据 R. M. Stewart 提出的公式，转速不均匀给时域平均带来的影响可以这样估计：假设转速的波动服从高斯分布，则

$$E(\omega)=\frac{\omega^2}{2}\delta^2 \tag{5-24}$$

式中：E——信号幅值误差；

ω——信号的角频率(rad/s)；

δ——时标信号周期的标准差(s)。

在转速严重不均匀的情况下，为获得较为理想的时域平均结果，可以采用锁相技术实现外触发、外时钟采样。为了消除转速不均匀的影响，得到了一个角位移完全同步的时钟脉冲信号，可以在轴上安装一个精度较高的光码盘，在一转内按等角间隔产生一定数量（如 1024、2048、4096 等）的脉冲。按这一时钟来采样，就可消除转速不均匀的影响。这样采得的每一点与齿轮啮合位置有一一对应的关系。

由于时域平均需要按周期截断信号，时域平均技术对于滚动轴承的诊断基本上是没用的。因为滚动轴承特征频率一般不与轴的旋转频率相同或成倍数关系，如以轴的旋转周期进行时域平均，故障特征频率反而会被消除掉；另外，由于滚动体与内、外圈之间存在相对滑动，故障点所产生的冲击振动周期会发生变化，在平均后也会被消除。图 5-21 分别为一滚动轴承信号和一对齿轮信号经过 256 次时域平均后的时域波形，有关滚动轴承的信号基本上消失，几乎仅包含轴频成分；对于齿轮，则得到了明显的局部故障信息。

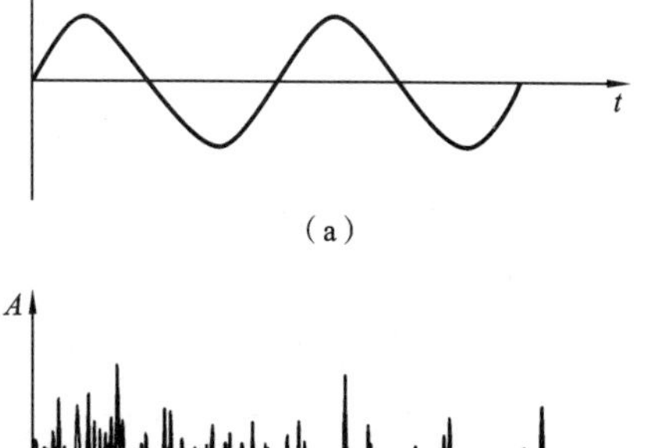

图 5-21　经 256 次时域平均后的时域波形

5.3　齿轮传动链故障诊断

齿轮传动装置（齿轮传动链）的主要功能是传递精密运动，以保证精确的传动比。齿轮传动链主要由齿轮副、转轴、轴承及机座组成。齿轮传动链在工作过程中出现异常时，为避免传动装置进一步损坏，就必须对异常情况及时进行诊断，及早发现缺陷以便采取相应措施和减少损失。

5.3.1　实施步骤

(1) 了解齿轮传动链异常状态所显现的状态量，如位移、速度、加速度、噪声、温度等，并根据状态量选择合适的传感器。

(2) 根据检测的故障诊断信息先作出简易诊断，以了解故障的类型、性质、劣化程度、频率

范围及故障的大致部位，然后决定是否需作进一步的精密诊断。若需进行精密诊断，还要选择合适的检测仪器和预处理方法(如滤波、调制、解调、放大等)。

(3) 技术文件准备。包括设备的结构图，齿轮装置的传动图，有关齿轮的齿数、传动比，以及轴承的型号、滚珠等技术参数；计算各轴的旋转频率、啮合频率。轴承的特征频率和其他有关的脉动频率。一般可先按主轴或其他主要传动轴的基准计算相对频率。以上各项传动装置的特征频率可作为谱分析中的参考依据。

(4) 测试信号经预处理后，按适当的取样长度和采样频率，在尽可能保留模拟记录的同时，将它存入计算机磁盘或其他存储记录仪器。对具有多挡转速的复杂齿轮传动装置，常常设置一个与某轴同步的信号为合理截取信号，进行多样本平均，对抑制噪声干扰和提高信噪比极为有利。

(5) 在一定传动路线上，将经预处理后的信号送入分析仪器或计算机进行谱分析。谱图上较高幅值所对应的频率，通常是因齿轮或其他传动部件存在表面缺陷而更容易在该特征频率处产生振动、噪声、发热等引起的。这就是所在频率处传动部件所表现的故障征象。

(6) 比较实测谱峰频率和计算机所得到的特征频率，对照传动件的结构、工艺等，寻找故障时应综合观察时域波形、功率谱(或幅值谱)和倒频谱等。前者能完整地反映信号的整体结构，后者可比较清楚地分开信号与传递信号。

对故障的判断，应具有一定的科学性和经验性。如果积累了有关齿轮传动装置故障的数据库和故障判断的经验，借助计算机对故障信号的各种分析，便能得出较正确的结论。

(7) 根据故障的结果，列出故障指示表。

图 5-22 为某齿轮箱故障诊断测试系统示意图。

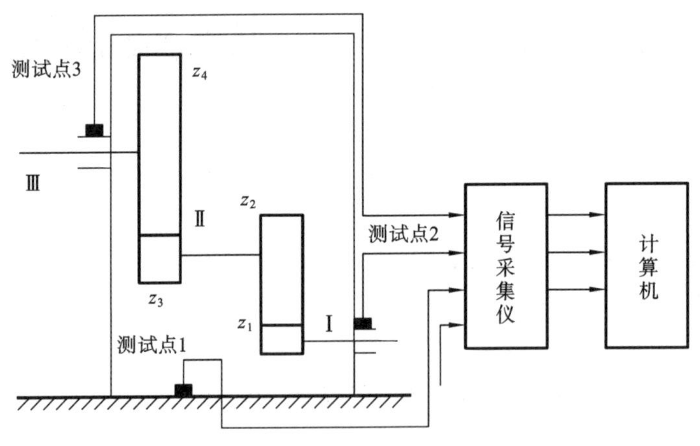

图 5-22　齿轮箱振动测试系统

齿轮箱内各齿轮的齿数分别为：$z_1=35$，$z_2=64$，$z_3=18$，$z_4=81$。本测试系统选取了三个位置的振动信号：测试点 1 测取齿轮箱基础的振动，测试点 2 测取高速轴 Ⅰ 的振动，测试点 3 测取低速轴Ⅲ的振动，三个测点均采用加速度传感器，测点 2 和测点 3 的加速度传感器安装在轴承座附近。此外，在高速轴 Ⅰ 的轴承处安装了一个电磁式速度传感器(图中未画出)测转速信号。

振动信号经采集仪采集后送入计算机使用信号处理软件进行处理，并通过多种运算就可以得到所需要的信号。测试工况为高速轴转速 $n_1=900$ r/min。各轴的转动频率与齿轮副的啮合频率如表 5-2 所示。

表 5-2 各轴的转动频率与齿轮副的啮合频率

轴 号	轴的转速/(r/min)		轴的转动频率/Hz		啮合齿轮副	啮合频率/Hz		
							理论值	实测值
Ⅰ	n_1	900	f_{r_1}	15	35/64	f_{m_1}	525	518.7
Ⅱ	n_2	492	f_{r_2}	8.2				
Ⅲ	n_3	109	f_{r_3}	1.82	18/81	f_{m_2}	147.7	148.3

因此，齿轮箱频谱图中可能有以下几种谱线：

(1) 三个转动频率(f_{r_1}、f_{r_2}、f_{r_3})及其谐频的谱线；

(2) 两个啮合频率(f_{m_1}、f_{m_2})；

(3) 四旋调制边频带：$f_{m_1} \pm nf_{r_1}$、$f_{m_1} \pm nf_{r_2}$、$f_{m_2} \pm nf_{r_2}$、$f_{m_2} \pm nf_{r_3}$，如表 5-3 所示。

表 5-3 四旋调制边带的频率

下 边 频				啮合频率		上 边 频			
3	2	1	n			n	1	2	3
473.75	488.75	503.75	$-nf_{r_1}$	f_{m_1}	518.75	$+nf_{r_1}$	533.75	548.75	563.75
494.15	502.35	510.55	$-nf_{r_2}$			$+nf_{r_2}$	526.95	535.15	543.35
123.7	131.9	140.1	$-nf_{r_2}$	f_{m_2}	148.3	$+nf_{r_2}$	156.5	164.7	172.9
142.84	144.66	146.48	$-nf_{r_3}$			$+nf_{r_3}$	150.12	151.94	153.76

从表 5-2 可知，三个转动频率都是低频。为使谱图具有足够的分辨率，将振动信号经低通滤波去除高频成分，得到 0～62.5 Hz 范围内的频谱图(见图 5-23)。从图中可清楚地看出 f_{r_1}、f_{r_2}、f_{r_3} 及其前几阶谐波的谱线。从图 5-24 也可以明显地看出四条峰值(能量)较大的谱线，其对应的频率分别为 148.3 Hz、510.1 Hz、518.7 Hz、526.8 Hz。与表 5-3 中的频率值相对照，可知频率 148.3 Hz 是齿轮 z_3 与 z_4 的啮合频率 f_{m_2}，其峰值较小，原因是啮合质量较好或因其距测点 2 较远，在振动传递过程中衰减；频率 518.7 Hz 是齿轮 z_1 与 z_2 的啮合频率 f_{m_1}；而频率 510.1 Hz、526.8 Hz 与 f_{m_1}(518.7 Hz)之差都近似为Ⅱ轴的转动频率 f_{r_2}(8.2 Hz)。可见，这两个频率正是 f_{m_1} 被 f_{r_2} 调制而产生的一阶上、下边频带。为了进一步弄清边频带的结构，又以 f_{m_1} 为中心频率，选择带宽 100 Hz(即 468～568 Hz)对该振动信号进行频谱细化分析，得到图 5-25 所示的细化频谱。从图 5-25 中可以看出，除常规谱(见图 5-24)中有的

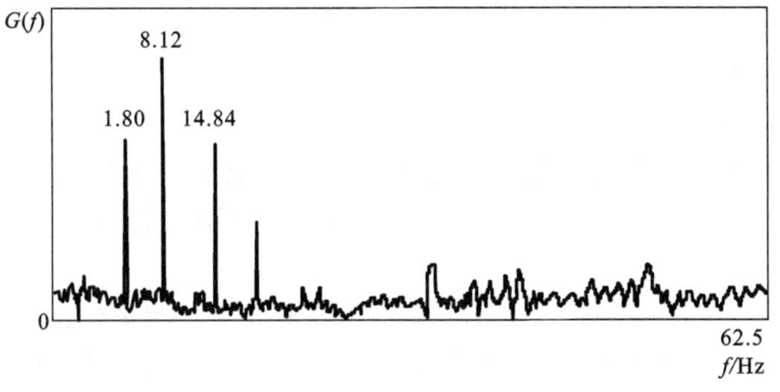

图 5-23 测点 3 振动信号低频谱图

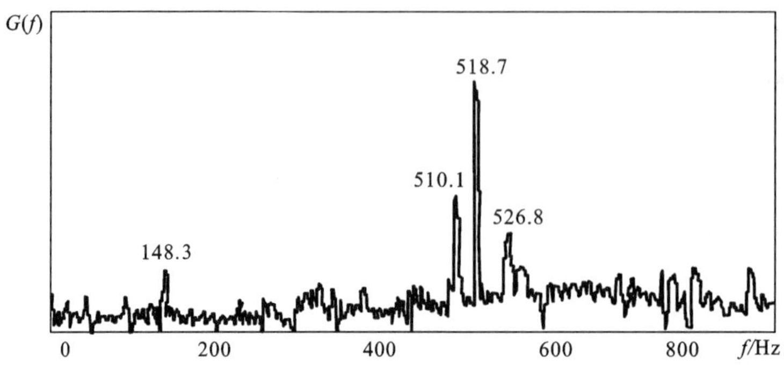

图 5-24 测点 2 振动信号低频谱图

间隔为 8 Hz 左右的边带外,还有另一族间隔为 15 Hz 左右的边带,其峰值较小。对照表 5-3 可知:谱线 503.53 Hz 与 533.84 Hz 是 f_{m_1} 受到 f_{r_1} 的调制后产生的一阶边频带。由图 5-25 还可以看到 f_{r_2} 对 f_{m_1} 的调制边带谱线的峰值要比 f_{r_1} 对 f_{m_1} 的调制边带谱线的峰值大,高阶边带很快衰减。图 5-23 又表明 f_{r_1} 的峰值是大于 f_{r_2} 的。根据上述信号的分析结果,结合前文介绍的振动诊断理论,可以初步断定该齿轮箱的Ⅱ号轴有弯曲或不同心,齿轮副 z_1、z_2 磨损较严重,但磨损均匀。

此外,在图 5-25 中还有许多间距似乎相等的小峰谱线,这说明可能还有其他的边带族存在。由于峰值很小,已接近噪声水平,因此不能准确地分析其物理意义。如果在上述频谱细化分析的基础上进一步作倒频谱分析,各族边频带即可清晰地显示出来。

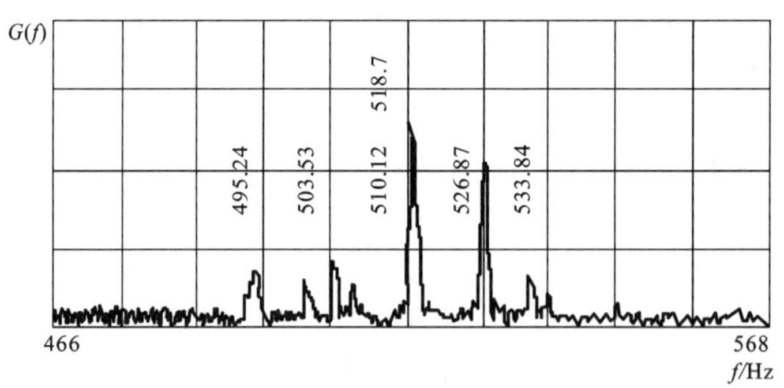

图 5-25 测点 2 振动信号的细化频谱

5.3.2 在齿轮故障诊断中应注意的几个问题

1. 测点部位的确定

利用振动对齿轮箱进行诊断,主要选择转速在 1000 r/min 以上的直齿圆柱、人字齿轮、直齿锥齿轮及斜齿圆柱齿轮等齿轮。测定部位通常选普通减速器的轴承座盖。对于高速增速器,若轴承座在机罩内部,测定部位则可选轴承附近刚性好的部位,或对基础的振动进行测定。

因传感器安装位置不同,其测量值也不同。为了保证每次测量位置不变,需在测定点作出标记。为了保证测量精度,测量位置应光滑,并尽可能沿水平、垂直、轴向三个方向测量。

2. 测定参数的确定

在齿轮大声的振动中，有 1 kHz 以上的高频固有振动，也有与齿轮的选择频率或啮合频率相关的低频振动。通常，对于低频振动，可选择振动速度作为测定参数；对于与固有振动相关的高频振动，可选择振动加速度作为测定参数。

3. 测定周期的选择

为了及时发现齿轮初期状态的异常，需要合理确定测定周期。一般来讲，当齿轮处于正常工作情况下，可保持固有周期；当振动增大或出现异常征兆时，则应采用缩短周期的对策，并应将测定周期尽可能安排得短一些。

4. 判断标准的确定

通过振动检测后，齿轮是处于正常状态还是异常状态，需要有判定的标准。根据判定标准，才能知道测定值所表示的齿轮状态是正常状态，还是需要监测的状态。判定标准可分为两种。

(1) 绝对判断标准　可将在同一部位的测定值原封不动地作为评价的依据，即绝对判断标准。利用绝对判断标准对齿轮故障进行判定的方法称为绝对值判定。制定齿轮绝对判断标准的依据为：① 对异常振动现象的理论研究；② 根据实验对振动现象所作的分析；③ 对测量数据的统计评价；④ 国内外的有关文献和标准。

图 5-26 为按振动频率制定的齿轮绝对判断标准。

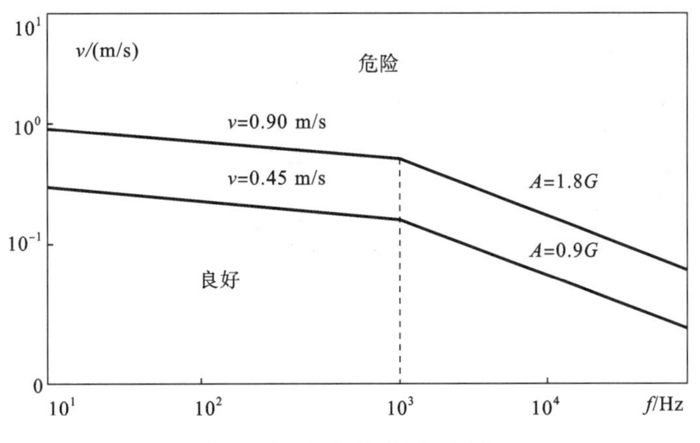

图 5-26　齿轮绝对判断标准

(2) 相对判断标准　对于还没有制定绝对判断标准的齿轮，适合使用过去的实际统计资料。例如，相对判断标准规定实测值达到正常值的 2 倍时要引起注意；达到正常值的 4 倍时，则表示危险。这种将多数测定值相互之间或与已定值相互之间作比较而进行判断的标准称为相对判断标准，判断的方法有两种：① 将同类齿轮在相同条件下的测定值进行比较的相对判断法；② 对同一部位定期进行测定，将实测值与正常值（初始值）的倍数进行比较的相对判断法。

5. 传感器的安装方法

加速度传感器与其他传感器相比，其优点为能够测定频率范围较宽的振动信号，且价廉、使用方便，并能对振动速度和振动位移进行转换，因此得到广泛的应用。无论使用哪种传感器都应注意传感器与被测物之间必须进行绝缘。如果绝缘不良，就会发生同机械振动毫无关系的电噪声，使振动波形与实际不符，从而造成错误诊断。特别是对固定传感器，更要注意使用具有绝缘性能的专用垫片。

习　　题

5-1　正常齿轮传动中是否存在振动？该振动产生的原因是什么？

5-2　什么是幅值调制？幅值调制的数学函数是什么？其在频谱上有什么特征？

5-3　什么是频率调制？频率调制的数学函数是什么？其在频谱上有什么特征？

5-4　为什么要在齿轮振动诊断中对边频带进行分析？在频谱图上怎么观察故障的频率？

5-5　简述通过频谱进行齿轮故障诊断的基本原理。

5-6　如果要提高频谱的频率分辨率，应该采用什么方法？试写出基本步骤。

5-7　如果要减少测量路径对信号的影响，采用什么分析方法的效果较好？

5-8　如果测量的齿轮振动信号中混入了白噪声信号，采用什么方法去除该噪声的效果较好？

5-9　一级齿轮减速器，小齿轮齿数 21，转速为 2610 r/min，减速比为 2.9，所测到的高速轴上测点的频谱如题 5-9 图所示，计算大齿轮的啮合频率，输出轴和输入轴的转频，并根据频谱图判断齿轮故障可能发生的部位。

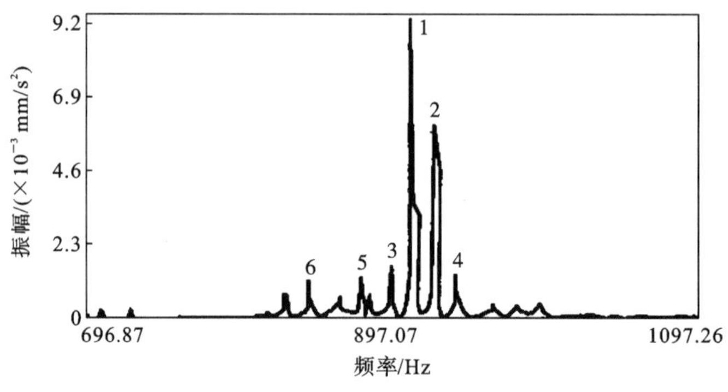

题 5-9 图

第6章　旋转机械故障诊断

6.1　概　　述

旋转机械是由转轴、联轴器及滚动轴承等旋转部件和轴承(动轴承)、轴承座、机壳等非转动部件等构成的,诸如汽轮发动机、燃气机、各类风机及电动机等,它们在国民经济生产中有着广泛的应用。

旋转机械通常具有大型、高速、连续工作及处于关键环节的特点,由于停机往往会造成整个生产流程的停顿,致使企业遭受巨大的经济损失。因此,对旋转机械进行状态监测和故障诊断,是保证企业生产正常运行,提高生产效益的重要途径。

旋转机械的故障类型大致可分为以下两种。

(1) 强度不足造成的断裂破坏事故,其原因可分为如下几类。

腐蚀　使机械的材料变质(如脱碳、晶间腐蚀等),或使零件尺寸(厚度、直径等)变小。腐蚀种类有化学介质、大气腐蚀剂、电化学腐蚀等。有机材料还有老化问题。

冲蚀或磨损　由于工作介质对零件表面的冲刷撞击而造成的零件尺寸减小、减薄称为冲蚀,而接触零件工作表面间有相对滑动造成磨损使零件表面层脱落称为磨损。

设计应力过大或结构形状不恰当　这会导致很大的应力集中,在应力变化的情况下产生破坏或疲劳破坏。

零件的材料由于铸、锻、焊工艺不合适造成局部缺陷(如缩孔、裂纹、晶粒粗大等)。

(2) 机组有较大的振动,这是很多情况下故障的表现形式。其原因可分为如下几类。

① 不平衡　由于静、动平衡不好,或在工作中产生新的不平衡,这可能是在设计和制造、安装过程中产生的,也可能是在工作中新产生的。

②对中不良　不平衡与不对中是造成机组强烈振动最常见的原因。不对中一般是由于安装不良造成的。有的冷态对中良好,而未考虑热态时的变形差异;有的内应力未消除导致机壳扭曲或管道对中不好,对机壳产生过大的作用力使其变形。不对中也可能是由于机械基础不均匀下沉或零件加工质量不高而引起的(如高速齿轮、滚动轴承等零件的精度不高产生周期性的激励)。

③ 机组产生自激振动　有一些情况即使没有外界的周期性干扰力,也可能由于某种机制,振动系统会因振动过程本身不断吸收外界能量而使系统的振幅不断增大,这类振动激励有流体力、材料内摩擦、传动件的纵向摩擦以及不对称性等。

④ 工作介质引起的振动　如往复式压缩机由于配管不恰当,气流脉动可引起机组及管道较大的振动,离心压缩机在小流量时引起的气流旋转失速、喘振,离心泵在吸入压力不足时引起空穴现象而导致振动等。

无论是转子自身的缺陷,还是支承系统及连接等方面的问题,都将引起旋转机械运动过程中的异常振动,因此,振动的监测和分析处理就成为对旋转机械进行故障诊断的主要有效方法。多年来的研究及实践证明,通过拾取轴承座或轴本身的振动信号,不仅能够监视设备运动中的振动量级的变化,而且可以获得转子不平衡、连接不对中、转轴弯曲及裂纹、轴承动载及油膜振荡等多方面的信息。

6.2　旋转机械的故障及振动特性

旋转机械的常见故障有转子不平衡、连接不对中、转轴弯曲及裂纹、转速失稳及轴瓦碎裂,以及机组共振、液体的涡流激振等。其中由于转子不平衡与不对中引起的故障约占80%,其他故障约占20%。弄清这些故障形成的机理并掌握它们各自的振动特性是进行故障诊断的前提,为此将对一些主要故障的形成原因及其对应的振动特性进行分析。

6.2.1　转子不平衡

转子不平衡会引起轴挠曲并产生应力,从而使机器产生振动与噪声,加速轴承、轴承密封零件的损坏。有资料表明,转子不平衡所造成的故障占旋转机械故障的50%左右。

自从蒸汽机问世以来,机器的转动速度逐步提高。这时人们发现这样一个现象,即一个转子在转速达到某一数值时,会产生剧烈的振动,使机组无法继续工作,似乎这里有一道不可逾越的速度屏障,即临界转速。后来Jeffcott在理论上分析了这一现象,证明只要振幅还未增加过大,便迅速提高转速,当转速越过临界转速点后,转子的振幅又小了下来。换句话说,转子在高速区存在一个稳定的、振幅较小的、可以工作的区域。从此,旋转机械的设计、运转进入一个新时期,效率高、重量轻的高速转子运用日益普遍。

现在来分析这一现象。图6-1表明,一个质量为m的对称转子,刚性地安装在支承上,转子的轴承中心为O,在运行时,轴发生弹性变形,转子集合中心移至O_r,质量中心为O_m,O_m至O_r的距离e称为偏心距,因偏心产生的离心力为P,轴的刚度为k(N/m),由材料力学可知

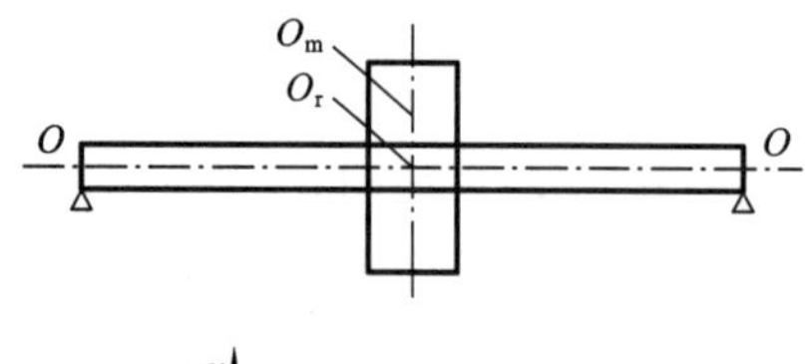

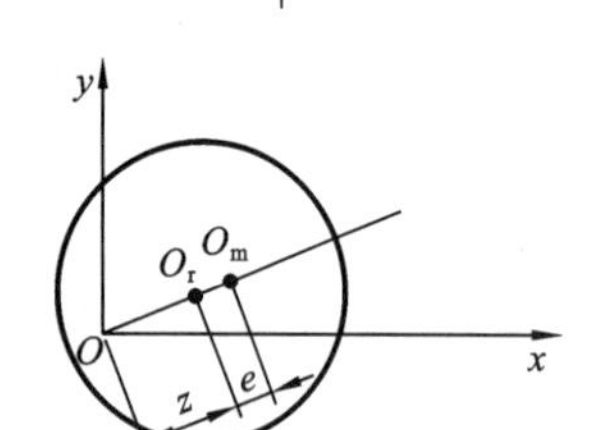

图6-1　对称单元盘转子

$$k=\frac{P}{z}=\frac{48EJ}{l^3} \tag{6-1}$$

式中:z——轴中点挠度;

E——轴的材料弹性模量,对于钢材$E=2\times10^{11}$ N/m;

J——轴的断面惯性矩,

$$J=\frac{\pi d^4}{64}\ \mathrm{m}^4 \tag{6-2}$$

d——轴的直径;

L——轴承间距。

当轴以角速度ω(rad/s)转动时,偏心产生的离心力使轴产生挠度z(m),由离心力与弹性力平衡,可得如下方程

$$m(e+z)\omega^2=kz$$

或

$$me\omega^2=kz-m\omega^2 z \tag{6-3a}$$

解得

$$z=\frac{me\omega^2}{k-m\omega^2}=\frac{e(\omega/\omega_c)^2}{1-e(\omega/\omega_c)^2} \tag{6-3b}$$

式中：$\omega_c=\sqrt{\frac{k}{m}}$，称为临界角速度，因而当 $\omega=\omega_c$ 时，轴的挠度将趋于无穷大，这时的转速 n_c 称为临界转速，有

$$n_c=\frac{60\omega_c}{2\pi}=\frac{60}{2\pi}\sqrt{\frac{k}{m}}\quad(\text{r/min})\tag{6-4}$$

ω_c 或 n_c 是转子的属性，不依赖于转子偏心距 e 的大小及有无，事实上，它是转子受扰动后的自由振动频率。为了深入掌握这个概念，从另一个角度来分析，设转子没有偏心，在其受扰动离开原来平衡位置后，如果扰动力消失，则转子的运动方程可从弹性恢复力使转子产生加速度的角度来建立，即

$$m=\frac{\mathrm{d}^2z}{\mathrm{d}t^2}=-kz$$

或

$$mz+kz=0\tag{6-5}$$

此为齐次线性微分方程，其解为

$$z=x_0\cos\omega_c t+\frac{x_0}{\omega_0}\sin\omega_c t$$

式中：x_0，ω_0——初始位移和初始角速度。可见，z 是以 ω_c 为角速度在振动，ω_c 即$\sqrt{\frac{k}{m}}$，它仅与 k 和 m 有关。增加刚度 k，使 ω_c 增高，增加质量 m，则使 ω_c 降低。

当转子上有偏心，则当轴以 ω 为角速度旋转时，转子受的力除了 kz 外，还有离心力，这时的运动方程为

$$m\ddot{z}+kz=me\omega^2e^{\mathrm{j}\omega t}\tag{6-6}$$

式中：$e^{\mathrm{j}\omega t}$——旋转矢量。该振动为强迫振动，数学上是非齐次线性方程，其特解为

$$z=e\frac{(\omega/\omega_c)^2e^{\mathrm{j}\omega t}}{1-(\omega/\omega_c)^2}=e\beta e^{\mathrm{j}\omega t}\tag{6-7}$$

$$\beta=\frac{(\omega/\omega_c)^2}{1-(\omega/\omega_c)^2}\tag{6-8}$$

β 称为放大因子，即在转子有偏心距 e、角速度为 ω 时，轴的振幅绝对值为 $e\beta$，也是在 ω 下，轴的挠度与偏心距的比值。将 β 与 ω 的关系绘成曲线，可得图 6-2，由此可得出下列结论：

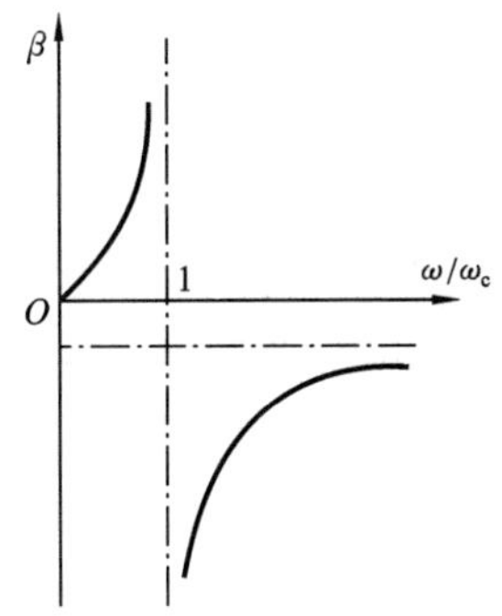

图 6-2　放大因子曲线

当 ω 上升时，β 上升，即振幅逐步增大。

当 $\omega/\omega_c=1$ 时，$\beta\to\infty$，就是说转子无法在此转速附近工作。实际上，转子的工作区域应小于 $0.7\omega_c$ 或大于 $1.4\omega_0$。

当 ω 继续增大，$\omega/\omega_c>1$ 时，则由式(6-8)可见 $\beta<0$，表明 β 为负值，其物理意义是此时 O_m 点已不在 OO_r 的外伸线上，而是在 OO_r 中间。

在 ω 略大于 ω_c 时，β 绝对值仍很大，当 ω 继续增大时，β 趋近于 -1，即振幅与偏心距 e 相等。O_m 落到轴承中心线 OO 上，这一现象称为转子的自动对中，具有很大的实际意义，说明转子振幅不是随转速升高而无限增大，而是在 ω 超过 ω_c 后，随 ω 上升而下降，最后趋近于 e。

e 值的大小取决于动平衡的质量，动平衡好，e 值就小，振动也小。如果每侧轴承受力为 $\boldsymbol{F}$，则

$$F=\frac{1}{2}kz=\frac{ke}{2} \tag{6-9}$$

可见,当 e 变小,轴承在高转速时的受力也变小,轴承座的振幅也就下降。这说明了动平衡的重要性。

由图 6-2 还可以消除一个常有的误解,即认为离心力为 $me\omega^2$,ω^2 越大则离心力也越大。其实过了临界转速,进入自动对中区后,转子的质心 O_m 基本落在轴承中心线 OO 上,也就是说,这时的偏心距不等于 e 而接近于零。轴的挠度 $|z|=e$,即转子的几何中心 O_r 到轴承中心线 OO 的垂直距离接近 e。换句话说,O_r 以约等于 e 的半径绕支承中心 OO 线(见图 6-1)旋转,这时轴承受力 $\boldsymbol{F}$ 应以式(6-9)估算,而不是$\frac{1}{2}me\omega^2$。

图 6-2 基本说明了转子-轴系的临界转速、自动对中的现象,但还有两个问题需要回答。在临界转速时,振幅是否一定会趋于无穷大?事实上,有一些转子就设计在接近临界转速处工作。其次重心 e 为什么会在临界转速前后突然由 OO_r 段外侧转到 OO_r 段中间?或者说振幅怎么会由 $+\infty$ 转为 $-\infty$?这些问题只有在式(6-3)中考虑了实际存在的阻尼之后,才可以得到较易理解的解答。一般在数学上常用黏性阻尼系数来处理,即认为阻尼力与相对运动的速度成正比,比例系数称为阻尼系数,以 c 表示,单位 N/(m/s),即单位速度产生的力。考虑阻尼力后,式(6-3)就应由下列运动方程来代替,即

$$m\ddot{z}+c\dot{z}+kz=me\omega^2e^{j\omega t} \tag{6-10}$$

其解为

$$z=Ze^{j(\omega t-\varphi)} \tag{6-11}$$

其模为

$$Z=\frac{me\omega^2}{\sqrt{(k-me\omega^2)^2+(\omega_c)^2}}=e\frac{(\omega/\omega_c)^2}{\sqrt{[1-(\omega/\omega_c)^2]^2+(2\zeta\omega/\omega_c)^2}} \tag{6-12}$$

式中:

$$\zeta=\frac{c}{2m\omega_c}$$

幅角

$$\varphi=\tan^{-1}\left(\frac{\omega_c}{k-m\omega^2}\right)=\tan^{-1}\frac{2\zeta\omega/\omega_c}{1-(\omega/\omega_c)^2} \tag{6-13}$$

这时的放大因子为

$$\beta=\frac{Z}{e}=\frac{(\omega/\omega_c)^2}{\sqrt{[1-(\omega/\omega_c)^2]+(2\zeta\omega/\omega_c)^2}} \tag{6-14}$$

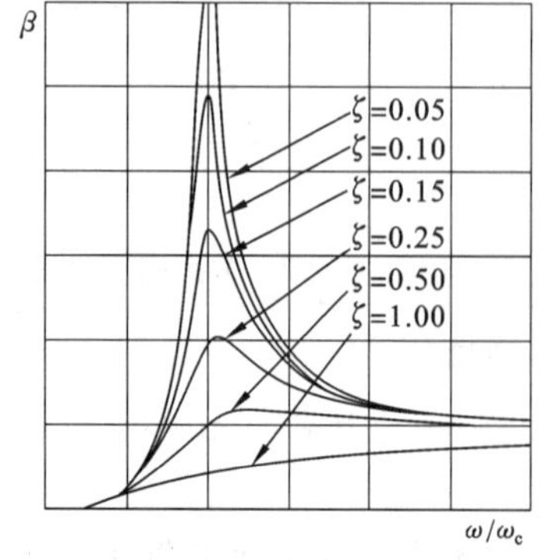

图 6-3　幅频特性曲线

由此可见,当 $\omega=\omega_c$ 时,$\beta=\frac{1}{2\zeta}$并不像无阻尼时($c=0$)分析的那样趋于无穷大。这时 β 随 ω 变化的关系见图 6-3。共振时 β 的峰值将随 ζ 的增大而减小。当 $\omega\gg\omega_c$ 时,阻尼 c 的大小对振动影响甚微,这时不论有无阻尼,转子的振幅均很接近,其振幅近似等于偏心距 e。在临界转速附近,振幅基本取决于阻尼值的大小,而在 $\omega\ll\omega_c$ 时,振幅大小基本上取决于刚度 k。

现在再来看 φ 角,图 6-4、式(6-4)及式(6-10)均表明 φ

角是位移滞后于 O_rO_m 这一代表离心力矢量的角度，也就是说最大位移出现在离心力转过 φ 角之后的位置上，一般称为相角。在 ω 远低于 ω_c 时，φ 近似为零，位移与离心力基本相同，当 ω 上升时，φ 角增大，位移滞后于离心力的角度增大，在 $\omega=\omega_c$ 时

$$\varphi=\tan^{-1}\frac{2\zeta\omega/\omega_c}{1-(\omega/\omega_c)^2}=\frac{\pi}{2}$$

即 $O_rO_m \perp O_rO$。在 ω 远超于 ω_c 时，φ 趋近于 π，即位移滞后离心力 180°，或称为反相。由此可见，O_rO_m 是随着 ω 上升而逐渐又与 OO_r 分开直到 O_m 落到 OO_r 中间，只在无阻尼时才急剧的变化(见图 6-5)，粗线表示 $c=0$ 的情况，即相角 φ 在 $\omega/\omega_c=1$ 时突变。当 ζ 较小时，φ 角也是在 $\omega/\omega_c=1$ 附近才有剧烈变化；当 ζ 较大时，相角变化有渐进性质，相角变化规律是动平衡时找到不平衡所在方位的钥匙，也是判断振动是否遇到了临界转速的重要依据之一。

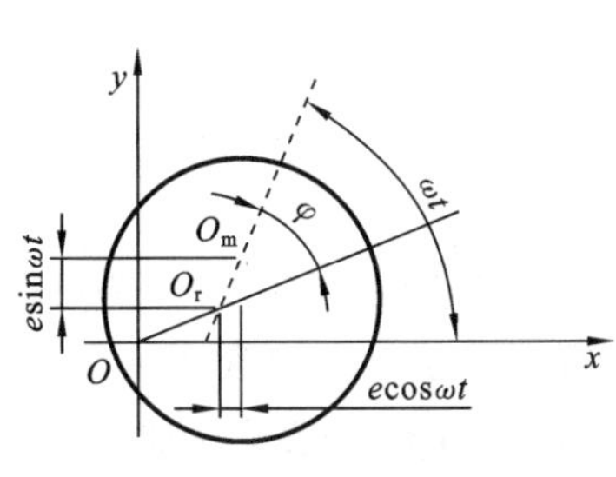

图 6-4　形心与质心坐标

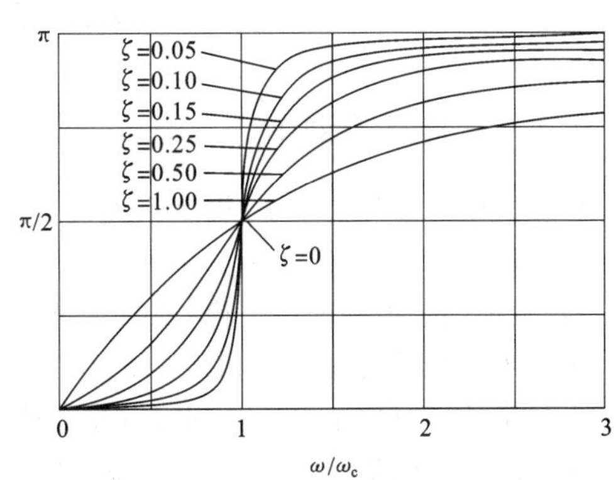

图 6-5　相频特性曲线

上面讨论的是一个质量圆盘的转子的情况，如转子有多个质量圆盘或质量是沿着轴线分布的，可用矩阵形式列出形式上与式(6-6)相似的矩阵方程：

$$[M]\{\ddot{z}\}+[c]\{\dot{z}\}+[k_r]\{z\}=\{F\}e^{j\omega t} \tag{6-15}$$

自由振动时

$$[M]\{\ddot{z}\}+[c]\{\dot{z}\}+[k_r]\{z\}=0 \tag{6-16}$$

式中：$\{z\}$ 为各圆盘的挠度矢量。

这时系统有多个自由振动频率，在某阶自由振动频率下振动时，各圆盘振幅间有一定的比例关系，称为振型，例如三圆盘系统即有图 6-6 所示的三种振型。由此可知多圆盘转子也有多个临界转速，它们分别称为一阶临界转速，二阶临界转速，三阶临界转速等。一般旋转机械只有几阶临界转速是主要的，因为更高阶的临界转速远远超过轴的工作转速，且其振动量一般较小，所以不予考虑。

不平衡的转子在旋转时将产生离心力，该离心力是一矢量，其量值正比于偏心距、偏心质量和转速的平方，其方向随着转子的运转而变化。即使是在较小偏心距情况下的微小偏心质量，当轴的转速较高时，其产生的离心力也将对支承轴承形成显著的动压力，引起轴承的受迫振动。

显然，转子不平衡时产生的振动频率与转轴的旋转频率相同，因此其振动能量应集中在轴颈上。如果在轴承座转子径向方向上安装传感器，拾取轴或轴承座的振动信号，则轴承每旋转一周，该传感器将受到一次离心力的冲击，连续接收就会得到以轴频为周期的振动信号。

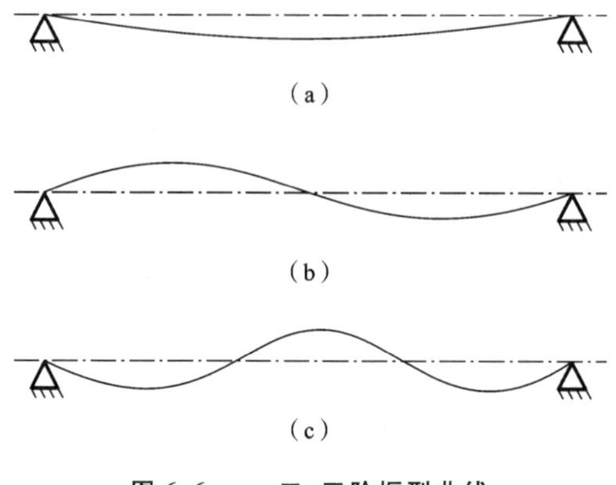

图 6-6　一、二、三阶振型曲线

(a) 一阶振型;(b) 二阶振型;(c) 三阶振型

6.2.2　转子不对中

旋转机械一般是多转子-轴承系统,转子与转子之间需要用联轴器连接,转子本身由轴承支承。机器在安装、运转中由于多种原因可能发生转子不对中,从而引起机器的振动、联轴器的偏转、轴承的磨损和油膜失稳、轴的挠曲变形等故障。

不对中是旋转机器最常见的故障之一,美国 Monsanto 石油化工公司认为,60%的机械故障是由转子的不对中引起的,因此,需要重视这方面的故障分析。转子对中包含两种含义:一是转子与转子之间的连接对中,主要反映在联轴器的对中程度上;二是转子轴颈在轴承中的安装对中,这与是否形成良好的油膜有直接关系。两种对中问题是相互联系的,任何一种形式的静态或动态对中不良均会引起机器的振动。

轴系转子间的连接不对中,它的两种形式如图 6-7 所示。

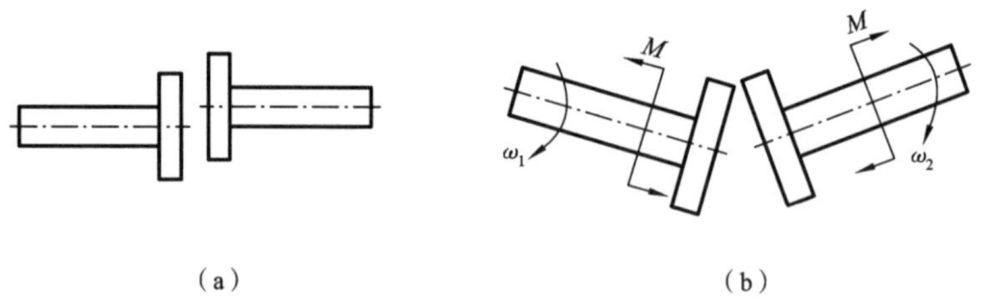

图 6-7　连接不对中类型

(a) 平行不对中;(b) 角度不对中

1. 平行不对中

下面分析刚性联轴器在不平行对中时的振动特性频率。图 6-8 给出了两个半联轴器在平行不对中时的受力情况。

两个半联轴器旋转时,在螺栓力的作用下有把偏移的两轴中心拉到一起的趋势。对于某个螺栓上的点 P 而言(见图 6-8 中的 A 向视图),因为旋转半径 $PO_1 > PO_2$,螺栓上的拉力使轴 1 联轴器的旋转半径 PO_1 的金属纤维受压缩,使轴 2 联轴器的旋转半径 PO_2 的金属纤维受拉伸。纤维弹性变形的计算,可在 PO_2 连线上取一点 S,使 $PO_1 = PS$,因为 $PO_2 \gg e$,可近似地看做 O_1S 与 PO_2 垂直,则

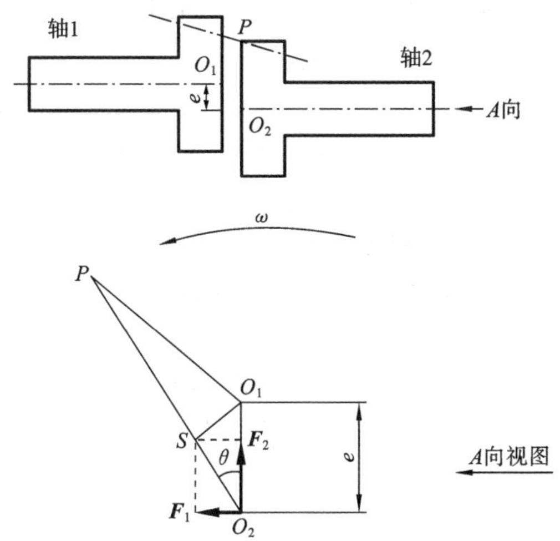

图 6-8　平行不对中的联轴器受力分析

O_1—轴 1 旋转中心；O_2—轴 2 旋转中心；

e—两个半联轴器偏心距；P—连接螺栓在结合处某一点；

θ—PO_2 与偏心方向上的夹角($\theta=\omega t$)；ω—轴的旋转角速度

$$SO_2=PO_2-PO_1=e\cos\omega t \tag{6-17}$$

如果两半联轴器的尺寸和材料相同，则 PO_1 受压缩，PO_2 受拉伸，两者的变形量近似相等，均为

$$\delta=\frac{1}{2}SO_2=\frac{1}{2}e\cos\omega t \tag{6-18}$$

设联轴器在 PO_2 方向上的刚度为 k，则 PO_2 方向上存在一个拉伸力(在 PO_1 方向上存在一个压缩力)

$$F=k\delta=\frac{k}{2}e\cos\omega t \tag{6-19}$$

F 在 O_1O_2 方向上的投影就是它的垂直分力，其值

$$\begin{aligned}F_y&=F\cos\omega t=\frac{k}{2}e\cos^2\omega t\\&=\frac{k}{4}e(1+\cos2\omega t)\\&=\frac{ke}{4}+\frac{ke}{4}\cos2\omega t\end{aligned} \tag{6-20}$$

水平分力

$$F_x=F\sin\omega t=\frac{ke}{4}\sin2\omega t \tag{6-21}$$

将式(6-20)分成两项：前项是作用在 O_1O_2 之间的拉力，该力不随时间而变化，它力图把两半联轴器的不对中量缩小；后项与式(6-21)表示的 F_x 为两倍频激振力，也就是联轴器每旋转一周，径向力交变两次，转子径向方向上就有两次力的脉动。

2. 角度不对中

(1) 对于刚性联轴器，其角度不对中意味着两连接轴的中心线相交成一定角度，在螺栓拉力作用下两半联轴器中存在一个弯矩(见图 6-7(b))，弯矩的作用方向是力图减小两轴中心线

的交角。从联轴器某一点上观察,轴旋转一周,弯矩的作用方向交变一次,弯矩所引起的轴的弯曲变形也是每周变化一次,由此引起同频振动。

对于角度不对中引起的轴向振动问题可以这样理解:对于刚性联轴器,如图 6-9 所示,假如联轴器上各螺栓在静止状态时的初始拉紧力相同,由于角度不对中,两半联轴器上对应的一对螺孔轴向距离不相等(如图 6-9 所示的上下侧),轴在旋转过程中的螺孔距离将发生周期性变化。轴每旋转一周,螺栓拉伸力就变化一次。如果螺栓不变形,则半联轴器就要带着轴沿轴向窜动一次,引起转子轴向振动,振动频率正是旋转频率。

(2) 对齿式联轴器的角度不对中,可用图 6-10 表示,图中联轴器齿套与转轴的轴线交角为 θ,传递扭矩时齿面接触点的正压力 F_n 与齿套垂直,F_n 在轴向产生一个分力 $F_n\sin\theta$,该力的变化周期就是联轴器传递力 F_n 的变化周期。因为转子每旋转一周,齿面接触点沿轴向前后滑动一次,所以一般会引起转子同频的轴向振动。

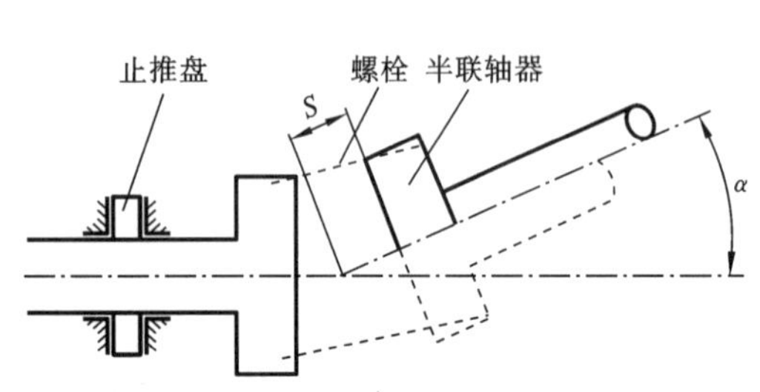

图 6-9 刚性联轴器角度不对中引起轴向振动

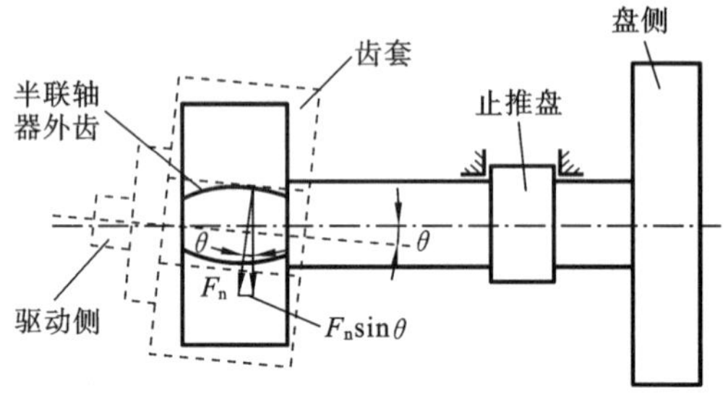

图 6-10 齿式联轴器角度不对中引起轴向振动

这里举一个齿轮箱的对中例子。图 6-11 展示的是齿轮传动轴对中良好与对中不良两种情况下的齿轮噪声频谱比较,从图中可以看到,对中不良时输入轴的两倍旋转频率 $2\omega_i$、输出轴的两倍旋转频率 $2\omega_o$,以及齿的啮合频率 ω_z 幅值很高,在校正齿轮轴的对中情况以后,上述这些频率成分幅值下降了很多(如图 6-11 中虚线所示)。

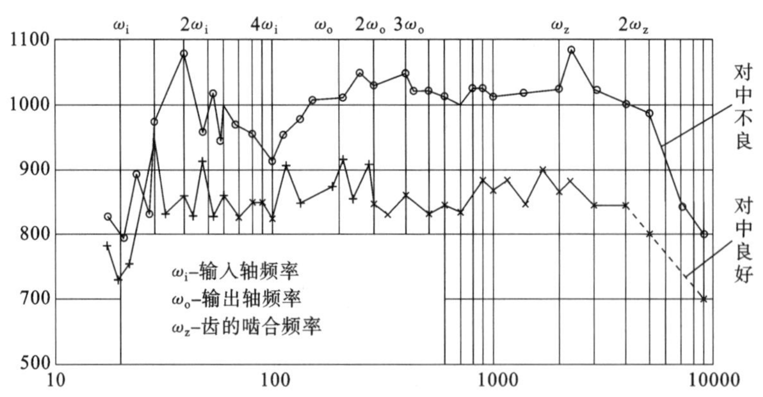

图 6-11 齿轮箱的对中不良与对中良好情况下的噪声谱

6.2.3 半速涡动与油膜振动

旋转机械常常采用滑动轴承作支承。滑动支承的油膜振荡是旋转机械较为常见的故障之一。轴颈因振荡而冲击轴瓦,加速轴承的损坏,以致影响整个机组的运行。对于采用大质量转子的高速机械,油膜振荡更会造成极大的危害。

涡动是指转子轴颈作高速旋转的同时，还环绕轴颈某一平衡中心作公转运动。按照激励因素不同，涡动可以是正向的(与轴旋转方向相同)，也可以是反向的(与轴旋转方向相反)；涡动角速度与转速可以是同步的，也可以是异步的。如果转子轴颈主要是由油膜力的激励作用引起涡动，则轴颈的涡动角速度将接近转速的一半，所以称为“半速涡动”，运动的机理可以从轴承油液的变化量来理解。

轴颈在轴承中作偏心距为 e 的旋转时，形成一个进口断面大于出口断面的油楔，如果进口处的油液流速并不马上下降，例如，高速轻载轴承，轴颈表面线速度很高而轴颈的载荷又很小，油楔力大于轴颈载荷，此时油楔压力的升高量不足以把收敛形油楔中的油液流速降得较低，则轴颈从油楔中间隙大的地方带入的油量多于从间隙小的地方带出的油量，由于液体的不可压缩性，多余的油就把轴颈向前推进，形成了与轴旋转方向相同的涡动，涡动速度就是油楔本身的前进速度。

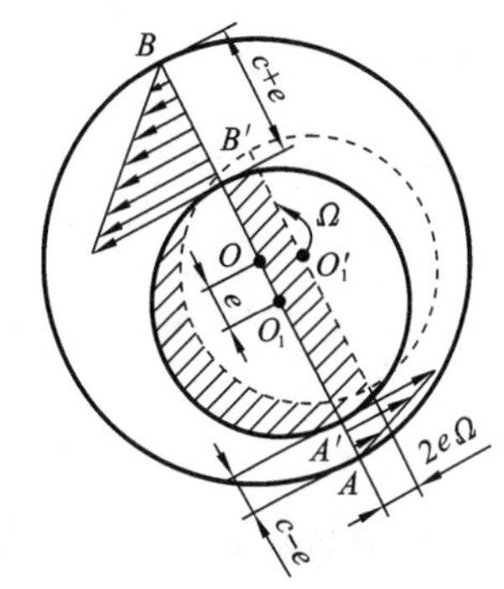

图 6-12　轴颈半速涡动分析图

轴颈半速涡动的形成可用图 6-12 来说明。当转子旋转角速度为 ω 时，因为油具有黏性，所以轴颈表面的油液速度与轴颈线速度相同，均为 $r\omega$，而在轴瓦表面处的油液速度为零。为方便分析问题，假设间隙中的油液速度呈直线分布(见图中的三角形速度分布)。在油楔力的推动下转子发生涡动运动，涡动角速度为 Ω，假设 $\mathrm{d}t$ 时间内轴颈中心从 O_1 点涡动到 O_1' 点，轴颈上某一圆弧 $A'B'$ 扫过的面积为 $2r\Omega e\mathrm{d}t$。

此面积亦为轴颈掠过的面积(图 6-12 中月牙形阴影部分的面积)，这部分面积也就是油液在 AA' 断面间隙与 BB' 断面间隙中的流量差。假设轴承宽度为 l，轴承两端的泄油量为 $\mathrm{d}Q$，根据流体连续性条件，则可得到

$$r\omega l\,\frac{c+e}{2}\mathrm{d}t=r\omega l\,\frac{c-e}{2}\mathrm{d}t+2rl\Omega e\mathrm{d}t+\mathrm{d}Q \tag{6-22}$$

由此式解得

$$\Omega=\frac{1}{2}\omega-\frac{1}{2rel}\frac{\mathrm{d}Q}{\mathrm{d}t} \tag{6-23}$$

当轴承两端的泄漏量 $\frac{\mathrm{d}Q}{\mathrm{d}t}=0$ 时，可得

$$\Omega=\frac{1}{2}\omega \tag{6-24}$$

以上就是对半速涡动形成原因的分析。

实际上，涡动频率通常低于转速频率的一半，其原因如下。

(1) 在收敛区入口的油液流速由于受到不断增大的压力作用将会逐渐减慢，而在扩散区入口(即收敛区出口)的流速在油楔压力作用下将会加速，这两者的附加作用与轴颈旋转时引起的直线速度分布相叠加，就使图 6-12 中 AA' 断面上的速度分布向内凹进，BB' 断面上的速度分布线向外凸出(图 6-12 中虚线所示)，这个速度分布上的差别使驱动轴颈的涡动速度下降。

(2) 注入轴承中的压力油不仅被轴颈带着做圆周运动，还向轴承两侧泄油，带走轴承工作时产生的热量。有油液泄漏时，$\frac{\mathrm{d}Q}{\mathrm{d}t}\neq 0$，则式(6-24)就变为

$$\Omega < \frac{1}{2}\omega$$

这是涡动速度低于转速一半的第二个原因。

根据国外资料介绍,半速涡动的实际涡动频率为

$$\Omega = (0.43 \sim 0.48)\omega$$

必须注意到,涡动频率在转子一阶振动频率之下(即 $\Omega < \omega_{c1}$)发生的半速涡动是一种比较平静的转子涡动运动,由于油膜具有非线性特征(即轴颈涡动幅度增加时,油膜的刚度和阻尼较线性关系增加得更快,从而抑制了转子的涡动振幅),轴心轨迹为一稳定的封闭图形(见图 6-13),转子仍能平稳地工作。只有当转速升高到第一阶临界转速的两倍附近时,涡动频率与转子一阶自振频率相重合,转子轴承系统才会发生激烈的共振,这种共振涡动就是通常所说的油膜振荡,振荡频率为转子系统一阶自由振动频率。为了避免这个振荡频率,转子工作转速应避免在一阶临界转速的两倍附近。

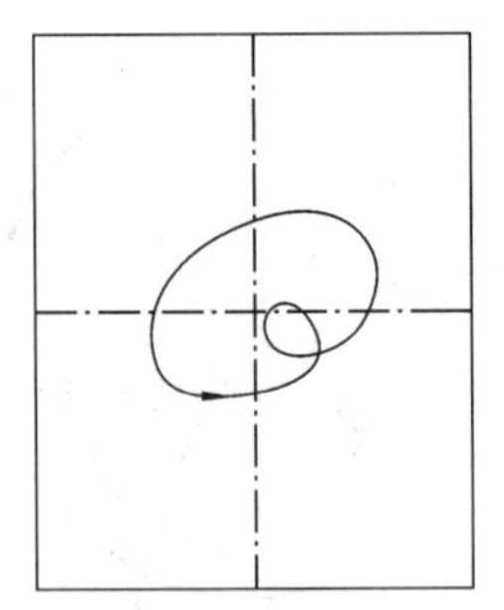

图 6-13　轴颈在轴承中的涡动轨迹

轴承的油膜振荡是轴颈的涡动运动与转子自由振动频率相吻合时发生的大幅度共振运动,其特点往往是来势凶猛,瞬间振幅突然升高,很快发生局部油膜破裂,引起轴颈与轴瓦之间的摩擦,产生强烈的吼叫声,这样会严重损坏轴承和转子。发生轴颈猛烈振动的激振力是由油膜的不稳定造成的,因此有人把油膜的不稳定性比作一种波浪,这个油的波浪在轴承间隙内绕轴颈运动,轴颈就浮在波中被浪推着前进,像一块冲浪板一样,波的平均速度就是轴颈的涡动速度,对于这类故障,一般依据振动是否接近转速来作判别。

例如,北京石油化工总厂某台离心式冷冻压缩机,由于更换了轴承架和主轴瓦,该机在1972—1973 年内经历了 38 次试车,然而机器出现了强烈振动和吼叫声。经过测试分析,该机的转速频率为 213 Hz,振动频率为 92 Hz,振动频率与转速频率之比为 0.43,因此,诊断为轴承油膜振荡。

6.2.4　其他故障

除了不平衡、不对中及油膜振荡以外,旋转机械还有一些其他的故障,现简介如下。

1. 轴弯曲

由于转子的运输及安装不良,或转子工作时受热及长期偏向受载,将会造成转轴弯曲。弯曲的转子在运转中会引起强迫振动。实质上,弯曲引起的强迫振动与转子质量不平衡引起的强迫振动是相同的,因此它的振动频率以轴颈为主,并伴有幅值不大的两倍及三倍轴频成分。

2. 松动

安装不良及长期工作之后,转子系统中的各部件会产生松动,由松动产生的振动频率,根据其松动部位不同,可能是转轴频率,系统的最低阶临界频率,箱体、支座及基础的共振频率等。一般频率都较低。

3. 摩擦碰撞

旋转机械有时会出现转动件与静止件的摩擦碰撞。这类故障的振动频率成分较为丰富。摩擦可以认为是对系统作宽频带的激励,其响应是具有一定幅值的临界转速频率机器谐频。当摩擦随转动周期性出现时,还会激发轴颈成分。

例如，转子与静止件局部摩擦碰撞的故障特征是：当转子在涡动时与静止件发生接触的瞬间，转子刚度变大，被静止件反弹后脱离接触，转子刚度减小，并且发生横向自由振动（大多数按一阶自由振动频率振动）。因此，转子刚度在接触与非接触之间变化，变化的频率就是转子涡动频率。转子横向自由振动与强迫的旋转运动、涡动运动叠加在一起，就会产生一些特有的、复杂的振动响应频率。

局部摩擦引起的振动频率中包含有不平衡引起的 ω 转速频率。因为摩擦振动是非线性振动，所以还包含有 $2\omega,3\omega,\cdots$ 高次谐波。除此之外，还会引起低次谐波振动，在频谱图上会出现 $\frac{1}{i}\omega$ 的低次谐波成分（$i=2,3,4,\cdots$）。

为了便于查阅，现将各类故障对应的特征频率列于表 6-1。

表 6-1　典型故障的特征频率

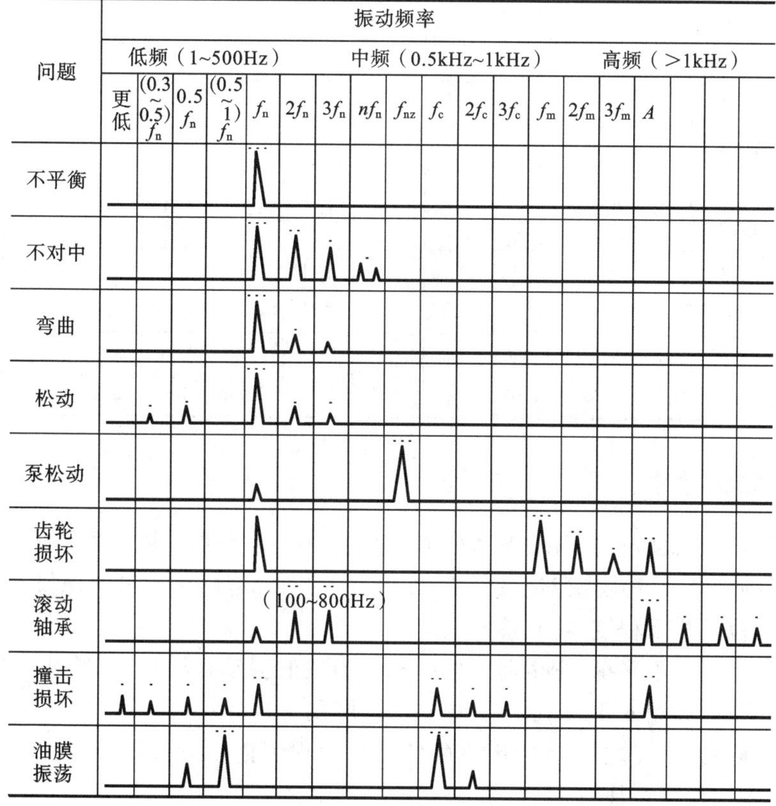

注：f_n—回转频率；f_m—齿轮啮合频率；f_{nz}—回转频率（轴）；A—声发射；f_c—临界转速频率

6.3　旋转机械振动信号的监测与分析

通过机器外部振动的测量来诊断其内部的故障或缺陷，这就是旋转机械振动诊断的基本思想。振动诊断可以分成性质不同的两类，两者在诊断职能和实现手段上都有所区别。一类是现场操作人员利用便携式测振仪，定期测取设备振动量级的大小，对设备进行日常监测。它可以及时发现异常，并由设备的振动记录档案资料，进行粗略的趋势分析，为制定合理的检修、维护计划提供依据。这就是在绪论中提到的简易诊断。另一类则是由专业技术人员借助各类测振仪器及专用信号分析设备,对机械设备进行故障测定及评价,诊断故障部位及其产生的原因,分析故障恶劣程度及设备运转寿命。这就是绪论中提到的精密诊断。

6.3.1 简易诊断与趋势分析

回转机械在长期运转过程中会有故障萌生,并逐步扩展,以致造成破坏。在这一发展过程中,设备的振动也随之日益加剧。在振动允许的范围内,故障发展程度与振动量级保持着近似的线性关系。根据这一特点,可以利用简易诊断的记录数据,应用最小二乘法拟合曲线,进行趋势分析,判断停机日期。表 6-2 为转子振动实测记录。将日常振动实测记录的数据拟合成曲线,估算转子的使用寿命。该机后来因叶片磨损,动不平衡量增大使得振动加剧,只得停机更换转子。停机日期与预计日期较吻合,为维护企业正常生产发挥了作用。

表 6-2 转子振动实测记录

测点	*A*	铅垂 水平	0.22	0.22	0.375	0.450	0.525	0.65	0.8	0.95	0.9	1.1	1.1	1.1
	B	水平 轴向	0.3	0.55	0.65	0.9	1.1	1.2	1.4	1.4	1.5	1.8	1.7	2.0
	C	铅垂 轴向	0.425	0.37	0.45	0.7	1.0	1.1	1.4	1.4	1.5	1.4	1.4	1.6
	D	水平	0.25	0.55	0.7	1.1	1.5	1.4	2.2	2.0	1.9	2.2	2.2	2.6
		轴向	0.65	0.85	1.1	1.5	2.4	2.4	3.25	3.75	3.5	3.7	3.0	4.0
		日期	6.6	6.17	6.23	6.30	7.9	7.17	7.24	7.30	8.8	8.18	8.23	8.29
		SIGN	8.6	8.6	8.6	8.6	8.6	8.6	8.6	8.6	8.6	8.6	8.6	8.6

6.3.2 频谱分析

前面已经讨论了旋转机械各种典型故障所对应的特征频率。也可以反过来对频谱图上的各种特征分量的量级及变化规律进行分析,如果设备存在故障,可以推测该设备的故障源及其类型,存在的部位及严重程度,达到诊断故障的目的。

例如,转子轴系动不平衡,则由此产生以轴频为主的振动,其对应的响应谱图就会在轴颈频率上有较高谱峰,如图 6-14 所示。其中 f_0 为轴频。

图 6-15 中除轴频 f_0 之外,在 $2f_0$、$3f_0$ 等处也出现了谱峰,而且 $2f_0$ 处的谱峰最高,这是轴系连接不对中的典型特征。

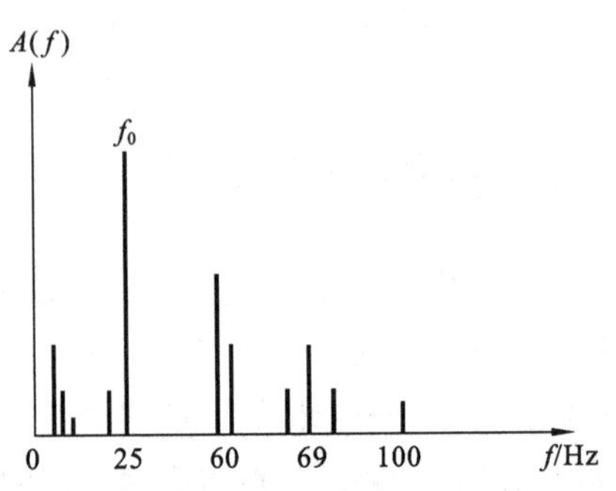

图 6-14 转子不平衡的典型频谱图

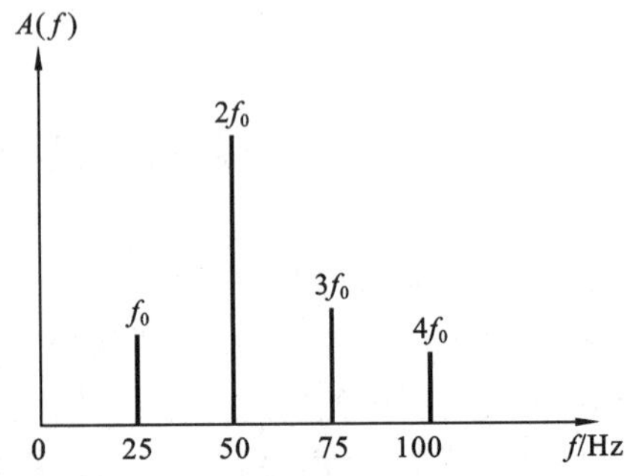

图 6-15 轴系不对中的典型频谱图

用频谱结构及特征分量的大小来诊断故障时需要注意的是，实际测试得到的信号频谱图往往比图 6-14、图 6-15 复杂得多。例如，除各种特征分量外，还会存在大量的其他频率成分，或者有用的信息被噪声干扰难以分辨。在这种情况下，要想识别出各种特征分量，需要采用一些特殊的信号处理手段，如用滤波器滤掉那些不感兴趣的频率成分，用相关分析、倒频谱分析等来提取故障特征频率。

利用频谱图进行故障诊断的另一种方法是谱图比较。在设备运转的初始，录取设备的振动信号，作为设备完好状态时的参考频谱图。随着设备的运转，在完全相同的工作条件下，用同样的测试系统测取其振动信号，用该信号作出的频谱图与初始状态下的频谱图进行对照比较，观察分析各特征分量及总振动能量的变化情况。通过对设备在不同运转期所测得的频谱图的对比分析来判别故障的严重程度及发展趋势。

图 6-16 是水泵的频谱图。图 6-16(a)所示为存在轻度偏心时的情况。除轴频(25 Hz)较高外，6 倍谱频峰值凸出(因转子有六个叶片)。偏心严重时(见图 6-16(b))，整个振动能量显著上升，且谱线发生剧烈变化。

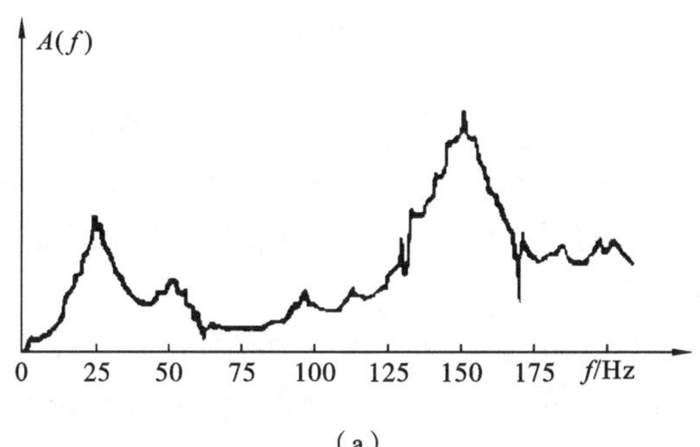

(a)

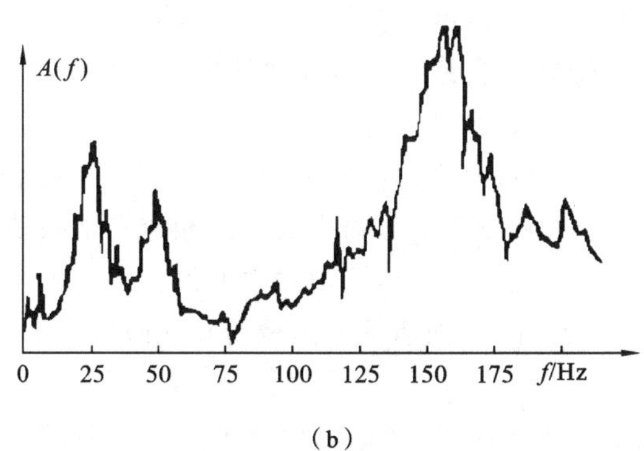

(b)

图 6-16　频谱图比较

6.3.3　转速谱图分析

根据激振力的不同，可将旋转机械的振动分为强迫振动和自激振动两类。前者与转轴工作转速的变化有关，如转子的不平衡、连接不对中等，后者不随转速变化而改变，它只与部件自身的响应振动有关(如油膜振荡等)。常规频谱分析不能反映转子-支承系统的动态特性，即各特征分量与转子转速变化的对应关系，这也是常规频谱图的应用受到限制的一个因素。转速频谱图则为掌握旋转机械的动态特性提供了较为有效的手段。

转速频谱图是机器在不同转速下的一组振动响应的自功率谱图，它是“三维”的图形。其横坐标为频率，单位为 Hz，纵坐标为幅值及转速，转速单位为 r/min，如图 6-17 所示。

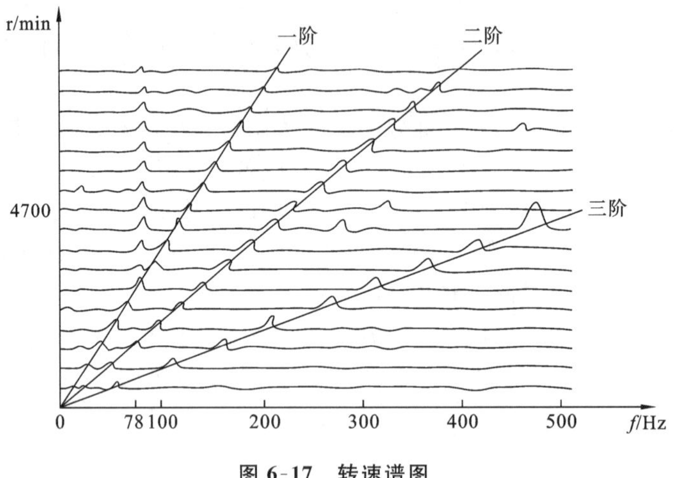

图 6-17　转速谱图

图 6-17 中每一条水平方向的曲线都对应着某一转速时机器上某点振动响应的自动频谱。显然，由转速谱图可以得到旋转机械在运转范围内所有转速条件下以及在感兴趣的频率处纵横联系着的振动幅频特征。通过转速谱图还可以很轻易地区分开前述的两种激振力所产生的振动——强迫振动与自激振动。

从图 6-17 可以看到几个自由功率的谱峰构成的“山脉”，若该“山脉”构成的斜线通过坐标原点，则肯定是与转速相关联的振源引起的振动，因为这种振动表示其振动频率是与转速成正比的。这些斜线按照其斜率的大小依次称为“一阶线”“二阶线”……。例如，一阶线在 4700 r/min 时的谱峰最高，它表示该机器的第一阶临界转速为 4700 r/min；若“山脉”垂直于横坐标，则表示其对应频率是不受转速影响的某个固有频率，例如，图 6-17 中的 78 Hz。若“山脉”出现无规则分布，则可认为是随机振源引起的振动。

下面介绍一个用转速谱图进行故障诊断的实例。一台引进的大型离心压缩机组，在大修后一个月内几次试车均未成功，其原因是压缩机低压缸和透平轴振动过大，致使整个机组的基础发生强烈振动，最后被迫紧急停车。强烈振动发生前没有明显先兆，由正常运转状态突然转变为剧烈振动，以致磨坏了气封片，使轴承轴瓦出现粉碎性破坏。为此对该机组进行了转速频谱图分析。

图 6-18(a)是压缩机正常运转转速达到 10760 r/min 时的频谱图，图 6-18(b)是转速只升到 9650 r/min 时就出现强烈振动的频谱图。两个图上都可清晰地见到一阶线上的峰值，其响应频率为 72 Hz，说明该低压缸转子垂直方向上的一阶临界转速为 4320(72×60) r/min 左右。图 6-18(a)中从 4260 r/min 开始，图 6-18(b)中从 7750 r/min 开始，直到允许的最高转速都有在一阶自由振动频率附近的低频振动分量出现，当机组转速大于 9000 r/min 或负荷超过某一范围时，该低频振动分量的幅值成倍上升，甚至高过旋转频率分量的幅值。于是，机组振动出现浮动，轴心轨迹发散，进入强烈振动状态。

借助转速频谱图的分析，认为机组产生的是亚异步自激振动(主要振动成分低于工作频率的振动)，其振动能量主要是由一阶临界转速附近的低频成分产生。机组产生强烈振动的原因为：① 压缩机本身的设计缺陷，工作转速是其一阶临界转速的 2.7 倍左右，工作时显得太“柔”

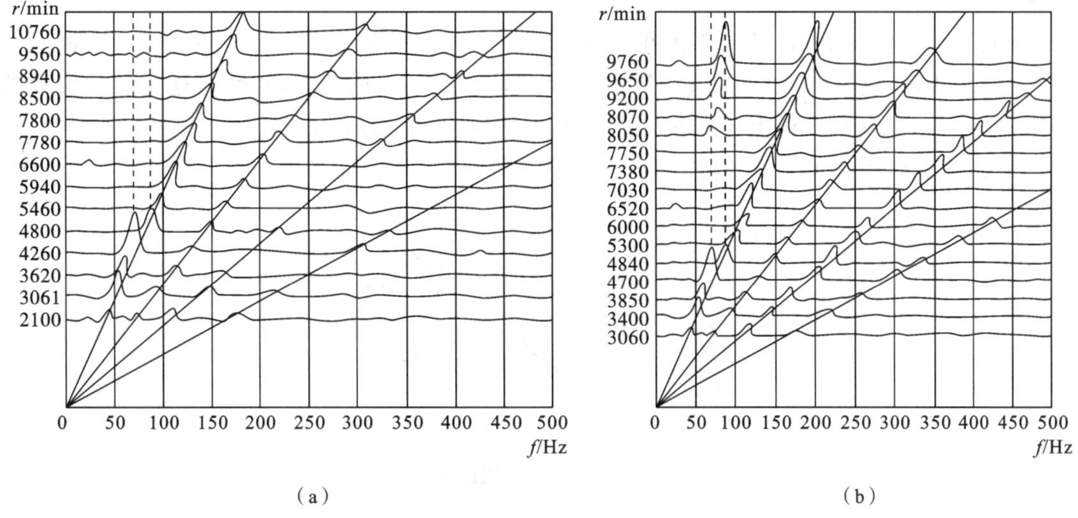

图 6-18　转速频谱图的诊断实例

(工作转速小于临界转速的转子称为刚性转子，工作转速大于临界转速的转子称为柔性转子)，容易在外界扰动下产生自激振动；② “管道力”及基础变形等引起“动态不对中”，激发出转子的一阶自振频率分量。

转速频谱图不仅可以用来确定旋转机械的各临界转速，区别不同类型的振源，还可直接用于故障诊断。例如，在频谱图上出现一阶临界转速下降，则可以推断旋转机组等存在基础松动及油膜刚度变化等故障。

6.3.4　轴心轨迹分析

通过轴心轨迹分析能有效地对回转机械的不平衡、不对中、摩擦、油膜振荡等故障进行检测及诊断。

如图 6-19 所示，在转轴径向安装两个在同一平面内、相隔为 90°的非接触式位移传感器，应用这两路信号在示波器上作出李沙育图，它表示转子转轴的轴心轨迹或轴心轨迹图。轴心轨迹图在轴振动分析中得到广泛的采用，因为它是一张放得很大，容易理解的轴心运动图。轴心轨迹的形状可以用来辨识许多一般的机械故障，亦可用于转子的动平衡工作。

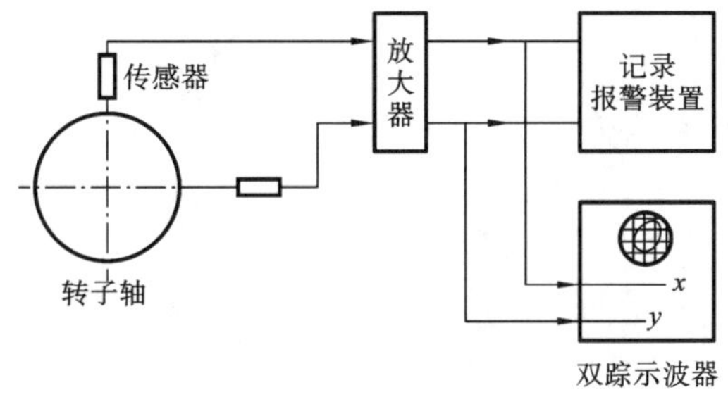

图 6-19　测取轴心轨迹

在早先的轴振动分析中，往往采用示波器来观察轴心轨迹。将水平振动信号通过示波器的水平扫描输入，垂直振动信号通过示波器的垂直扫描输入，就可以合成轴心轨迹。现在采用的微机数据采集系统也用类似的原理，只不过可以直接在屏幕上画出轴心轨迹图，便于保存及绘图。

当转子稳定运转时,转子轴心轨迹为一近似的椭圆(见图 6-20(a)),当轨迹变为双椭圆时(见图 6-20(b)),现场称为“双圆晃动”,它反映转轴已经进入初期失稳状态,这是转轴失稳的前兆,而此时从振动频率谱上还不易观察到异常的变化。一旦轴心轨迹出现发散(见图 6-20(c)),就意味着机组转轴涡动加剧,随之会产生强烈振动。

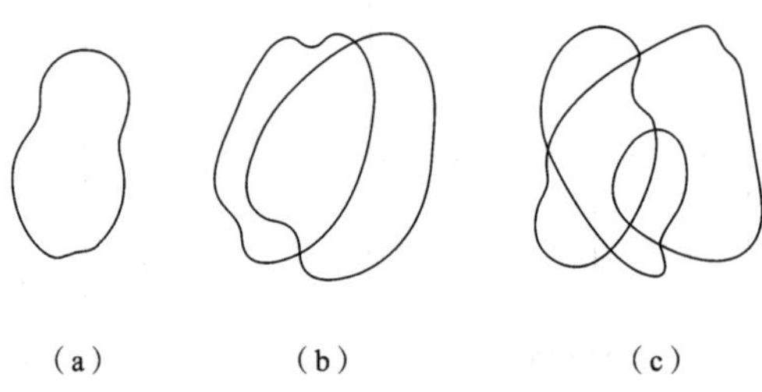

图 6-20　典型轨迹图

习　　题

6-1　旋转机械常见的故障有哪些?

6-2　转子-轴系统的稳定性是指什么?如何判断其稳定性?

6-3　简述转子的不平衡振动机理。

6-4　刚性转子的现场平衡方法主要有哪两种?各有什么优缺点?

6-5　试分析一下,转子不对中的故障特征有哪些?

6-6　转子的不平衡与旋转的不同轴引起的振动各有什么特点?

第7章　油液分析技术

7.1　概　　述

任何机械系统，伴随相接触的金属零件的相对运动，都会发生磨损。因此，机械零件的磨损失效是最常见、最主要的失效形式，有80%的机械设备的失效形式是磨损失效。而且摩擦消耗的能源占总能源的1/3～1/2。通常向运动表面加入润滑剂，以减少摩擦和磨损。在使用过程中，润滑剂的性能会逐步下降，甚至衰变而丧失功能。摩擦副的性质及所用的润滑剂是决定其能源消耗和磨损情况的两大因素。运动副的表面磨损，会产生磨屑微粒，以悬浮状态进入并存在于机械的润滑系统中。此外，油液中还有空气和其他污染源带来的污染物颗粒。这些颗粒总数常常高达每毫升1000颗。由于各种机械的工作状态不同，微粒尺寸大小范围从几百微米到几十纳米。这些微小的磨损颗粒蕴含了机械设备失效和故障的重要信息。

实践证明，不同的磨损过程（跑合期、正常磨损期、严重磨损期）产生的磨粒有不同的特征（形态、尺寸、表面形貌、数量和粒子的分布），它们反映和代表了不同的磨损失效类型（黏着磨损、磨料磨损、表面疲劳磨损、腐蚀磨损等）。根据磨粒的材料和成分不同就可分辨出颗粒的来源。因此，油液分析技术对研究机械磨损的部位和过程、磨损失效的类型、磨损的机理、油品评价有着重要作用，而且也是在不停机、不解体的情况下对机械设备状态和故障进行诊断的重要手段。

油液分析技术可以分为两大类：一类是油液本身（如润滑油）的物理化学性能分析，这是因为润滑系统是机械设备的重要组成部分，润滑剂的性能也直接影响机器摩擦副的磨损状态，对润滑剂物理化学性能的监测就是对润滑系统工作状态的监测，同时还可防止机械因润滑不良而产生故障；另一类是油液中不溶物质（磨损微粒）的分析技术，也称磨屑检测技术，它是检测摩擦副本身工作状态的手段。

油液监测技术的实验过程包括取样、样品制备、获得监测数据、形成诊断结论等步骤。本章重点论述常用油液监测技术的分析方法、原理、仪器与特点等内容。

7.2　油液理化指标检测

7.2.1　润滑油的理化性能指标及检测

润滑油在机械中起着润滑、冷却、防护、密封和清洗等作用。润滑油的质量指标可以衡量其能否起到上述作用，不同的机械设备需要不同质量指标的油品。油品理化检测方法分为定性、定量两类，定量方法通常按国家或行业颁布的标准进行，检验结果精确、可比性好，但需要专用仪器、一定的费用和技术水平。定性方法通常分为综合测定或单项检验，这类方法易于掌握，能快速获得结果，便于现场使用，但需积累经验才能正确判断。

1. 定性分析方法

1) 滤纸斑点试验

油品中加有清净分散剂,以抑制油液中微粒的积累和维持零件表面的清洁,由于氧化作用和外来杂质的污染,所用的油液中清净分散剂的含量会逐渐下降,导致油液中的沉淀物增加,加剧零件的磨损。滤纸斑点试验是利用滴在滤纸上的斑点图像,来测定油液中清净分散剂的含量及分散能力。其实验依据 GB 8030—1987“润滑油现场检测法”规定进行。

2) 润滑油污染指数测定

设备在用润滑油中含有如氧化物、油泥、水分、沉淀物、金属磨粒和燃油等污染物时,其理化性能会发生变化,尤其是导电率的变化。通常测定在用润滑油的介电常数,并与同牌号的新油相比较,便可综合反映在用润滑油的污染程度和质量。介电常数是物质与真空相比传递电能的能力,润滑油的介电常数取决于基础油、添加剂和杂质的情况。介电常数的测量仪器常采用快速油质分析仪。

2. 定量分析方法

1) 黏度

油品分子间受外力作用而产生相对运动时所发生的内摩擦阻力称为黏度,它决定了润滑油黏性的大小,是影响油液流动的主要物理性质,又是决定油液厚度的主要因素,是选择润滑油牌号的主要依据。黏度有动力黏度(绝对黏度)、运动黏度、相对黏度(条件黏度),在检测中常用运动黏度定量。

2) 油性(或称极压性)

油性是润滑油不能用黏度说明的另一种减磨性能,它表示油膜的吸附强度,取决于它的化学成分。两种黏度和使用条件相同的润滑油,若它们的油性不同,则润滑效果明显不同。特别是当油膜厚度为 10^{-4}～10^{-5} mm 时,润滑状态为边界润滑,润滑油的油性起决定性作用。油性的检测主要用四球机进行。

3) 闪点

闪点是在规定条件下加热润滑油,当油蒸汽与空气混合的气体同火焰接触时,发生短暂闪火的最低温度。闪点表示油品的蒸发性,油品的馏分越轻,蒸发性越大,闪点就越低。闪点是润滑油着火危险性的指标,因此是决定油液工作温度的指标。

4) 水分

水分是指润滑油中含水量的质量百分比,优良的油品不含水分。润滑油中水分的存在,会造成润滑油乳化,不利于形成油膜,使润滑效率变差。水分不仅会加速有机酸对金属的腐蚀,还会锈蚀设备,易使油品产生沉渣;对含添加剂的润滑油危险性更大。

5) 酸值

中和 1 g 润滑油中的酸所需要的氢氧化钾的毫克数称为酸值。润滑油在储存和使用时,会与空气中的氧发生化学反应,生成一定的有机酸,油品的酸值大,会引起润滑油的变质。酸值是鉴别油品是否变质和润滑油防锈蚀性能的主要标志之一。

6) 凝点

润滑油的黏度随温度的降低而变大,当油品变成无定形的玻璃状物质时,它就失去了流动性,这时的温度称为润滑油的凝点。使用润滑油的最低温度要高于该油品凝点 5～10 ℃。

7) 机械杂质(简称杂质)

机械杂质是指润滑油中的各种沉淀物、胶状悬浮物、沙土、铁屑等杂质的质量百分比。它是反映油品纯洁性的质量指标。

其他质量指标还有水溶性酸或碱、灰分、残碳、腐蚀性、抗泡性、抗氧化稳定性等。这些指标的测定方法详见有关国家标准。

7.2.2　液压油和润滑脂检测

1. 液压油

液压油是液压机械传递能量和做功的介质。它的状态直接关系到液压机械运转的可靠性,检测液压油的污染和性能变化情况是监测液压机械工作状态和故障诊断的重要方法。其指标主要有密度和比重、黏度、闪点、凝点、抗氧化稳定性、防锈性等。

2. 润滑脂

润滑脂用于有尘埃、水或有害气体侵蚀情况下长期不能更换润滑油的摩擦部位的润滑,润滑脂变质必然造成这些部位的磨损,对润滑脂内的磨屑的检测同样可以诊断这些部位的磨损状态。润滑脂的主要性能包括:针入度、滴点、抗腐蚀性、水分含量、机械杂质、游离酸碱、灰分及机械稳定性。

机油快速分析技术是对在用油所需理化指标的变化情况作出快速鉴定的技术。主要仪器有 SYP8001 型润滑油化验箱、SJY1 型机油快速分析器等便携式分析检查仪。

定期检测在用油质量指标,并将其与所定标准进行比较,可以确定和预测机械工作状态,防止油品变质而导致机械的早期磨损和故障;确定和预测故障源、类型和程度,进而进行维修及确定是否换油,按质按需换油,减少浪费。表 7-1 给出了大同矿务局推荐的换油标准。

表 7-1　换油标准

项　　目	压缩机油	汽轮机油	石油基液压油		油包水液压油	液　力传动油	齿轮油	轴承油
			一般机械用	精密机械用				
外观			不透明 有杂质		有菌 发臭		有杂质	
黏度/(%)	±20	±20 (±10)	±15	±10 ±5	±10 −25	−20	±15	±10
酸值大于/(mgKOH/g)	1	1 (0.5)	2	2	3.0		腐蚀 不及格	1 (0.3)
机械杂质大于/(%)	1.5 压风机上 0.2	0.1	0.1	0.05		0.1	0.5	0.27
水分/(%)		>0.2	0.1	0.1	<30 >50	0.2	0.5	0.2
凝点大于/℃	−20 压风机上−5	−8					−15	
清净度大于/(mg/100ml)			40	10				
Pb 值大于/kg			20	20			20	
残炭/(%)	>3							
腐蚀性	对铜片、钢片有腐蚀							
添加剂元素含量	降低硫、磷、铅等元素含量							

7.3 油样光谱分析法

油样光谱分析法是根据油样中各种元素吸收或发射光谱的不同,分析在用油中的金属磨粒和污染微粒的元素组成和含量,以判断取样设备和零件的磨损状态,对设备故障进行诊断并预估其剩余寿命。

光谱分析法有分光光度计法、原子吸收光谱法、原子发射光谱法和 X 射线荧光光谱法等。

7.3.1 分光光度计法

分光光度计法是利用物质对光的吸收作用而建立起来的分析方法。白光经聚光及单色器分光以后,得到一束平行的、波长范围很窄的单色光,该光束通过一定厚度的有色溶液后,照射到光电元件上。光电元件受光照射释放出光电子,产生光电流。该电流与光元件上的光强度成正比。然后,在检流计的读数标尺上可以读出相应的透光率或吸光率。根据光吸收基本定律,在入射光波长一定以及液层厚度不变的条件下,溶液的吸光度与有色物质的浓度成正比,因此利用油吸光度可以测定待测物质的浓度。分光光度计法观察的是分子的吸收光谱,主要用于无机物或有机物的测定。单光束分光光度计原理如图 7-1 所示。

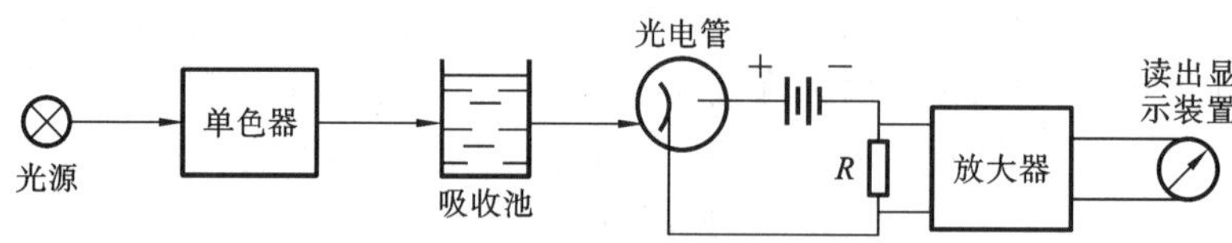

图 7-1 单光束分光光度计原理图

7.3.2 原子吸收光谱法

原子吸收光谱法(又称原子吸收分光光度法)将待测元素的化合物(或溶液)在高温下进行试样原子化,使其变为原子蒸气,再用一种特制的光源(元素的空心阴极灯)发射出该元素的特征谱线(具有确定波长的光)并穿过该原子蒸气,光的一部分被蒸气中待测元素的基态原子吸收,透过光经单色器将其他波长的谱线分离掉,由检测系统检测特征辐射线减弱后的光强度,根据光吸收定律可求得待测元素的种类和含量。

图 7-2 所示是原子吸收光谱仪示意图。油样经预处理后,在空压机的抽吸作用下,顺着毛细管进入雾化器呈雾状喷出,与燃料气和助燃气一起进入燃烧器的光焰中,产生火焰。在高温下,经去溶剂化作用、挥发与离解,润滑油样中的待测物质(如铁)转变为原子蒸气。由待测物质(如铁)做成的空心阴极灯辐射出相对应波长的特征辐射(如铁元素会辐射出波长为 3720 Å(1 Å$=10^{-10}$ m)的特征辐射),它通过火焰后,一部分光被基态原子(如铁)吸收,测

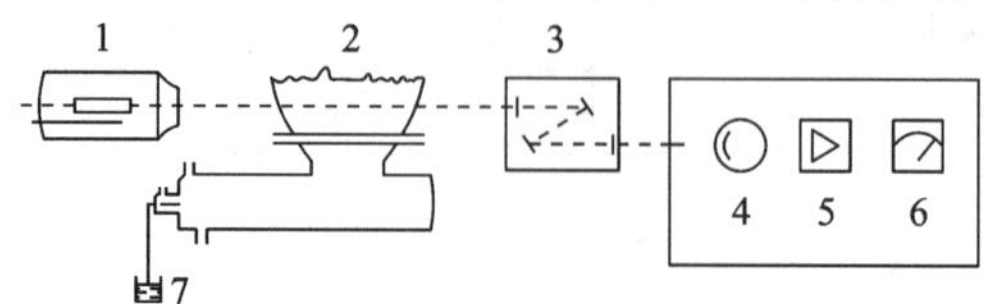

图 7-2 原子吸收光谱仪示意图

1—光源;2—火焰原子化器;3—分光系统;4—光电元件;5—放大器;6—读数系统;7—油样

量吸光度后，在用标准系列试样作出的吸光度-浓度工作曲线上就可查出油样中待测物质（如铁）的含量。

7.3.3　原子发射光谱法

原子发射光谱仪由激发装置、入口窗缝、光栅（或棱镜）、光电系统等组成。图 7-3 是美国 BAIRD 公司 FAS-2C 型直读式发射光谱仪的原理图。该光谱仪的激发光源采用电弧，一极是石墨棒，另一极是缓慢旋转的石墨圆盘。石墨圆盘的下半部浸入盛在油样盒内的待分析油样中，当圆盘旋转时，便把油样带到两极之间，电弧穿过油膜使油样中的微量金属元素受激发，释放出特征辐射线，特征辐射线经入射辐射线由出射狭缝引出，照射到相应的光电倍增管上，由它接受辐射信号，将光能变为电能，再经电子线路的信号处理，便可检测出油样中各元素的含量，这种方法称为原子发射光谱法。

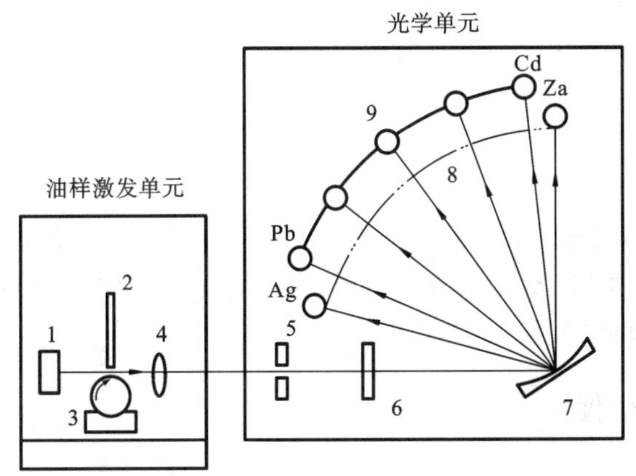

图 7-3　FAS-2C **型直读式发射光谱仪**

1—汞灯；2—电极；3—油样；4—透镜；5—入射狭缝；6—折射板；7—光栅；8—出射狭缝；9—光电倍增管

各种光谱法具有不同的特点和优缺点，需根据具体使用场合和使用条件进行选用。总之，现代专用光谱仪的优势在于自动化程度高、分析速度快、定量准确且又可进行多元素分析。但由于工作原理上的局限，它不可能得到有关磨损元素存在方式（如形态、大小等）这方面的信息，故不可避免地影响了故障预报和诊断的准确率。

7.4　油样铁谱分析法

铁谱技术(ferrography)是 20 世纪 70 年代出现的一种新的油液分析技术。它利用高梯度的强磁场将润滑油中所含的机械磨损碎屑按其粒度大小有序地分离出来，通过对磨屑进行有关形状、大小、成分、数量及粒度分布等方面的定性和定量观测，来判断机械设备的磨损状态，预测零部件的失效时间。

铁谱技术主要有以下特点：

(1) 运用铁谱分析法可分离出润滑油中所含较宽尺寸范围的磨屑，即应用范围广。图 7-4 给出了各种分析法对不同大小磨屑的敏感范围。从图中可看出：光谱分析法对直径在 10 μm 以下的小颗粒敏感；磁塞、滤纸等方法对直径大于 10 μm 的大颗粒敏感，对小磨屑反应迟钝；而铁谱分析法对直径为 0.1～1000 μm 的颗粒都敏感。

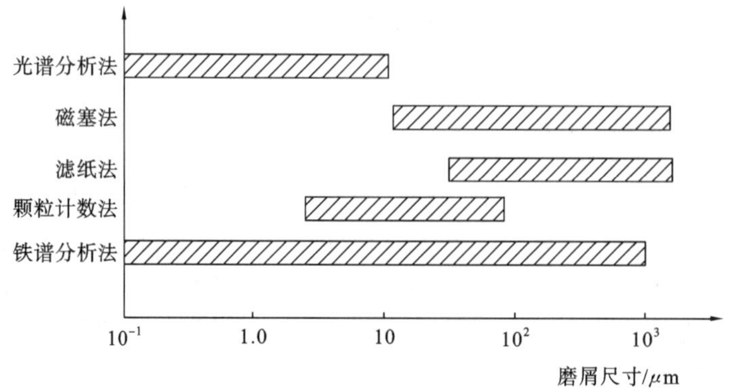

图 7-4 各种分析方法对磨粒尺寸的敏感范围

(2) 铁谱分析法可利用铁谱仪将磨屑不重叠地沉积在玻璃基片上,从而可以对磨屑同时进行定性观察分析(利用光学显微镜或扫描电子显微镜)和定量测量(可利用光密度计法、颗粒定量仪法、微观粒子分析法、定量金相法及图像处理系统等),掌握摩擦副表面的磨损状态,判断机器的磨损类型和磨损程度,还可对磨屑的组成元素进行分析和识别,以判断磨屑的出处和不正常磨损的部位。

(3) 铁屑技术对润滑油中非铁颗粒的检测能力较低。故对含多种材质摩擦副的设备进行故障诊断时尚有欠缺。另外,分析结果对操作人员的经验有较多的依赖,对大规模设备群的技术诊断效果也不十分理想。

7.4.1 铁谱分析仪

1. 分析式铁谱仪

图 7-5 所示为分析式铁谱仪的结构和工作原理示意图。取自机器润滑系统和液压系统的油样 1 被微量泵 3 输送到与磁铁呈一定角度的玻璃基片 5 上。在随油样流下的过程中,可磁化的磨屑在磁场的作用下,由大到小依序沉积在玻璃基片的不同位置上(与油流方向垂直),并沿磁力线方向排列成链状。经清洗残油和固定颗粒后,制成铁谱基片,在铁谱显微镜下,对基片上沉积的磨粒进行有关大小、形态、成分、数量方面的定性、定量分析,就可对检测设备的摩擦磨损状态作出判断。

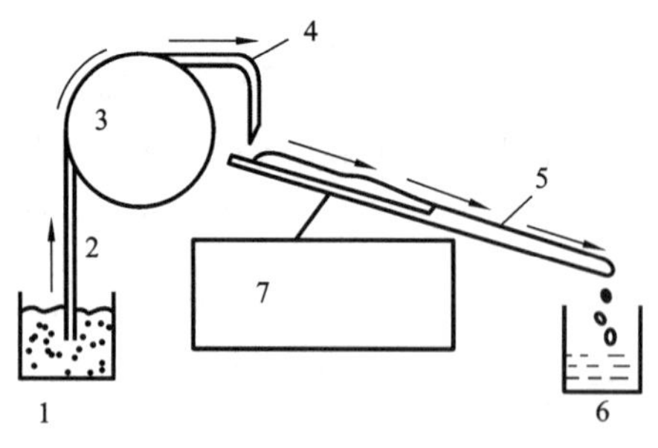

图 7-5 分析式铁谱仪工作原理图

1—油样;2—输油导管;3—微量泵;4—导流管;5—玻璃基片;6—废油杯;7—磁场装置

由磨粒在磁场中的沉降机理可知,在外部磁场作用下,颗粒所受磁力的大小和沉降速度取决于磁场强度、磁场强度分量梯度、该颗粒的体积与半径比,以及油样的黏度。当它们流经铁谱仪的基片时,颗粒所受的向下的磁性引力正比于颗粒的体积,而其下沉阻力正比于颗粒的表面积。因此,由于颗粒的尺寸不同,作用在大颗粒上的向下合力比作用在小颗粒上的大很多。故在油样基片表面不断增强的磁场力的作用下,铁质颗粒将依粒子大小的次序均匀地沉淀在基片上。实验表明,入口段颗粒较大,而较小的亚微米的颗粒(直径小于 1 μm)通常沉积在距出口段 30 mm 以下的区域内。其分布见表 7-2。

表 7-2 谱片上不同位置沉积的磨粒尺寸

位置(距油样出口端距离/mm)	磨粒尺寸/mm
55～56(入口端)	25
50	1～2
40	0.75～1.5
30	0.5～1.0
20	0.25～0.75
10	0.1～0.5

例如,郑州南机务段利用 ZTP-1 型直读式铁谱仪和 FTP-1 型分析式铁谱仪系统对 12 台内燃机车柴油机状态进行系统检测,除了运用趋势分析方法判断机车是否正常外,还利用对铁谱上磨粒的分析来判断发生异常的部位和性质,其中:判断正确的有 26 台次,占 68%;判断基本正确的有 9 台次,占 24%;判断错误的有 3 台次,占 8%。

2. 直读式铁谱仪

直读式铁谱仪主要用来直接测定油样中磨粒的浓度和尺寸分布,只能作定量分析,但是比分析式铁谱仪的定量分析更准确,检测过程更简单、迅速,仪器成本更低廉,因此是目前设备检测和故障诊断的较好仪器之一。如果不仅要了解磨粒的数量和分布情况,还要分析磨粒的形态和成分,就需将直读式铁谱仪和分析式铁谱仪配合使用。

图 7-6 为直读式铁谱仪的工作原理示意图。

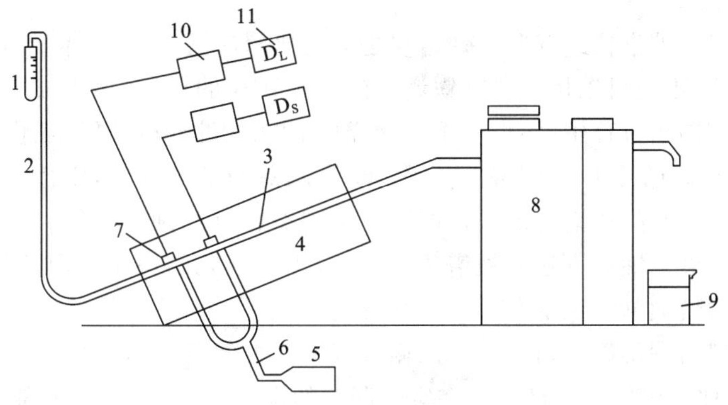

图 7-6 直读式铁谱仪工作原理

1—油样;2—毛细管;3—沉积管;4—磁铁;5—灯;6—光导纤维;
7—光电探头;8—虹吸泵;9—废油;10—电子线路;11—数显屏

取自机器的油样,经黏度和浓度稀释后,在虹吸作用下流经位于磁铁上方的玻璃沉积管,油样中可磁化磨粒在高梯度强磁场的作用下,依其粒径排列在沉积管内壁不同的位置上。在沉积管入口区,在 1～2 mm 的磨粒沉积层上覆盖着直径大于 5 μm 的大颗粒,而在 5 mm 之后的位置上沉积着直径只有 1～2 μm 的小颗粒(见图 7-7)。

光导纤维将光线引至与这两个区域相对应的固定测点上,并由两只光敏探头接收穿过磨粒层的光信号,该信号的强弱反映了沉积量的大小,经电子线路放大、A/D 转换处理,最终在 D_L 和 D_S 两个数显屏上直接显示出磨粒沉积的覆盖值,以判断其检测情况。直读式的定量参数与分析式的类似,常用磨损粒度指数来表示:

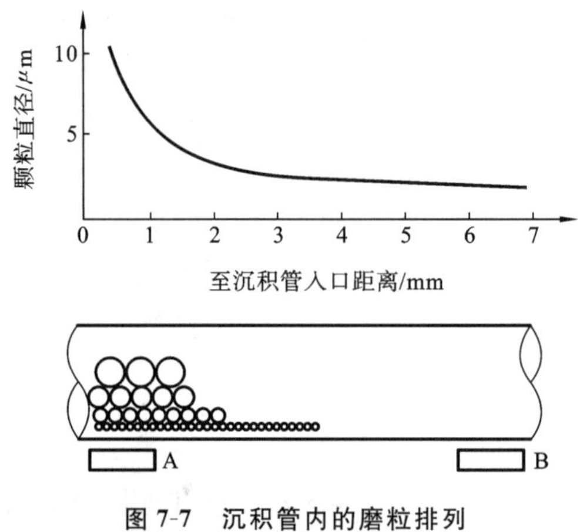

图 7-7　沉积管内的磨粒排列

A—前传感器；B—后传感器

$$I_S = D_L^2 - D_S^2 \tag{7-1}$$

例如，用直读式铁谱仪测定出的一齿轮箱在不同运转时间内的磨损工况趋势，从测量数据得出的磨损全过程变化趋势如下：在 0～5 h 内磨损粒度指数 I_S 增大，这是跑合期的明显特征；在正常磨损期则各项指数较低且趋于稳定(5～115 h)，而从 115 h 开始，D_L+D_S，D_L-D_S 和 I_S 明显增加，这是严重磨损开始的征兆。由于齿轮箱一般未装有过滤装置，当油样中的磨损粒度过高时，定量铁谱数据与实际颗粒浓度不存在线性关系，此时定量铁谱检测不出来，因此选择合适的稀释比例十分重要。

3. 旋转式铁谱仪

分析式和直读式铁谱仪或双联式铁谱仪是应用比较广泛、分析技术比较成熟的铁谱仪，特别是分析式铁谱仪，不但可以用于研究铁谱上的磨损颗粒的形貌、大小成分等，还可以做定量铁谱分析。但是在制谱过程中，污染严重的油样(如煤矿机械或在野外工作机械的润滑油)中的污染物会滞留在铁谱片上，如果数量很多，将影响对磨粒的观察，定性、定量分析的效果不好；对于磨粒很多的油样，铁谱片的入口端往往出现磨粒堆积现象，影响观察和分析；制谱时，油样是通过微量泵沿输油导管送到铁谱片上的，由于微量泵的挤压作用，磨粒有可能被挤碎；制谱需使用特制的玻璃基片和输导管，成本较高。

旋转式铁谱仪由圆形磁铁、传动装置、输液装置及控制部分组成(见图 7-8)。其工作原理如图 7-9 所示，油样 2 由定量输液管 1 在定位漏斗的限位帮助下，被滴注到固定于磁头 4 上端面的玻璃基片 3 上。磁头、基片在电动机 5 的带动下旋转，由于离心作用，油样沿基片向四周流动。油样中铁磁性及顺磁性磨屑在磁场力、离心力、液体的黏滞力、重力的作用下，按磁力线方向(径向)沉淀在基片上，残油从基片边缘甩出，经收集后由倒油管排入残油杯。基片经清洗、固定和甩干处理后，制成谱片。

旋转式铁谱仪采用的是圆形磁铁，不同尺寸范围的颗粒沿径向按大小顺序排列在铁谱片上，内环排列的是大颗粒(直径为 1～1000 μm)，中环排列的是直径为 1～50 μm 的颗粒，外环排列的是直径为 1～10 μm 的颗粒。

旋转式铁谱仪制作的谱片制作好后，可以通过光学显微镜、扫描电镜观察，并用能谱分析法对谱片上的微粒进行定性分析，借助微粒定量仪对微粒作定量分析。

4. 在线式铁谱仪

分析式铁谱仪和直读式铁谱仪均需从机器中采取油样，然后送到实验室由专业人员进行

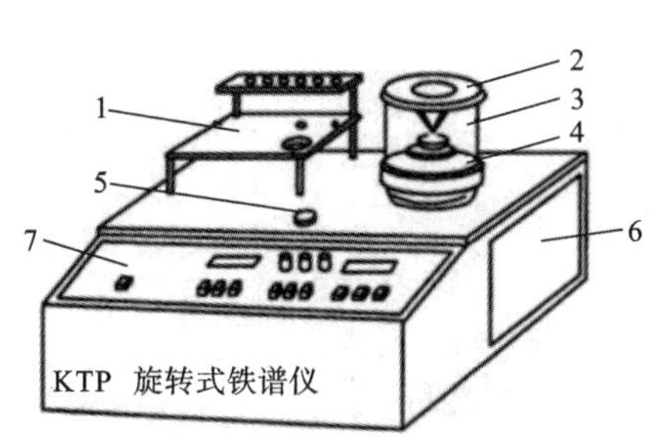

图 7-8　KTP 旋转式铁谱仪外形图

1—磁场装置；2—直流电动机和旋转组件；3—集油桶；4—定位漏斗；5—水准器；6—试管架；7—自动控制系统

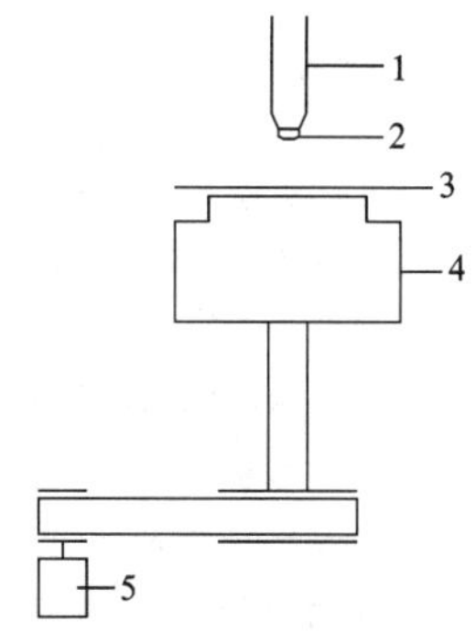

图 7-9　旋转铁谱仪工作原理示意图

1—定量输液管；2—油样；3—玻璃基片；4—磁头；5—电动机

分析，而在线式铁谱仪则安装在机器上，可以定量实时地直接显示润滑油中的磨粒浓度，以达到早期故障预报的目的，一般用于大型设备的状态检测和故障诊断。

在线式铁谱仪由探测器和分析器两部分组成，探测器并联在机器油路中，分析器可安装在与机器有一定距离的控制室内。

探测器由高梯度的磁场及沉积管、流量控制器和表面感应电容传感器等硬件组成，油路内的磨粒借助高梯度磁场沉积到沉积管的内表面，传感器测量出大颗粒浓度 L 和小颗粒浓度 S 两个值，并给出磨粒的尺寸分布情况。因为润滑油是连续流过探测器的，所以磨粒的沉积量与润滑油流过的总量有关。当达到预先设定的磨粒浓度值时，流量自动切断，一次测量循环结束，探测器被自动冲洗后再开始下一个测量循环。每次测量循环的持续时间可在 30 s～30 min 范围内自动变化，这取决于润滑油的磨粒浓度。

分析器具有逻辑运算功能，可以运算、储存和显示测量结果。当磨粒浓度超过预定值时，可自动报警或停机。每次测量循环完成后，数据记录存储单元将更新为最新的数据。

7.4.2　磨粒种类及识别

铁谱分析的目的是通过分析磨粒的特征，来判断摩擦副的磨粒成分和磨损程度，确定设备的磨损部位和失效情况，区分正常磨损和异常磨损，并对磨损失效提出早期预报，其中磨粒识别是很关键的一步。

按照磨损原因的不同，设备磨损可分为黏着磨损、磨料磨损、疲劳磨损、腐蚀磨损和微动磨损五种类型，见表 7-3。

表 7-3　不同磨损类型及特点

类　型	内　　容	特　　点	举　　例
黏着磨损	摩擦副相对运动时，由于相互接触，接触点表面的材料由一个表面转移到另一个表面的现象，即黏着磨损	接触点黏着剪切破坏	内燃机的铝活塞壁与缸体摩擦损伤
磨料磨损	在摩擦过程中，因硬的颗粒或硬的凸出物冲刷摩擦表面而引起材料脱落的现象，即磨料磨损	磨料作用于材料表面而使其破坏	球磨机的衬板与钢球的磨损；农业与矿山机械零件磨损

续表

类　型	内　　容	特　　点	举　　例
疲劳磨损	两接触表面作滚动或滚动与滑动复合摩擦时,因周期性载荷作用,材料表面产生变形和应力,进而产生裂纹并分离出微片或颗粒的磨损,即疲劳磨损	表层或次表层受接触应力反复作用而疲劳破坏	滚动轴承的磨损 齿轮副的磨损
腐蚀磨损	在摩擦过程中,金属同时与周围介质发生化学或电化学反应,使材料磨损的现象,即腐蚀磨损	有化学反应或电化学反应的表面被腐蚀破坏	曲轴轴颈的氧化磨损;化工设备中零件表面的磨损
微动磨损	两接触表面作小振幅振动而引起材料表面复合磨损的现象,即微动磨损	复合式磨损	片式摩擦离合器的内、外摩擦片的接合面的磨损

在不同磨损状态下形成的钢铁磨粒在显微镜下的形态,大致描述如下。

(1) 摩擦磨损微粒　对钢而言,钢表面厚度在 1 μm 以下的一层被称为剪切混合层薄层。剥落后形成的碎片,长度尺寸为 0.5～15 μm。

(2) 切削磨损微粒　它是由一个摩擦表面切入另一个摩擦表面形成的,或是由润滑油中夹杂的砂粒或其他部件的磨损残渣切削较软的摩擦表面形成的。其形状如带状切削,宽度为 2～5 μm,长度为 25～100 μm。

(3) 滚动疲劳磨损微粒　该微粒是由运动零件滚动疲劳、剥落形成的。微粒呈球状,直径 1～5 μm,其间有厚度为 1～2 μm、大小为 20～50 μm 的片状微粒。

(4) 滚动与滑动联合磨损微粒　该微粒主要是由齿轮节圆上的材料疲劳剥落形成的。微粒形状不规则,宽厚比为 4∶1～10∶1。当齿轮载荷过大或速度过高时,齿轮上也会出现凹凸不平、表面粗糙的擦伤。

(5) 严重滑动磨损微粒　当载荷过大或速度过高时,由于摩擦面上的剪切混合层不稳定会形成此种磨损微粒。微粒呈大颗粒剥落,长度在 20 μm 以上,厚度不小于 2 μm,常常有锐利直边。

上述五种情况归纳在表 7-4 中。

表 7-4　不同磨损产生的微粒形状与尺寸特征

<table>
<tr><th colspan="2">微粒分类</th><th>微粒形状与尺寸的特征</th><th colspan="2">磨损性质与检测注意点</th></tr>
<tr><td colspan="2">摩擦磨损微粒</td><td>薄片状,表面非常光滑,长度尺寸为 0.5～15 μm,宽度为 0.5～1 μm</td><td colspan="2">正常磨损阶段,如机械跑合期与稳定运转期</td></tr>
<tr><td colspan="2">切削磨损微粒</td><td>形如切削加工的切屑,具有环形、曲线形与螺旋形等形状。尺寸特征是长而粗。长度尺寸为 25～100 μm,宽度为 2～5 μm</td><td rowspan="4">不正常磨损</td><td rowspan="2">出现大量长度为 50 μm 的切削磨粒</td></tr>
<tr><td rowspan="3">滚动疲劳磨损微粒</td><td>剥落微粒</td><td>扁平鳞片形状,表面光滑,四周呈不规则的凹凸形,长度尺寸为 10～100 μm,长度与厚度之比为 10∶1</td></tr>
<tr><td>球状微粒</td><td>有两种:一种直径小于 3 μm 为疲劳球状磨粒;另一种直径大于 10 μm 的为非疲劳球状磨粒</td><td rowspan="2">把握好片状磨粒与球状疲劳磨粒同时迅速增长的时机。它是发生疲劳磨损将导致剥落的先兆</td></tr>
<tr><td>片状微粒</td><td>非常薄的金属片状微粒,表面有洞穴、四周不规则为其形状特征。长度为 20～50 μm,长厚比为 30∶1</td></tr>
</table>

续表

<table>
<tr><th>微粒分类</th><th>微粒形状与尺寸的特征</th><th colspan="2">磨损性质与检测注意点</th></tr>
<tr><td>滚动与滑动联合磨损微粒</td><td>此为齿轮副磨损产生的微粒。块状、厚度较厚是它的重要标志，一般可达几个微米。长度为 2～20 μm，长度与厚度之比约为 4∶1</td><td rowspan="2">正常磨损</td><td rowspan="2">注意出现厚度较厚的块状磨损微粒、磨粒数量和磨粒大小比值迅速增大的情形</td></tr>
<tr><td>严重滑动磨损微粒</td><td>它是由正常摩擦磨损转变而来的。磨粒形状包含上述各种不正常磨损微粒的形状。特点是表面不光滑，有条纹或直角边缘，长度尺寸大于 20 μm，最大可达 200 μm 或更大</td></tr>
</table>

非铁金属磨粒与钢铁磨粒的区别方法见表 7-5。

表 7-5　钢铁磨粒与非铁金属磨粒的区别

项　　目	钢铁磨粒	非铁金属磨粒
沉积图形	随磁场有规律排列，呈链状分布	无规律，沉积在铁性微粒之间或之外
尺寸分布	从入口端开始由大到小沉淀，一般尺寸大于 2～3 μm 的磨粒不会超过 50 mm 位置	沿谱片全长沉淀在入口端下方一定距离，有大于几微米的磨粒应是非铁金属
颜色	呈各种颜色	白色

由于非铁金属微粒在光学显微镜下呈白色，用普通方法不易识别，需要借助于光谱分析或加热方法进行识别。

7.4.3　铁谱技术的分析方法

铁谱技术的分析方法包括油样的预处理和制备，铁谱定量分析和铁谱定性分析等内容。

1. 油样的预处理与制备

油样的预处理包括油样加热、振荡和稀释等步骤。油样稀释包括：浓度稀释（旋转铁谱仪除外），向油样中加同牌号的已过滤新油且按对数规律进行混合，例如 10∶1，是将 9 mL 的过滤新油与 1 mL 的油样混合；黏度稀释，在油样中加入一定量的四氯乙烯溶剂以改善油样的流动性。

2. 铁谱定量分析

利用铁谱技术的原理测定被检测机器中油样的磨粒浓度的基本方法有四种。

(1) 测定铁谱片上的磨粒覆盖面积数，如入口端、出口端光密度计读数 A_L、A_S 值。

(2) 测定油样的直读铁谱读数，如 D_L、D_S 值。

(3) 利用在线铁谱仪实时测定润滑系统中的磨粒浓度值，如 WPC 等。

(4) 利用磨粒定量仪测定铁谱片上磨粒的磁矩，转化为反映油液中含有的铁磁性颗粒多少的机械磨损指数 PQ。

这四种方法各有特点。总磨损值 A_L+A_S 或 D_L+D_S 反映了油样中磨粒浓度的总量，磨损严重度 A_L-A_S 或 D_L-D_S 反映了不同尺寸磨粒的数量，磨损粒度指数 I_S 从磨粒总量和尺寸分布两方面综合描述被测机器的磨损状态。

值得注意的是，在定量参数值计算时，还要考虑制谱油样容积和浓度稀释度对磨粒浓度定量分析的影响，这可通过数据的标准化换算来解决。

以机器运转台时为横坐标,以铁谱定量参数值为纵坐标绘制曲线,可直观地反映机器在不同运行阶段时磨损趋势的变化和发展状况。

3. 铁谱定性分析

铁谱定性分析是对铁谱片上的磨粒作形貌观察、尺寸测量和成分鉴别,在此基础上,确定磨粒的种类和成分,解释被检测机器的磨损形式、原因、程度和严重磨损零件的种类。

1) 光学分析

光学分析是利用铁谱显微镜观察磨粒的形态,测量磨粒的尺寸和鉴别磨粒的色泽。

首先,观察磨粒形态包括磨粒的轮廓形状和表面形貌,因为不同磨损机理形成的磨粒,其轮廓形状不同,有条状、块状、锯齿状、球状等,表面形貌有明显区别,有的磨粒表面存在皱折和划痕,这是磨粒形成时发生严重滑动所致,有的大磨粒表面黏附有其他磨屑等;其次,用目镜中的分化尺测量磨粒的长轴尺寸、宽度,利用载物台的升降旋钮测量磨粒的厚度;最后,鉴定磨粒色泽是指确定磨粒的原始表观颜色,以判别磨粒的材质,例如铝合金磨粒呈白色,铜合金磨粒呈黄色或红黄色,钢和铸铁磨粒呈银白色。

2) 加热分析

加热分析是对铁谱片进行加热,通过观察铁谱片上的磨粒在加热后生成的氧化膜的不同回火色来鉴别磨粒的材料成分,用以判断机械中发生磨损的具体零件,这是一种简便有效的定性分析方法。

3) 扫描电子显微镜和 X 射线能谱分析仪

铁谱显微镜的放大倍数不超过 100 倍,对于小磨粒难以仔细观察,扫描电子显微镜的放大倍数高,能够清晰地考察多种形态特征及尺寸的磨粒,结合 X 射线能谱分析仪还能确定磨粒的组成。然而扫描电子显微镜的操作费用昂贵,应用亦不普遍,因此,通常的做法是先在铁谱显微镜上作光学分析,选择必要的磨粒进行扫描电子显微镜观察和 X 射线能谱分析。

习　　题

7-1　简述分光光度计法、原子吸收光谱法和原子发射光谱法的异同。

7-2　简述光谱分析和铁谱分析的异同。

7-3　简述分析式铁谱仪的原理。

7-4　简述直读式铁谱仪的原理。

7-5　铁谱定性分析方法有哪几种?

第 8 章　红外检测技术

8.1　概　　述

温度是表示物体冷热程度的物理量，它是物体分子运动平均动能大小的标志，在设备的运转过程中，温度是最基本的工作性能参数之一，设备零部件的工作状况往往可从温度的变化和分布情况得到启示，如摩擦、碰撞、泄漏等都与温度有关。因此，在工业生产中，采用各种检测仪表来测量零部件的温度值或温度分布，并通过温度与故障分析，达到确定其工作状态和确定故障程度的目的。

8.1.1　温度与温标

温度是一个重要的物理量，也是国际单位制(SI)七个基本单位(长度、质量、时间、发光强度、电流强度、热力学温度、物质的量)之一，且为内涵量，即两个温度的组合不是两个量简单的叠加。可叠加的物理量称为外延量。

为了准确、定量地判断物体的冷热程度，需要建立一个衡量温度的标准尺度。温标就是温度的数值表示。各种各样的温度计的数值都是由温标决定的，温标有华氏(F)、摄氏(℃)、列氏(R)、热力学温标(K)等。

根据国际单位制，以热力学温标为基本温标，符号是“T”，单位为“K”，也可用摄氏温度表示，符号为“t”，单位为“℃”。它们之间的关系为

$$T(\mathrm{K})=t(^\circ\mathrm{C})+273.15 \tag{8-1}$$

8.1.2　温度的监测

温度监测方法主要分为接触式和非接触式测量两大类。接触式温度测量，是使测量元件与被测对象有良好的热接触，通过传导和对流达到热平衡，从而进行温度的测量。非接触式温度测量是测温元件与被测对象不接触，通过接受热辐射能量实现测温。根据不同的测量原理，两类测量方法应使用不同的测温仪表和仪器(见表 8-1)。

表 8-1　测量仪表、仪器分类表

测温方式	仪表名称	作用原理
接触式测量	膨胀式温度计(液体式、固体式)	液体或固体受热膨胀
	压力表式温度计(液体式、气体式、蒸气式)	封闭在固体容积中的液体、气体或某种液体的饱和蒸气受热体积膨胀或压力变化
	电阻温度计	导体或半导体受热电阻值变化
	热电偶温度计	物体的热电性质
非接触式测量	光电高温计 光学高温计 红外热像仪 红外电视 红外测温仪	物体的热辐射

测温范围习惯上分为低于 600 ℃和高于 600 ℃两部分。用于测量 600 ℃以下温度的仪表称为温度计;测量 600 ℃以上温度的仪表称为高温计。测温仪表可分为基准仪表、标准仪表和实用仪表。

目前,温度计的制造利用的是物质的以下性质:物体体积随温度的变化;金属或半导体电阻的变化;热电电动势的激发以及加热物体的辐射等。

在非接触式测温方式中,主要是红外测温技术,其发展迅猛,应用最为广泛。采用该技术的不仅有红外点温仪、红外线温仪,尚有红外电视和红外成像系统等设备,这类设备除可以显示物体某点的温度外,还可实时显示出物体的二维温度场,且温度的空间分辨率和温度分辨率都达到了相当高的水平,尤其是红外成像系统除带有黑白、彩色监视器外,还带有多功能处理器、录像机、实时记录器、软盘记录仪等,可灵活配用、使用方便,在轻、重工业的生产流程、科学试验、医疗等方面得到了广泛的应用。本章将主要介绍红外测温技术。

8.2 非接触式测温

8.2.1 非接触式测温及原理

1. 非接触测温的特点

用接触式测温方式测出的温度值,实际上是测温元件本身的温度,即测温的感受件与被测介质达到了“同温”,因为测量过程中有热量散失(如用热电偶测温时沿热电偶有热量导出),这个“同温”是有误差的,且不可避免。

非接触式测温方式不存在由热接触和热平衡带来的缺点和应用范围的限制,可以用于许多接触式测温方式无法测量的场合,如温度很高或很远的目标、有腐蚀性或高纯度的物质、导热性差的物质、目标微小的物体、小热容量的物体、运动中的物体和动态过程、带电的物体等的温度测量。非接触式测量方式反应速度快,辐射是以光速传播的,如红外测量取决于测温仪表的响应时间,一般在不到 1 s 的时间内就可完成;灵敏度高,只要有微小的温度差就能分辨出来,一般红外测温都有 0.1 ℃的温度分辨率和毫米级的空间分辨率;温度测量范围广,具备不同要求,可以选择不同类型的仪器来实现几十到上千度的测量。

2. 红外辐射基本原理

光是电磁波中的一小部分,它的波长区间约几个纳米到 1 mm。其中人眼可见的称为“可见光”。可见光中,波长最短的是紫光,波长比紫光更短的称为紫外线,波长比红光更长的称为红外线。红外线介于可见光与微波之间,它的波长范围为 0.78～1000 μm,通常又分为近红外(波长 0.78～1.5 μm)、中红外(波长 1.5～10 μm)和远红外(波长 10～1000 μm)三个区域。红外线和其他电磁波一样遵循相同的物理定律。以光速传播,可被吸收、散射、反射、折射等。可见光在电磁波谱中的位置如图 8-1 所示。

由于物体温度升高而发出的辐射,称为热辐射,有时也称为温度辐射,因为热辐射的强度及光谱成分取决于辐射的温度。物体的温度在千度以下的,其热辐射中最强的波为红外辐射;当物体温度达到 300 ℃时,其热辐射中最强的波则为红外线,波长为 5 μm;当温度达到 800 ℃时,热辐射的成分已有足够的可见光,呈现“赤热”状态,但其绝大多数的辐射仍属于红外线。可见,热辐射中很重要的成分是红外热辐射,称为“红外辐射”,即从可见光的红端到毫米波范

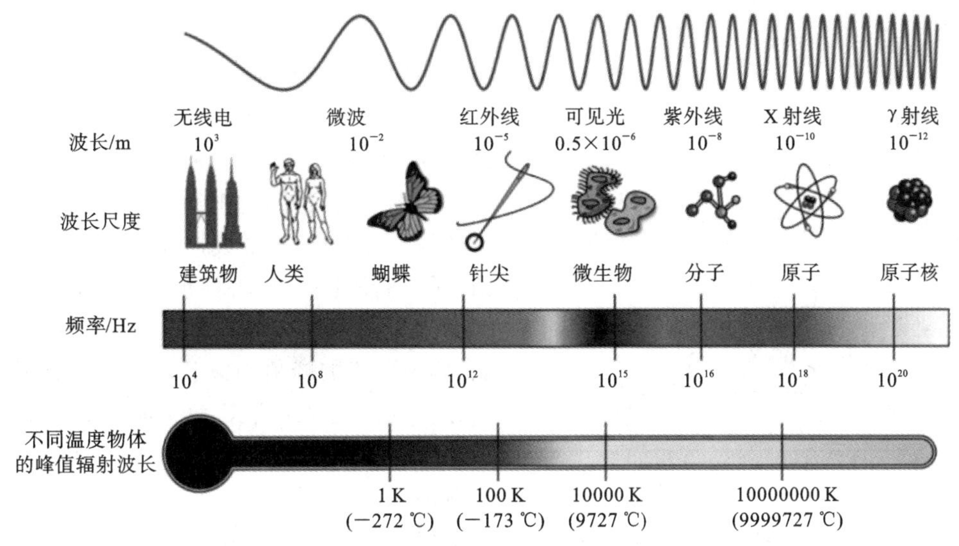

图 8-1　可见光在电磁波谱中的位置

围内的电磁波辐射，从光子角度看，它是低能量电子流。

辐射的基本定律包括以下内容。

1）基尔霍夫定律

善于发射的物体必定善于吸收，善于吸收的物体也必定善于发射。物体发射系数和吸收系数的比值与物体的性质无关，所有物体的该比值均是波长和温度的普适函数，但吸收与发射系数随物体的不同而不同。

2）斯特潘-玻尔兹曼定律

物体的辐射强度 W 与其热力学温度 T 的四次方成正比，即

$$W=\varepsilon\sigma T^4 \tag{8-2}$$

式中：W——单位面积辐射功率，单位为 $W \cdot m^{-2}$；

σ——辐射常数，$5.67\times10^8\ W \cdot m^{-2} \cdot K^{-4}$；

ε——辐射系数（也称比辐射率），非黑体辐射度/黑体辐射度。

$\varepsilon=1$ 的物体称为黑体，黑体能够在任何温度下全部吸收任何波长的辐射，热辐射能力比其他任何物体都强，但这是理想状态中的物体。一般物体吸收和发射热辐射的能力都小于黑体，$\varepsilon<1$ 的物体称为灰体，其热辐射强度与热力学温度的四次方成正比，故物体的辐射强度随温度升高而显著增加。

被测物体的表面温度不仅与它的辐射能量有关，还与它的表面辐射系数有关，故在进行红外测温时，需先确定被测物体表面的辐射系数，但其与许多因素有关，要得到准确的温度数值是较难的，需要经验和计算。

3）普朗克定律

该定律表达了红外辐射能与温度和波长的定量关系，即单位面积的黑体在波长 λ（单位为 μm）的单位波长间隔内辐射的通量 M_λ 与其波长 λ 和绝对温度 T（单位为 K）的关系为

$$M_\lambda=C_1\lambda^{-5}(e^{C_2/\lambda T}-1)^{-1} \tag{8-3}$$

式中：C_1——第一辐射常数，$3.74\times10^2\ W \cdot \mu m^4/cm^2$；

C_2——第二辐射常数，$1.44\times10^2\ \mu m \cdot K$。

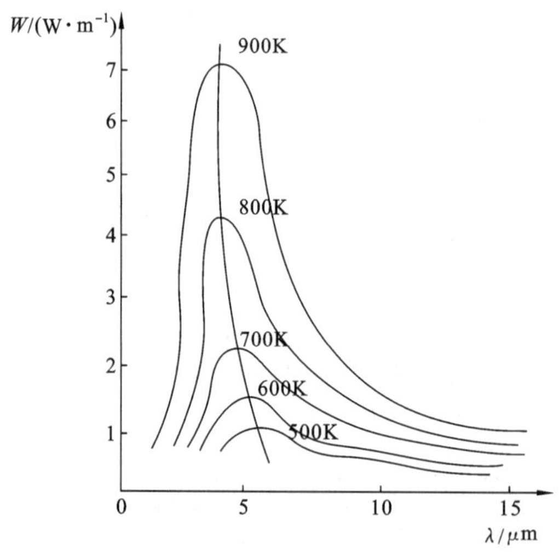

图 8-2 光谱辐射通量密度对波长的分布规律

4）维恩位移定律

黑体的峰值辐射波长随温度变化的关系式为

$$\lambda_f = b/T \quad (\mu m) \qquad (8\text{-}4)$$

式中：$b=2.897\times10^3$ μm·K。

从图 8-2 可知：对于每一种温度都有一条辐射曲线与之对应，该曲线连续、平滑，具有单一峰值，所有曲线均不相交；温度较高时，曲线的位置都高于较低温度相对应的曲线；随着温度的升高，辐射曲线的峰值向波长较短的方向移动，辐射强度按指数规律增长；每条曲线下的面积就等于辐射强度 W；曲线最高点对应的波长 λ(μm) 右侧的长波段内，考虑了比辐射率 ε，物体的红外辐射都遵循上述规律。

另外要考虑大气对红外辐射的影响。大气中的水、二氧化碳、臭氧等对红外线有吸收作用。大气有三个窗口，分别对波长 1～2.5 μm、3～5 μm 和 8～13 μm 的红外辐射有较好的透射效果，所以位于上述三个窗口内的红外波长对红外技术的应用显得特别重要。

8.2.2 红外测温仪

红外测温仪有几十种，包括红外点温仪和红外线温仪两大类等。

1. 红外测温仪原理

红外测温仪都是以黑体辐射定律为理论依据的，通过对被测目标的红外辐射能量进行测量，经黑体标定，从而确定被测物体的温度。图 8-3 表示红外点温仪的工作原理。被测物体的热辐射线由光学系统聚焦，经光栅盘调制后，变为一定频率的光能，落在热敏电阻探测器上，经电桥转变为交流电压信号，放大后输出显示或记录。光栅盘由两片光栅板组成，其中一块为动板。动板受光栅调制电路控制，按一定频率正反转动，实现开(光可通过)关(光不通过)，使入射光线变为一定频率的能量作用在探测器上。这种红外测温仪可测量 0～600 ℃范围内的物体表面温度。

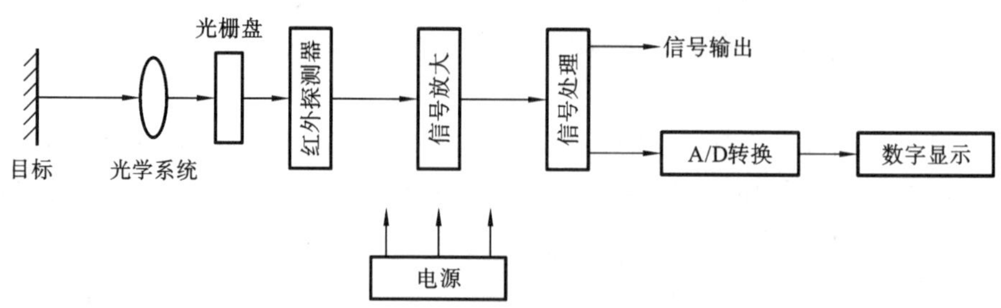

图 8-3 红外点温仪的工作原理框图

2. 红外测温仪基本组成

红外测温仪通常由光学系统、红外探测器、电信号处理器、温度指示器及附属的瞄准器、电源和机械结构等部分组成。

(1) 光学系统 光学系统用于收集处于视场内的辐射源发射的红外辐射能量，再把它聚集到探测器接收光敏面上。视工作方式的不同分为调焦式和定焦式两种。光学系统的场镜按设计原理可分为反射式、折射式和干涉式三种。

(2) 红外探测器　红外探测器的作用是把收到的红外辐射能量转换成电信号输出。目前可分为热敏探测器和光电探测器两大类。

热敏探测器是利用物体接收红外辐射使温度升高,从而引起一些参数变化的器件,常用的有热敏电阻型、热电偶型、气动型和热释电型探测器等。它们对红外光谱无选择性,使用方便,价格便宜,但响应时间比较长,约在毫秒级以上,对入射的各种波长辐射线基本上具有相同的响应率。一般测温精度要求不太高的测温仪普遍采用热敏探测器,其中热释电型探测器只有温度变化引起电荷变化,才有输出信号,否则输出信号为零,这是使用该探测器应注意的地方。

光电探测器是利用某些物体中的电子因吸收红外辐射会改变运动状态这一光电效应进行工作的。所利用的光电效应有两种,一种是辐射照射均匀半导体引起电导率增加的光电导效应,一种是辐射照射半导体 PN 结产生电动势的光生伏特效应。其物理过程是红外辐射的光子能量直接转变为传导电子,而不涉及任何中间过程,因而它的响应时间比热敏探测器短得多,一般是微秒级,最短可达纳秒级。其灵敏度也比热敏探测器的高,这是光电探测器最突出的优点。光电探测器是适合用于扫描的高速、高温度分辨率的测温仪。但要引起光电效应,其入射辐射的光子能量必须足够大,它的频率必须大于某一值,因而光电探测器的光谱响应曲线有一个长波限,每种光电探测器只能检测特定波长的辐射。

由于红外辐射的光子能量较低,对可见光灵敏的各种探测器对红外光反应都不灵敏了。虽然红外辐射是用普通温度计来探测的,但应用于测量精度较高的场合,就必须寻找对红外辐射反应灵敏(即对低能光子反应灵敏)的器件来检测红外光。与此同时,辐射能在传输过程中,会因为受到各种因素的影响(如噪声)而衰减,而这些影响很难被计算出来,因而会造成测量误差,需引起注意。

8.3　红外成像系统

红外光谱是人肉眼看不到的,若要使之成为可见的像,用照相机来摄取是有困难的,因为难制造出对红外光谱敏感的感光胶片。因此要采用红外成像的办法把红外辐射转换成可见光并显示出来。

红外成像可分为主动式和被动式两种。主动式红外成像是用一红外辐射源照射物体,利用物体反射的红外辐射摄取物体的像。被动式红外成像是利用物体自身发射的红外辐射摄取物体的像,称为热像,显示热像的装置称为热像仪。

8.3.1　基本原理

红外成像系统(热像仪)的工作原理如图 8-4 所示。光学机械扫描器包括水平和垂直两个扫描镜组,扫描器位于光学系统和探测器之间,分别以不同的速度摆动以达到对景物逐点扫描的目的,从而收集到物体温度的空间分布情况。当扫描镜摆动时,从物体到探测器的光束也随之移动,形成物点并与像点一一对应。然后由探测器光学系统将逐点扫描所依次收集到的景物温度空间分布信息变为按时序排列的电信号,经过处理之后,由显示器显示出可见图像。

对于涉及热辐射的所有领域,红外成像技术均是一种理想的无损检测手段,像 X 射线技术一样能以不同于普通视觉感受的方式提供信息——物体表面发射率和其内部容热耗散的量

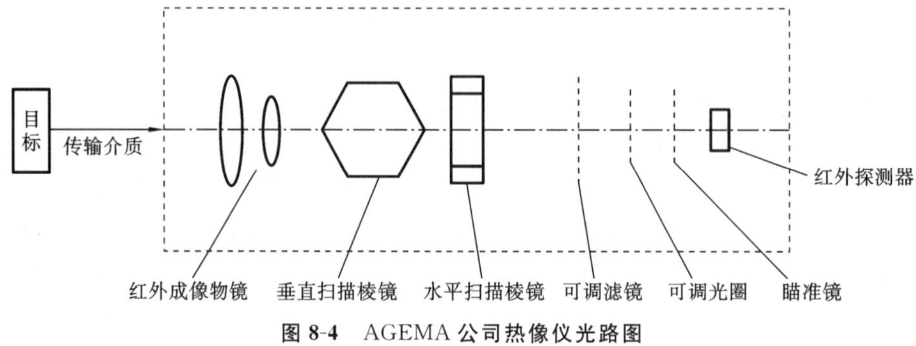

图 8-4　AGEMA 公司热像仪光路图

度,从而揭示物体尚未被觉察的或异常的状态。它具有以下特点:可绘出空间分辨率和温度分辨率都较好的设备温度场的二维图形;可在一定距离外提供非接触非干扰的测量;可提供快速实时的测量,从而允许人们进行温度瞬态研究和大范围设备的快速观察;可以全自动全天候工作。红外成像也有使用不便之处,即制冷需要一定的装置和材料(如液氮、氩气等)。

8.3.2　主要构成

红外成像系统的主要部分是红外探测器和监视器,性能较好的还带有图像处理机。为了实时显示、实时记录图像和进行复杂的图像分析处理,先进的热像仪都要求达到电视兼容图像显示。

红外探测器又称"红外摄像机"或"扫描器""摄像头"等。它在任意瞬间只能看到目标的一小部分,称为"瞬间视场"。看到瞬间视场时,只要探测器的响应时间足够快,就立即输出一个与所接收到的辐射通量成正比的信号。瞬间视场一般只有零点几个毫弧度或几个毫弧度(mrad)。为使一个几十度乘几十度视场的目标成形,则需要以瞬间视场为单位对整个被测目标进行扫描。整个扫描过程中,探测器的输出将是一个与扫描顺序中各瞬间视场的辐射通量变化相对应的视频信号,经电子放大处理,还原为目标的温度场,显示或记录下来。红外摄像机由成像物镜、光机扫描机构、制冷红外探测器、控制电路及前置放大器等组成。

(1) 成像物镜　根据视物大小和像质要求,成像物镜可由不同透镜组成。

(2) 光机扫描机构　一种是由垂直、水平两个扫描棱镜及同步系统组成(见图 8-5),另一种是由一个旋转扫描棱镜组成(见图 8-6)。

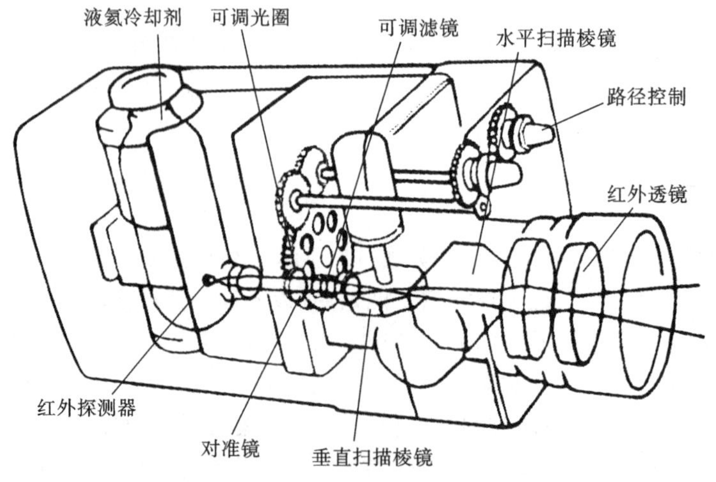

图 8-5　AGEMA 公司热像仪结构图

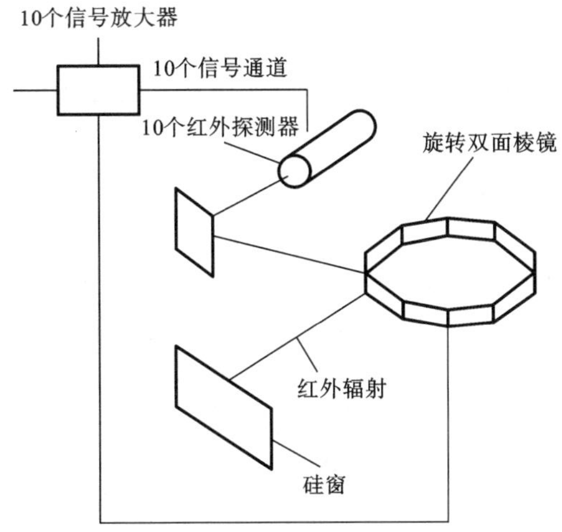

图 8-6　HUGHES 公司热像仪扫描系统示意图

(3) 制冷红外探测器　该探测器是用于接收目标的红外光信息并将其转化为电信号的红外敏感器件。红外元件是一小片半导体材料，或是在薄基片上的化学沉淀物。不少红外敏感元件需制冷到很低的温度下才能有较大的信噪比、较高的探测率、较长的响应波长和较短的响应时间。现代的制冷方式有多种，有利用相变原理制冷、利用高压气体节流效应制冷、利用辐射热交换制冷和利用温差电制冷等方式。

为了保证有效的热传导，元件黏结在制冷室(即绝热容器或杜瓦瓶内)的末端就能进行冷却，制冷器的工作温度由制冷器决定。液氩制冷效率比液氮的高一倍。

8.3.3　红外成像系统探测波段的选择

由于红外探测器工作受到大气阻尼的影响。阻尼源之一是空气中的二氧化碳及水分子，为将其影响减至最小，可根据红外波长与大气传导率之间的关系来选择波长，从快速响应和高灵敏度方面考虑，3～5 μm(短波)及 8～14 μm(长波)两个波段都有不同特性的探测器可选用，大多数设计者选择了短波段，因其在较宽的范围内功能最佳，达到良好的测温要求，而长波段则更多地用于低温(－10～20 ℃)及远距离测量，多用于军事方面及气体的检查。

8.4　红外检测技术的应用

红外检测技术的发展已有较长的历史，但到 20 世纪末才逐渐成为一门独立的综合性工程技术。这项技术最早用于军事领域，后来推广到其他领域和科学研究等方面。例如：在钢铁、非铁金属、橡胶、造纸、玻璃、塑料等工业中，用于对加工过程中的检查、管理，炉窑、铸件、焊接的无损检测，对电气设备的维护和检查，对设备、建筑物的热分布检测和分析等；在农业中，用于对病虫害的探测，农作物估产，植物、水、土壤温度的测量等；在公安和火情监测工作中，用于对犯罪现场的调查和分析，防盗、入侵报警和监视，火灾发现和监测，遇险救助等；在医学中，用于对疾病的检查和诊断等。特别是随着设备状态检测和诊断技术的研究、开发和应用，红外检测技术已广泛地用于设备运行的各个阶段。

8.4.1 红外点温仪的应用

在采用非接触式检测手段的测温仪中，红外点温仪具有轻便、快速、直观、廉价的特点。红外点温仪在国内外均较普及，一般外形可分为手持式和支架式两种，其测温范围可分为高温、中温和低温三种，且测量视场角不同，使用者应根据被测目标的性质(如温度范围、尺寸大小等)选择不同的测温仪。

例如，某钢铁公司一铁厂 7 号高炉经大修后投入生产，发现该炉风口部及炉腹部炉皮有烧红现象，威胁着高炉的正常运行。采用 AGA-80 型点温仪来测试，选择比辐射率 ε 为 0.08，距炉皮 1.5～2.0 m 处对炉皮的小块面积进行人工扫描，测出温度的平均值、最大/最小值，再作第二次扫描，找出温度最大值的具体位置。结果表明，炉皮温度偏高点在 1 号和 2 号风口之间上部的测点 O 处，温度为 126 ℃，以及 3 号风口上部的测点 S 处，温度为 110 ℃，可以认为此两处有高炉料松动的现象，O 点和 S 点两处的松动深度分别为 170 mm、130 mm(填料层厚度为 230 mm)，原因是筑炉勾缝质量差。经针对性处理后，减少了高炉休风次数，保证了高炉正常生产，取消了返修计划，节约资金 30 余万元。

8.4.2 红外成像系统的应用

红外点温仪只能测“点”温，对自动化、大型化、连续化水平较高的设备，为了确保其运行的高度安全性和可靠性，此时应配备红外热像仪或由红外电视组成的红外诊断系统。

红外成像系统可用于对高炉、转炉、加热炉、回转窑等大型炉窑的检测，对热风炉、钢水包、钢锭模、烟囱等的温度测试，对保证正常生产、避免过剩维修起到不可替代的作用。

实践证明，尽管高炉炉壁由炉皮、铁屑填料、冷却壁、碳素填料、碳砖等五层物质组成，热像仪还是能准确地捕捉到温度的异常信息，发现事故隐患，这为新炉体设计提供了科学依据。

在冶金工业中，国内外将热像仪用于提高钢包寿命、测定钢锭温度并验证钢锭液心率的实验中，从而验证和修订了理论计算值。此外，热像仪在冶金工业中还有以下作用：定期连续地测定炉低表面温度，制定维修周期，提高利用指数；降低炉衬单耗的管理；检测炉皮温度，进而推断出炉衬剩余厚度的变化；对钢质量进行控制，等等。

在大多数工业应用中，对于温度分辨率要求不高的场合，没必要选用热像仪，可以选用红外电视。红外电视虽然只有中等的分辨率，但是它能在常温下工作，省去了制冷系统，设备结构更简单，操作更方便，价格比较低廉。对测温精度要求不高的工程应用领域，红外电视比较适宜，关于红外电视技术请参阅有关资料。

8.4.3 红外检测技术用于无损缺陷探查

X 射线和超声波早已经被用于无损检测，但红外技术的加热和探测设备比较简单，能根据特殊需要设计出合理的检测方案，对金属、陶瓷、塑料、橡胶等各种材料的缺陷，如裂缝、孔洞、异物、气泡、截面异变等均可方便地进行探查。

红外无损缺陷主动探查是用一外部热源对被检测物体进行加热，此时热量将沿表面流动：如果物体无缺陷，热流将是均匀的；若有缺陷存在，热流特性将改变，形成热不规则区。检测被测物体表面温度或温度分布，就可以发现缺陷所在。

红外无损缺陷被动探查是将试样加热或冷却，在一个显著区别于室温的温度下保温到热平衡，然后用红外辐射计和红外热像仪进行扫描的方法。利用被测物体自身发射的红外辐射不同于环境红外辐射的特点来检测物体的表面温度或温度分布。表面温度梯度不正常说明样件中存在缺陷。对焊接质量的检查，将样件的温度控制在室温以上，观察其热像图，在其热流路径上的物理特性将反映在相应的温度分布图中，从而可以发现焊接缺陷。另外，未焊好的区域的摩擦会导致发热，对应于这一产生摩擦的位置，样件外表面的热像图将显示出一个高温区，这样就可以确定出未焊好的部位。

习　　题

8-1　红外测温的温度分辨率和空间分辨率各是多少？

8-2　确立被测物体表面温度和其辐射能量关系的定律是什么？

8-3　材料的幅值辐射波长与材料的温度有什么关系？进行温度测量时，红外测温仪器的镜头波长应怎么选择？

8-4　简述红外测温仪的基本原理。

8-5　红外成像和红外测温仪主要的区别是什么？

8-6　列举红外测温实际应用的例子。

第9章　无损检测与评价

9.1　概　　述

由于科学技术的不断发展，在设备的运行状态和故障的诊断方面，目前已有很多种技术手段可供使用，无损检测与评价技术就是其中一种重要的设备故障诊断手段。

9.1.1　无损检测与评价的定义

无损检测是指在不损伤和不破坏材料或设备结构的情况下，对材料或设备结构的物理性质、工作状态和内部结构进行检测，并由所测的不均匀性或缺陷，来判定材料是否正常的各种检测技术。

一个设备在制造过程中，可能产生各种各样的缺陷，如裂纹、疏松、气泡、夹渣、未焊透和脱粘等，在运行过程中，由于应力、疲劳、腐蚀等因素的影响，各类缺陷又不断产生和扩展，现代无损检测与评价技术，不但要检测出缺陷的存在，而且要对其作出定性、定量评定，其中包括对缺陷的定量测量（如形状、大小、位置、取向、内含物等），进而对有缺陷的设备分析其缺陷的危害程度，以便在保障安全运行的条件下，作出带“伤”设备可否继续服役的选择，避免不必要的检修和更换所造成的浪费。

目前，国外在这一技术领域中，有下列三个经常使用而含义相近的基本技术术语：

无损检测（nondestructive testing，NDT）；

无损评价（nondestructive evaluation，NDE）；

无损检验（nondestructive inspection，NDI）。

其中 NDT 和 NDI 更为相近，前者一般泛指材料和设备在各种场合中所用的检测，后者多指在设备验收和在役情况下使用的检测，是无损检测更高层次的发展，着重于对缺陷的危害程度进行评估。

9.1.2　国内外无损检测技术的发展概况

无损检测技术首先在各工业发达国家得到应用与发展，从 1942 年美国最先有组织地抓这项工作以来，至今已有几十年的发展史，随着科学技术的不断发展，目前无损检测技术已发展到一个比较成熟的阶段，其主要标志为：各国在缺陷和故障的无损检测评定方法、仪器测量手段、人员培训等方面都有了一些相应的标准和规范，并还在对其进行不断地增订和修改；此外还广泛地开展了国际性的交流活动，目前世界上已有一半左右的国家对这一技术公布了他们的认可体系。

在我国，从 20 世纪 50 年代开始，各工业部门相继开始采用无损检测技术。目前发表的相关论文表明，我国的无损检测技术与发达国家的差距正在缩小，该技术在机械、冶金、航空航天、原子能、国防、交通、电力、石油化工等多种工业部门中都已得到了广泛的应用，对无损检测的要求也有日益增长的趋势。

9.1.3　无损检测与评价技术在设备故障诊断中的应用

现代设备，例如锅炉、压力容器、飞机、航天器、船舶、铁轨和车轴、发动机、汽车、电站设备等，它们很多是在高温、高压、高速或高负载条件下运行的。如果这些设备在制造过程中装上具有裂纹等缺陷的部件，或在运行过程中，其构件产生疲劳裂纹或应力腐蚀裂纹，必然会缩短使用寿命，降低安全可靠性，甚至导致恶性事故的发生，为此要应用检测与评价技术，对其进行故障诊断。

9.1.4　无损检测方法的分类与特点

凡是对材料或设备的缺陷、故障实行无损检验的各种机械、声、光、热、电、磁、电磁辐射、核辐射、化学、粒子束等方法，广义上都可被认为是无损检测方法。

主要无损检测方法及其特点见表 9-1。

表 9-1　主要 NDT 方法的适用性和特点

序号	检测方法	缩写	适用的缺陷类型	基本特点
1	超声波探伤法	UT	表面与内部缺陷	速度快、适合检测平面型缺陷、灵敏度高
2	射线探伤法	RT	内部缺陷	直观、适合检测体积型缺陷、灵敏度高
3	磁粉探伤法	MT	表面缺陷	仅适用于磁铁性材料的构件
4	渗透探伤法	PT	表面开口缺陷	操作简单
5	涡流探伤法	ET	表层缺陷	适用于导体材料的构件
6	声发射检测法	AE	缺陷的萌生与扩展	动态检测与监测

9.1.5　无损检测新技术的发展

通常，人们习惯于将超声波、射线、磁粉、渗透、涡流这五种探伤方法，称为常规无损检测方法；除此之外正在不断发展的无损检测技术，称为无损检测新技术。

在历届有关的国际学术会议上，被列入新技术的有：声发射检测技术、激光全息检测技术、红外检测技术、微波检测技术等。在非金属材料或构件的无损检测中，大量采用非常规的无损检测新技术，即便是用超声或射线方法，往往也是采用这些方法中不断发展的新技术的分支，因此常将非金属无损检测列入新技术范畴。

9.2　超声波探伤法

9.2.1　超声波探伤原理

人耳可以听到的声波频率为 20 Hz～20 kHz。频率高于 20 kHz 的声波称为超声波。超声波探伤是超声频率的振动在弹性介质中的一种传播过程。探伤用的超声频率范围为 0.5～20 MHz，其中常用的为 1～5 MHz。

超声波探伤(ultrasonic testing)，是一种利用某些晶体(如石英、钛酸钡、锆钛酸铅等)的压电效应的无损检测方法，即在交变电压的作用下，这些晶体会发生拉伸和压缩变形，并发生振动，产生超声波(见图 9-1)。超声波入射到检测对象后若遇到缺陷，会发生反射、散射或衰减，再经探头接收变成电信号，进而放大显示，据波形来确定缺陷的部位、大小和性质，并由相应的标准或规范来判断缺陷的危害程度。这种方法灵敏度高,操作方便,检测速度快,对人体无害,但操作人员必须有一定的经验分析能力。

	作 用		效 果
压电效应	施压力于晶体上	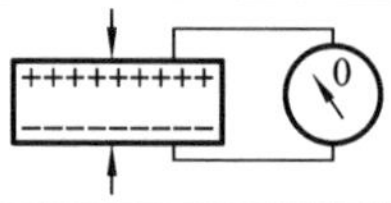	产生正电压
	施拉力于晶体上	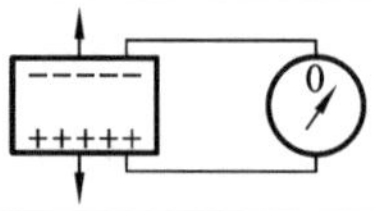	产生负电压
反效应	施正向电压	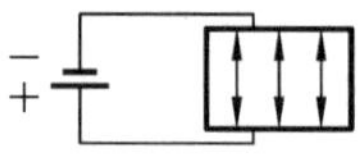	晶体膨胀
	施负向电压	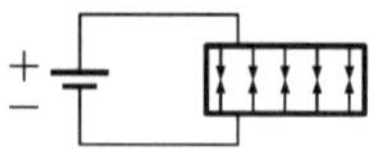	晶体收缩

图 9-1　超声波产生原理

超声波探伤是一种广泛应用的无损检测方法,它可以检测机件表面或内部的裂纹和其他缺陷。按照检测仪回波信号的显示方式可分为 A 型、B 型和 C 型三种类型。A 型显示的是反射波的声压幅度随时间变化的波形;B 型显示的是试件沿厚度方向的截面上的声压幅度;C 型显示的是试件等厚度方向的一个平面上的声压幅度。

9.2.2　超声波探伤方法

按照发射波的形状、探头的种类、发射和接收连接方式等的不同,将常用金属超声波探伤法分为共振法、穿透法和脉冲反射法等。

1. 共振法

一定波长的声波,在物体的相对表面上反射,所发生的同相位叠加的物理现象称为共振,应用共振现象来检验工件的方法称为共振法(见图 9-2)。

用共振法测厚的关系式为

$$\delta=n\frac{\lambda}{2}=\frac{nc}{2f} \tag{9-1}$$

式中:δ——试件厚度;

λ——超声波波长;

n——共振次数(半波长的倍数);

c——试件的超声波速度;

f——超声波的频率。

共振法设备简单,测量精确,常用于壁厚测量;此外,还可以用来测量复合材料的胶合质量、板材点焊质量、均匀腐蚀量和板材内部夹层等缺陷。

2. 穿透法

穿透法是最先使用的超声波探伤方法:将两个探头分别置于工件的两个相对面,一个探头发射超声波,超声波透过工件被另一面的探头所接收;若工件内有缺陷,由于缺陷对超声波的遮挡作用，穿透的超声波能量将减少，根据能量减小的程度可判断缺陷的大小。穿透法探伤包括连续波和脉冲波探伤两种不同的方式。脉冲穿透法如图 9-3 所示。其优点主要是不存在盲区，适合探测较薄的工件；其缺点是不能确定缺陷的深度位置。

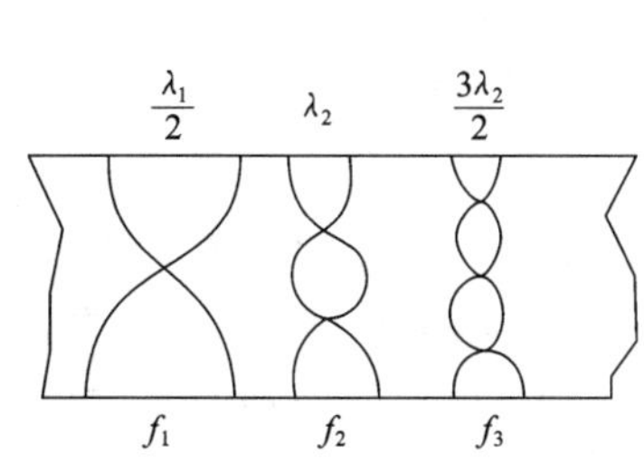

图 9-2　板中超声波的共振现象

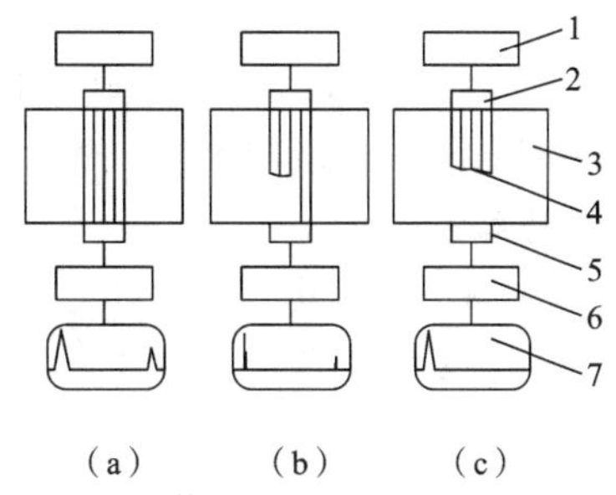

图 9-3　脉冲穿透法

(a) 无缺陷；(b) 有小缺陷；(c) 有大缺陷

1—脉冲波高频发生器；2—发射探头；3—被探工件；4—缺陷；5—接收探头；6—放大器；7—示波屏

3. 脉冲反射法

脉冲反射法是目前应用最广泛的一种超声波探伤法，它采用超声脉冲进行探测，探测结果一般用 A 型显示。脉冲反射法可分为垂直探伤法和斜角探伤法两种。

1）垂直探伤法

垂直探伤时，探头垂直地或以小于第一临界角的入射角度耦合到工件上，在工件内部只产生纵波。垂直探伤法通常又分为一次脉冲反射法、多次脉冲反射法及组合双探头脉冲反射法。图 9-4 为一次脉冲反射法示意图，当工件中无缺陷时，示波屏上除始波和底波外，还有缺陷波，当工件中的缺陷尺寸大于超声波波长时，示波屏上将只有始波和缺陷波，底波消失。

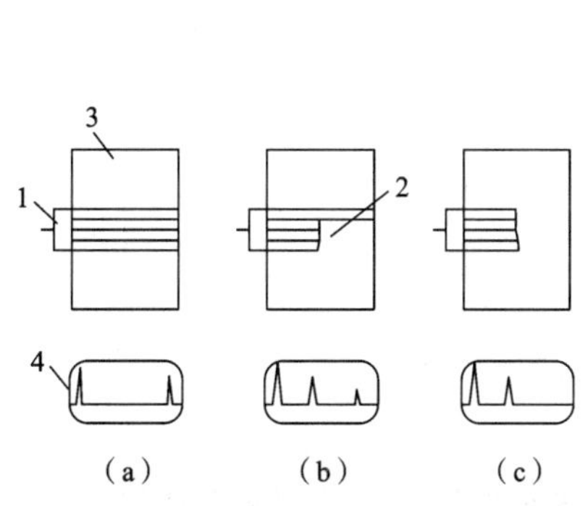

图 9-4　一次脉冲反射法

(a) 无缺陷；(b) 有小缺陷；(c) 有大缺陷

1—探头；2—缺陷；3—工件；4—示波屏

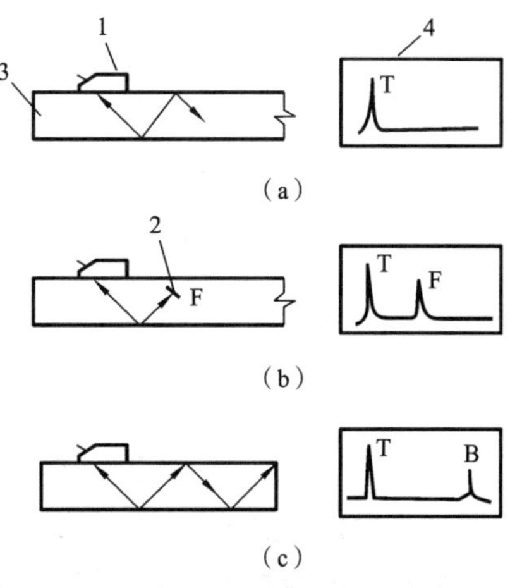

图 9-5　斜角探伤法

1—探头；2—缺陷；3—工件；4—示波屏

2）斜角探伤法

在脉冲反射探伤中，用不同角度的斜探头在工件中可分别产生横波、表面波和兰姆波，其对应的探伤法为横波探伤法、表面波探伤法和兰姆波探伤法。图 9-5 所示为斜角探伤法示意图,无缺陷时显示屏上只有初始波 T,当有缺陷时,在缺陷上反射回来缺陷波 F;另外,当探头接近板端时会有端角波 B 反射回来。

9.2.3 超声波探伤应用

超声仪不仅可用来检查管道、压力容器、机器零件和部件(构件)的腐蚀、点蚀、锈蚀和裂纹,还可用于测量各种覆盖层厚度,如磁性材料的镀铬层、底层涂料、防锈处理层等。

1. 铸件的超声波探伤

奥氏体铸钢中的裂纹,其方向大部分垂直于表面或近似垂直于表面。图 9-6 为表面裂纹探伤图,图中采用一发一收两个斜探头,发射探头发出的超声波倾斜入射到工件中,其在底面的第一次反射波被接收探头收到,图(a)中因无裂纹,能收到强的反射波和因晶体反射引起的林状回波;图(b)中的波束一部分被裂纹阻挡,回波的高度整个都减弱了;图(c)中的波束完全被裂纹所阻挡,几乎观察不到反射波,在被测工件表面上,探头移动一定距离时,反射波的高度发生如图(e)所示的 V 形(或 U 形)变化。

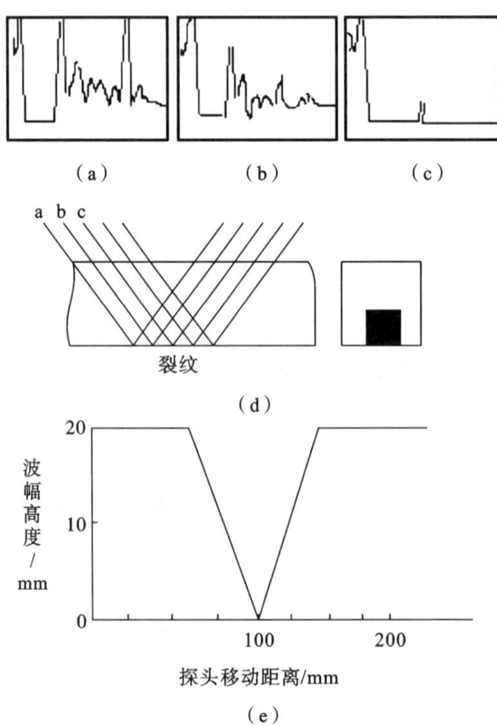

图 9-6 奥氏体钢的表面裂纹探伤示意图

2. 焊缝的超声波探伤

在焊缝探测中,应根据工件的形状、厚度、焊接形式等选择不同的探测方法,选择不当会误判或漏检。利用超声波探伤技术对焊缝中的裂纹和未焊透等缺陷进行诊断具有许多优点,应用广泛。焊缝缺陷的超声波探伤一般采用横波斜角探伤法,当横波在传播中遇到缺陷时,就会在缺陷表面产生反射和波形转换,如图 9-7 所示。

平板焊缝的横波斜角探伤如图 9-8 所示。在国内焊缝探伤技术中,人们采用了由式(9-2)确定的 K 值标称的斜探头,称为 K 值探头,在探得缺陷后,根据 K 值很容易确定缺陷在焊缝中的深度和水平距离;设板厚为 δ,探头入射点 O 到板厚的水平距离为 P,声程为 S,探头折射

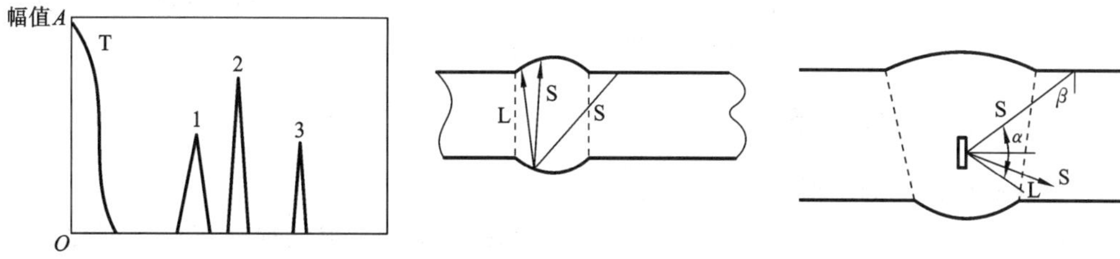

图 9-7　斜角探测时波形转换和反射

T—初始波；S—横波；L—纵波；1—横波反射波；2—纵波反射波；3—二次横波反射波

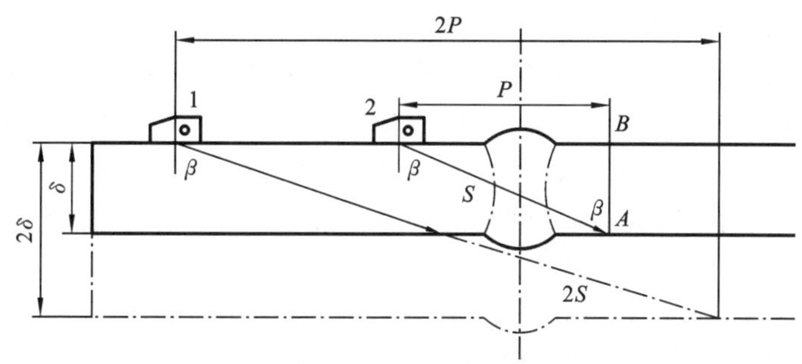

图 9-8　横波斜角探伤的基本关系

角为 β，则探头的 K 值和声程分别为

$$K=\tan\beta=P/\delta \tag{9-2}$$

$$S=\delta\sqrt{K^2+1} \tag{9-3}$$

图中在探头 1 的位置进行的探伤称为一次波探伤，用于探测焊缝下半部缺陷，在探头 2 的位置进行的探伤称为二次波探伤，用于探测焊缝上半部缺陷。对薄板焊缝，可采用多次波探伤。

9.3　射线探伤法

9.3.1　射线探伤法原理

容易穿透物质的射线有 X 射线、γ 射线和中子射线，因为产生中子射线的装置比较笨重，在设备诊断中常用前两种。

射线在穿透物体的过程中，由于物体的吸收和散射，其强度要减弱，减弱的程度取决于物体的厚度、材料的性质、射线的种类和缺陷的有无。当物体含有气孔时，气孔部分不吸收射线，射线容易通过；反之，若含有易吸收射线的异物，射线就难以通过。用强度均匀的射线照射被检测物体，使透过的射线在照相底片上感光，显影后，就得到与材料内部结构或缺陷相对应的图像，即射线底片，通过对这种底片的观察来确

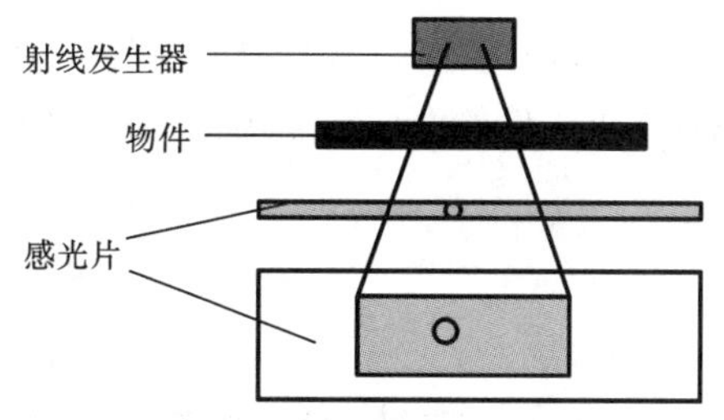

图 9-9　射线探伤原理图

定缺陷的种类、大小和分布情况,再依据相应的标准,来评定缺陷的危害程度,这就是射线探伤法(radiography testing,RT)。其原理如图 9-9 所示。

9.3.2　射线探伤仪器

1. 射线探伤仪器的小型化

用于设备检测的射线探伤仪需小型化,以便携带。国产 X 射线探伤仪已系列化,其中便携式射线探伤仪的规格有 50 kV,100 kV,150 kV,200 kV,250 kV。国产 γ 射线探伤仪,用 60CO,192IR 同位素源,可解决厚度为 10~200 mm 的钢板探伤;最新研制的 170TM 射线探伤仪,能量为 84 keV,适合照射厚度为 2~12 mm 的薄钢板。

2. 工业 X 射线电视装置

检测透过试件的 X 射线,并将其转化为可见光,用电视摄像机摄像,通过观察监视器上的图像来探测缺陷,这就是 X 射线工业电视的工作过程。目前,X 射线荧光图像增强管性能有很大改进,提高了图像的分辨力和对比度;除此之外,可通过增加电视摄像机扫描线的线数来提高图像的分辨率。用计算机来进行图像处理的自动判定式 X 射线工业电视,在自动生产线上可自动判定产品有无缺陷,进而筛选产品。

3. X 射线计算机断层扫描分析设备

X 射线计算机断层扫描(CT)设备原是为拍摄人体断层而研制的,自 1979 年开始使用于工业检验,其原理是:检测透过物体并经调制的 X 射线(即从物体所有方向收集投影资料),将多个一维投影数据重新构成原来物体在某一断面上的图像,从这种断层图像可判断缺陷的位置和空间尺寸。

9.3.3　射线探伤方法

一般将便携式 X 射线或 γ 射线探伤仪放到距需检验部位 0.5~1 m 处,按射线穿透厚度为最小的方向放置,将胶片盒紧贴在试件的背后,让 X 射线或 γ 射线照射试件并进行曝光。把曝光后的底片在暗室进行显影、定影、水洗和干燥,再将干燥的底片放在显示屏的观察灯上观察,根据底片的黑度和图像来判断缺陷的种类、大小和数量,随后按要求和标准进行缺陷的等级分类。

射线照相的影像质量由三个因素决定,即对比度、清晰度和颗粒度。另外,射线照相灵敏度是综合评定射线影像质量的指标,目前各国普遍用像质计灵敏度来表示射线照相灵敏度,像质计也称透度计。

射线探伤可用于所有材料,适用于展示内部缺陷,缺陷的形状、位置和大小可在底片上看出,底片可永久保存。射线束以其特有的几何形状前进,穿透力强,不被转向,能进行管道或容器周向焊缝的检验。但探伤的操作复杂,对人体有一定的伤害,成本较高,缺陷的深度很难辨别,要求试件的两面都能操作,对厚的试件要求曝光时间较长。

9.4　声发射检测技术

9.4.1　声发射检测技术的原理

金属材料由于内部晶格的错位、晶界滑移或者由于裂纹的产生和发展,均要释放弹性波,这种现象称为声发射现象。声发射的频率可以由 20 Hz 到数兆赫。例如，锡鸣就是金属锡在人耳能听到的声频范围内的声发射现象。但多数金属，特别是钢、铁材料，声发射的频带均在超声范围内。利用声发射的特点，在干扰中检测并分析声发射信号，进而根据声发射信号特征推断声发射源的危险性，这就是声发射检测技术，这一技术与多数无损检测方法的区别在于：多数信号检测方法是使被检测零件处于静止被动状态，而声发射检测是动态检测，只有被检测零件受到一定载荷，有开放性裂纹发生和发展时才会有声发射被接收；多数无损检测是信号按一定途径穿透试件，而声发射检测所发射的声波是试件本身发射的弹性波，由传感器加以接收。

声发射信号按照波形形态可以分为突发型和连续型两种信号。突发型声发射信号在时域上可分离，有明显的上升和下降形态，是一次声发射事件发生时而产生的尖脉冲，脉冲的幅值与声发射波源的活动强度和释放的速度快慢程度相关，即波源的声发射强度越大，释放速度越快，其产生的脉冲幅值也越大。突发型声发射信号的数学模型可表示为

$$y(t)=Ae^{\frac{t}{\lambda}}\cos(\omega t+\varphi) \tag{9-4}$$

式中：A——信号的最大幅值；

λ——信号的衰减常数；

ω——信号的振荡频率(rad/s)；

φ——信号的相位角(rad/s)。

当材料中的声发射频次增加而在时域上产生不可分离的状态时，信号就会以连续不断的形态展现出来，这种信号称为连续型声发射信号。连续型声发射信号的数学模型可表示为

$$y(t)=\sum_{i=0}^{i=N}A_i e^{\frac{t}{\lambda_i}}\cos(\omega_i t+\varphi_i) \tag{9-5}$$

式中：N——声发射源个数。

声发射信号处理方法可以概括为两种，分别是参数分析法和波形分析法。其中，参数分析法主要是对声发射信号的波形参数进行统计分析，而波形分析法更多的是挖掘声发射信号波形中所蕴含的特征信息，如小波分析、包络谱分析等。随着现代数据信息融合技术的发展，更多的智能分析方法应用到了声发射信号处理上。声发射信号的波形参数有振铃计数，事件计数，幅度及其分布，能量及其分布，有效电压值，波形的上升，下降及持续时间，到达的时间差

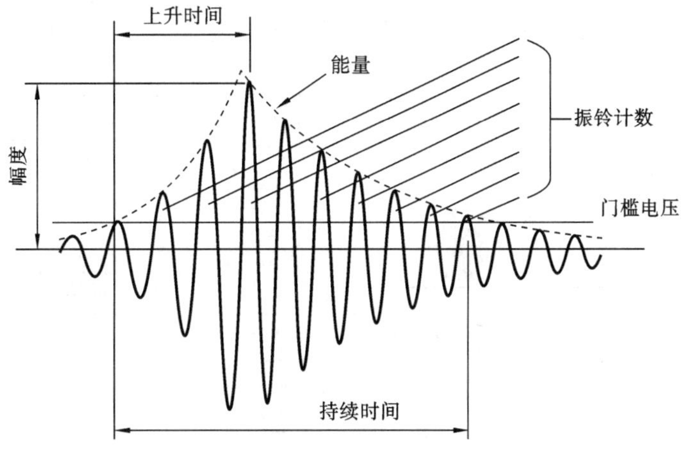

图 9-10　突发型声发射信号波形参数

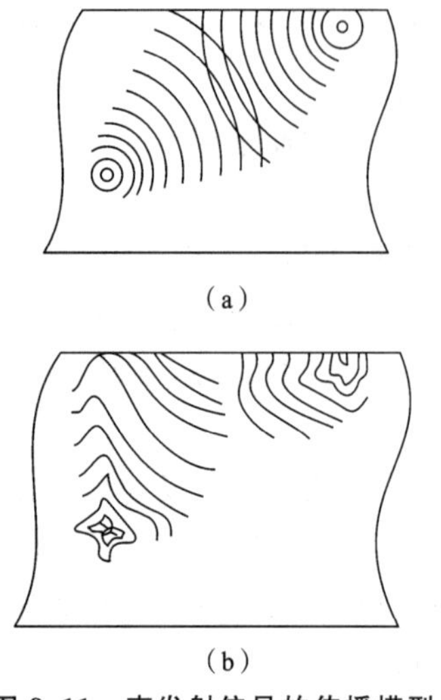

图 9-11　声发射信号的传播模型

等,如图 9-10 所示。振铃计数是声发射信号超过某一设定门槛的次数。超过门槛电压并使某一个通道获取数据的任何一个声发射信号称为一个撞击。产生声发射的一次材料局部变化称为一个声发射事件。一个声发射事件中一般包含一个或者几个撞击。

图 9-11 所示的是声发射信号的传输模型。图(a)所示为理想的模型,内部点状发射源以球面波等速向各个方向发射弹性波,而位于表面的声发射源除了以球面波的形式外,还以表面波的形式向各个方向逸散;图(b)所示为近乎实际的传输模型,由于声发射源不是点声源,有不同的形状,传递介质又是各向异性体,因此在各向异性体中传播的弹性波其波前、方向不断产生变化,并伴有衍射、散射、干涉和折射等复杂的物理现象。

9.4.2　声发射检测系统的基本组成

一个声发射系统可以认为是由探头和声发射仪器两部分组成的。

探头一般由壳体、压电晶体、高频插座组成,有时也添加背衬阻尼、固定探头用的永磁固定架、高温检测用的波导管,它们都可作为探头的附件。常用的探头种类有:高灵敏度探头、差动探头、高温探头、宽频带探头等。

单端谐振式的高灵敏度探头(见图 9-12)是声发射检测中最常用的一种,其结构很简单。其频响特性是窄频带的,谐振频率主要取决于压电晶体的厚度,通常采用 150 kHz。声发射仪器现在都有专用的集成设备,一般包含前置放大器、信号采集卡等硬件和声发射检测软件,如图 9-13 所示。

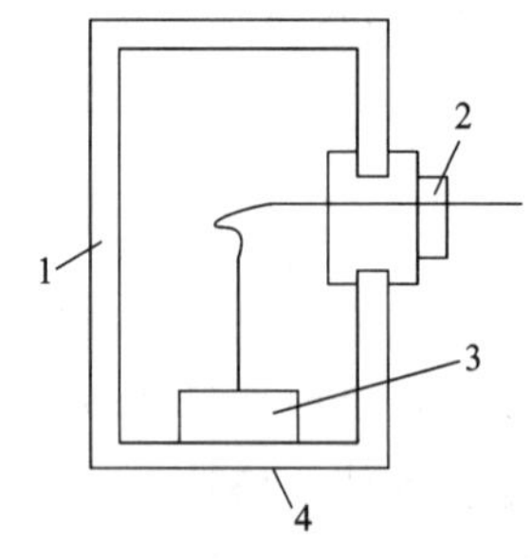

图 9-12　单端谐振式高灵敏度探头结构

1—壳体;2—高频插座;3—压电元件;4—粘接部位

声发射检测仪器的基本种类有:① 单通道声发射检测仪,如图 9-14 所示,其中,鉴幅整形器设置固定或可变的阈值电平门槛,超过此值的信号形成振铃脉冲或事故脉冲。② 多通道声发射源定位和分析仪,它是在多个单通道检测仪基础上,加上时差计

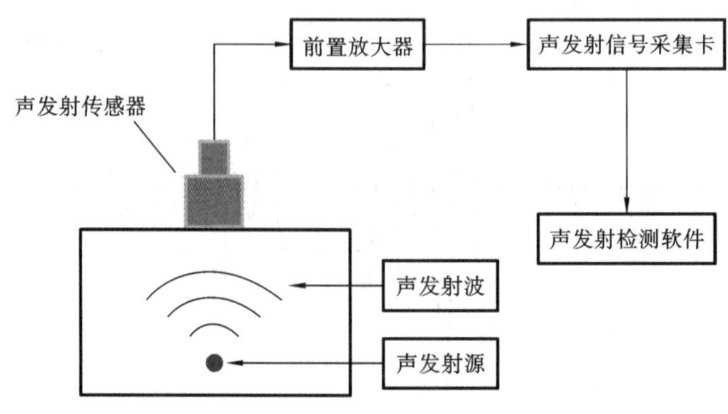

图 9-13　声发射检测原理图

数单元，测出各通道探头信号的到达时差，最后送到计算机进行数据处理，具有很强的信号鉴别能力和数据处理能力。它不仅可实时确定声发射源的位置，而且可以实时评价声发射源的有害度。

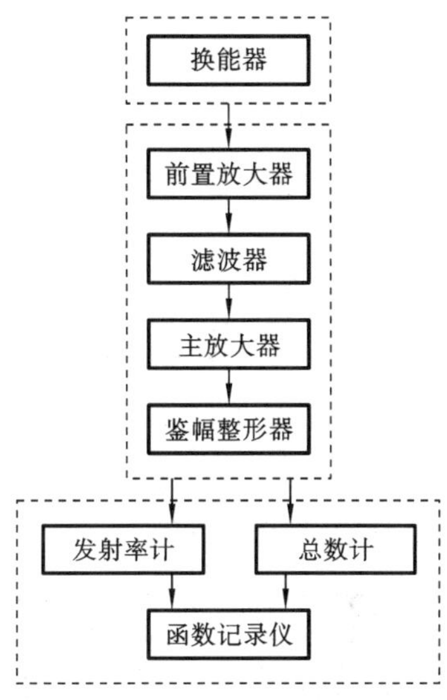

图 9-14　单通道声发射检测仪框图

9.4.3　声发射检测的特点

声发射技术发展至今，已成为一种快速、动态、整体性的无损检测手段，可在设备运行中对裂纹等缺陷的变化和发展实行动态检测，当缺陷处于无变化、无扩展静止状态时，就不会出现声发射。目前，声发射技术已能检测到微米数量级的显微裂纹变化，与其他无损检测方法相比，该方法灵敏度较高。对大型构件实行整体检测时，声发射技术采用多通道探头，按一定排列方式固定布置在整个大型构件上，覆盖整个构件表面，在一次试验中就可检测到整个构件上的缺陷分布及其危害性，这是其他无损检测方法无法做到的。

9.5　其他无损检测方法简介

9.5.1　渗透探伤法

1. 渗透探伤法原理

渗透探伤的方法是：把受检测的零件表面处理干净以后，使渗透液与受检验零件表面接触，由于毛细管的作用，渗透液将渗入零件表面开口的细小缺陷中去；然后清除零件表面残存的渗透液，再用显像剂吸出已渗透到缺陷中的渗透液，从而在零件表面显示出缺陷的图像，据此判断缺陷的种类和大小。

渗透探伤按缺陷显示方法不同分为荧光显示的荧光法和颜色显示的着色法。荧光法和着色法按其渗透液清洗方法的不同又分为水洗型、后乳化型和溶剂清洗型三类。各种渗透探伤法的适用范围见表 9-2。

表 9-2　各种渗透探伤法的适用范围

适合的监测对象	荧光法 水洗型	荧光法 后乳化型	荧光法 溶剂清洗型	着色法 水洗型	着色法 后乳化型	着色法 溶剂清除型
微细的裂纹、宽而浅的裂纹		√			√	
表面粗糙的构件	√			√		
大型构件的局部探伤			√			√
疲劳裂纹、磨削裂纹		√	√			
遮光有困难的场合				√	√	√
无水、无电的场合						√

2. 操作过程

渗透探伤的操作步骤分为四个阶段(见图 9-15)。

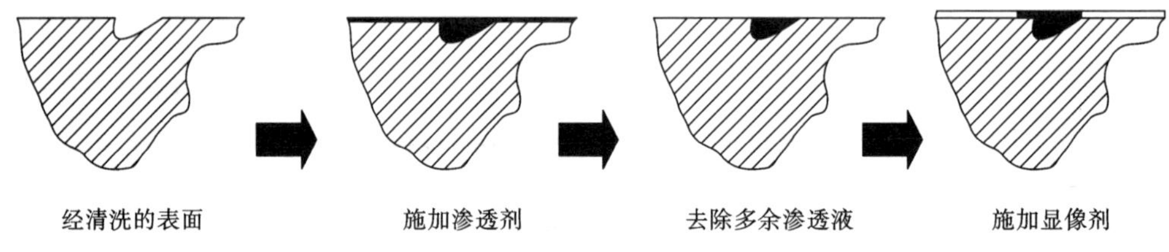

图 9-15　渗透探伤法的基本步骤

(1) 渗透　把被检验的零件的表面处理干净(预清洗)之后,使荧光渗透液或着色渗透液与零件接触,从而使渗透液渗入零件表面的开口缺陷中。

(2) 清洗　用水或溶剂清洗零件表面所附着的残存渗透液。

(3) 显像　清洗过的零件经干燥后,施加显像剂(白色粉末),使渗入缺陷中的渗透液被吸出到零件的表面。

(4) 观察　被吸出的渗透液在紫外线的照射下发出明亮的荧光,或在白光(或自然光)照射下显出颜色,从而显示出缺陷的图像。

在操作过程中,要特别注意,为使渗透液尽可能多地渗入缺陷中,并防止渗透液被污染而降低灵敏度,因而零件表面必须清洗干净。其次,在清洗零件表面残存的渗透液时,要注意将残存渗透液清洗干净,但是也要防止过度清洗影响检测灵敏度。探伤结束后,清除残存的显像剂,以防腐蚀被检零件表面。

渗透探伤只适用于检查表面缺陷,由于这种检验方式不受零件形状的影响,而且具有较高的灵敏度,因此广泛地用于各种金属铸件、锻件和焊接件的检测,同时可用于陶瓷及塑料的检验,表面裂纹的检测极限为长 1 mm、宽 0.1 mm、深 0.1 mm。

9.5.2　磁粉探伤法

铁磁性材料(如铁、镍、钴)构件的表面或近表层有缺陷时,一旦被强磁化,则会有部分磁力线外溢形成漏磁场,它对施加到构件表面的磁粉产生吸附作用,因而显示出缺陷的痕迹,如图 9-16 所示。这种由磁粉痕迹来判断缺陷位置、趋向和大小的方法,称为磁粉探伤法。

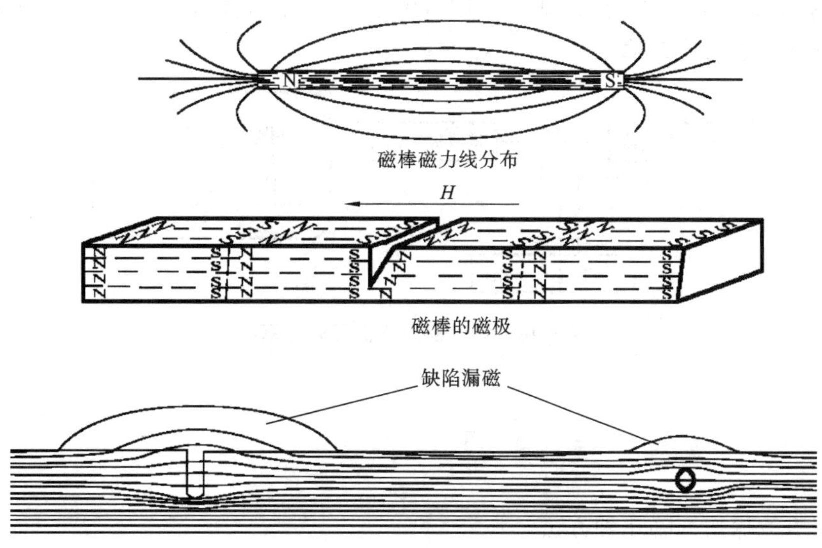

图 9-16　磁粉探伤原理图

缺陷漏磁场的强度和分布，取决于缺陷的长度、趋向、位置和被测表面的磁化强度。当缺陷趋向与磁化方向相互垂直时，检测灵敏度最高；相互平行时则无磁粉痕迹显示。

磁粉探伤法也是一种较古老的无损检测方法，现已广泛用于检测铁磁性材料或其构件的表面和近表层的缺陷，可检测出的典型缺陷为裂纹、重叠、发纹、冷隔和分层。

9.5.3　涡流探伤法

1. 涡流探伤的原理

涡流探伤是以电磁感应原理为基础的，如图 9-17 所示。当检测线圈与导电材料的构件表面靠近并通过交流电所发生的交变磁场时，将在构件表面感应出涡流。由于缺陷的存在，涡流的大小和分布会发生改变，为使涡流绕过裂纹或在裂纹下方通过，根据所测得的涡流变化，可判断缺陷的情况，这种探伤方法称为涡流探伤法。由于交流电在导体表面有“集肤效应”，所以涡流探伤的有效范围就仅限于导体的表层(包括表面和近表面)。

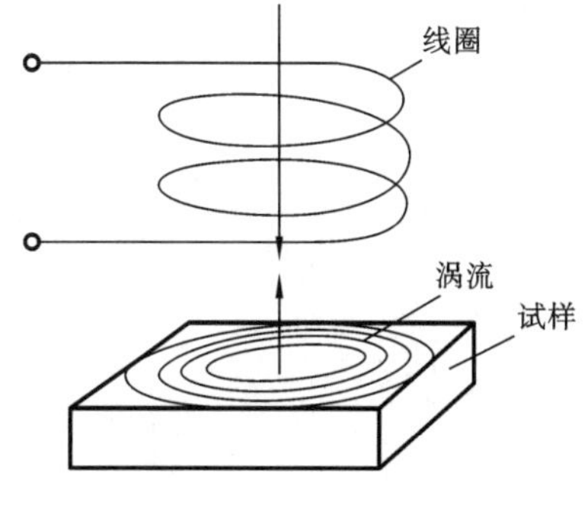

图 9-17　涡流探伤原理图

与超声波探伤方法相比，涡流探伤不需要耦合剂和直接接触，因此检测速度比较高，并且便于实现高温检测。但影响涡流场的因素很多，如材料的电、磁参数，检测线圈与被检测面的距离，被检构件的几何尺寸等，因而检测时往往需要抑制干扰因素后才能得到测试结果或对所测结果进行满意的解释。

2. 涡流检测仪

涡流检测仪由探头和信号显示装置组成。探头是一个检测线圈，振荡器产生频率不同的交变电流通入检测线圈，使其产生激励磁场，使试件产生涡流，涡流又产生反磁场。由于涡流磁场中包含各种缺陷信号，探头可收集缺陷信号并将其转变为电信号而输入信号显示装置。电信号经过放大器放大后，通过信号处理器检测有用的缺陷(裂纹)信号并以直流形式输入显示器显示或接入记录器予以记录(见图 9-18),图中 T 为原始输入信号,B 为没缺陷时的反馈信号,F 为有缺陷时的反馈信号。

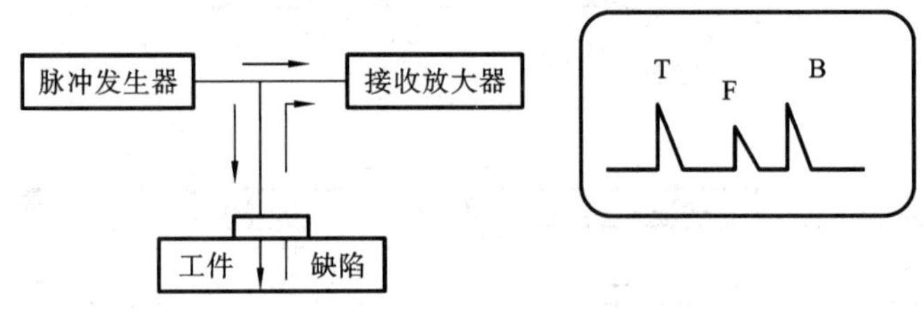

图 9-18　涡流检测仪信号处理框图

习　　题

9-1　超声波探伤有哪几种方法?

9-2　哪几种无损探伤方法对体积性缺陷敏感?为什么?

9-3　声发射探伤的基本原理是什么?该方法有什么特点?

9-4　能探测表面缺陷的无损检测方法有哪些?各有什么特点?

9-5　试述声发射检测方法的原理和特点。

第 10 章　计算机辅助诊断

10.1　概　　述

10.1.1　计算机在监测和诊断中的应用现状

在工矿企业中，当有大量机器需要监测和诊断时，或者关键设备需要连续监测时，要频繁地进行数据采集、分析和比较，这是一项十分繁重的工作。如果依靠人力来进行上述工作，必须配备大量训练有素的监测人员。如果应用计算机进行自动监测和诊断，将节省人力和开支，并能保证判断的客观性和可靠性。

目前，计算机辅助设计(CAD)和计算机辅助制造(CAM)技术已经逐渐在生产中得到承认和普及，但把计算机用于监测设备的运行状态并诊断其故障的产生和发展的时间不长。目前，计算机辅助监测和诊断技术的发展很快。

近年来，许多现代化科学技术手段被广泛地应用到机械故障诊断中，如信号处理技术、模式识别和技术、人工智能技术、模糊数学和神经网络技术等，促进了现代故障诊断技术的迅速发展。特别是，随着人工智能向实用化方向发展，已经出现了机器诊断专家系统，并已有系统投入使用。

计算机在各种诊断方法中的应用程序普及度不同，其中，在振动监测与诊断中的应用程度较高，而在其他诊断方法中的应用起步较晚。

总之，目前发展计算机辅助监测和诊断技术的客观条件日趋成熟，可以有计划、有步骤地在一些诸如石油化工、冶金、电厂等企业逐步推广和应用，使之不断得到发展和完善。

10.1.2　计算机监测和诊断系统的分类

1. 根据监测范围分类

根据监测的范围不同，可分为以下三种。

(1) 整个工厂的监测和诊断系统　通过对全厂设备进行大量的测量，与标准状态进行比较和分析，来判断整个工厂设备的技术状态，制定可以自动报警及修复的步骤，需要计算机的在线监测技术，以进行大量的数据采集及分析。整个监测系统可以和过程自动控制联系起来。整个系统所需的费用很高，要求由专业人员建立和运用。该系统仅适用于很少的重要工厂，这类工厂的产品很重要，或有战略意义。

(2) 关键设备的监测和诊断系统　对工厂中起关键作用的机器进行在线监测，可在任何时刻了解其状态，并可实现自动报警。这种方式需要在线监测技术，监测设备通常很贵。该系统适合于大多数工厂企业。

(3) 关键设备的重要部件的监测和诊断系统　根据以往出现故障的经验，可选择对少量关键部件进行监测。这种方式可广泛采用，而且监测设备不是很贵。监测工作可由企业内部职工进行或雇用企业外的技术人员进行。

2. 根据计算机监测和诊断系统所采用的诊断技术分类

计算机监测和诊断系统按其所采用的技术可分为以下三种。

(1) 简易自动诊断系统　简易自动诊断通常采用某些简单的特征参数,如信号的 RMS 值(均方根值)、峰值等,与标准参考状态的值进行比较,能判断故障的有无,但不能判断是何种故障。因所用监测技术和设备简单、操作容易掌握和价格便宜,这种系统得到了广泛应用。

(2) 精密自动诊断系统　精密自动诊断要综合采用各种诊断技术,对简易诊断(初诊)认为可能有异常的设备作进一步的诊断,以确定故障的类型和部位,并预测故障的发展。要求由专门的技术人员操作,在给出诊断结果、解释和采取对策方面往往需要有丰富经验的人员参与。

(3) 专家诊断系统　专家诊断系统与一般的精密自动诊断系统不同,它是一种基于人工智能的计算机诊断系统。它能模拟故障诊断专家的思维方式,运用已有的故障诊断技术知识和专家经验,对收集到的设备信息进行推理和判断,并不断修改、补充知识以完善专家系统的性能。这对于复杂系统的诊断是十分有效的,也是当前的发展方向。

3. 根据计算机监测和诊断系统的工作方式分类

计算机监测和诊断系统按其工作方式不同可分为以下两种。

(1) 连续监测诊断系统　对机械设备的工作状态连续不断地进行监测和诊断,可以随时了解设备的工况,这种方法也称为在线监测诊断系统,一般用于重要、关键设备的监测。按照投入使用的计算机的数量及工作方式不同,这种系统可分为单机系统和多机系统。

(2) 定期监测诊断系统　对机械设备的工作状态定期进行监测和诊断,也称离线监测诊断系统。

综上所述,计算机监测和诊断系统可分类如下:

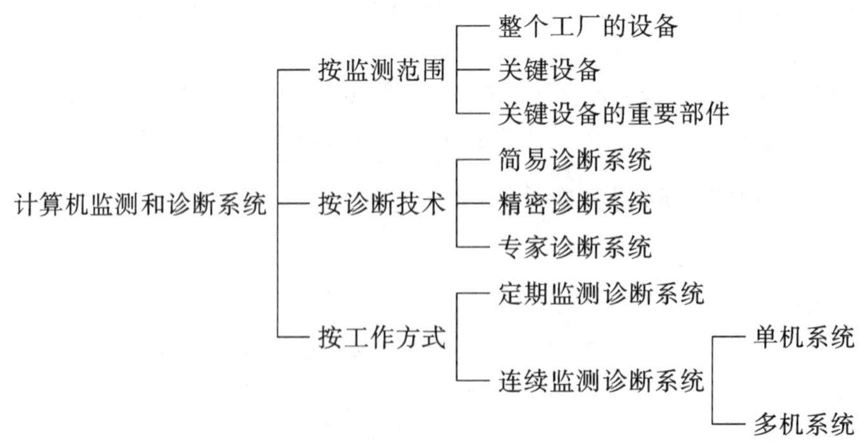

10.2　计算机自动监测和诊断系统的构成

计算机自动监测和诊断系统(computerized automatic monitoring and diagnosis system, CAMD)的构成与它所服务的对象、所采用技术的复杂程度有很大关系。各种类型的 CAMD 差别很大,但一般都包含下列几个部分。

(1) 数据采集部分　其作用是对所要监测的信息进行采集。对振动监测而言,包括各种传感器、调适放大器和 A/D 转换器,如果是多通道的监测则还要有多路选择器。

(2) 计算机　计算机起中枢作用，用以控制整个系统，并进行运算、逻辑推理、给出诊断结果。对振动监测而言，为了加快运算，有的系统还配有快速运算器的芯片或 FFT 分析仪。

(3) 输出结果和警报部分　将监测诊断结果输出，可采用打印输出、屏幕显示、声或光报警和继电器切断设备等方式。

(4) 数据传输、通信部分　简单的计算机监测系统通过内部总线或通用接口在部件间或设备间传递数据和信息，复杂的多机系统往往要采用网络，距离较远时则采用调制解调器(modem)及光纤通信。

10.2.1　连续监测和诊断系统

连续监测和诊断系统(continuous monitoring and diagnosis system，CMDS)是采用仪表和计算机信息处理系统对机器的运行状态随时进行监视或控制的系统。这种监测系统一般适用于被监测对象比较重要，而且便于安装长期固定的传感器的场合。这种系统可以监测机器每时每刻的工作状态，并且可记录下运行过程中的各种数据，对机器的状态随时进行分析。对这种系统，在操作上应尽量提高系统运行的自动化程度，减少人工干预，以提高监测速度，降低操作人员的工作强度。在硬件的组成上，要求将传感器测得的信号直接送入计算机进行分析和监测。按采用的计算机的数量及工作方式不同，可分为单机系统和多机系统。

1. 单机系统

以一台计算机为主体的 CMDS，称为单机系统。这种系统的典型结构如图 10-1 所示。

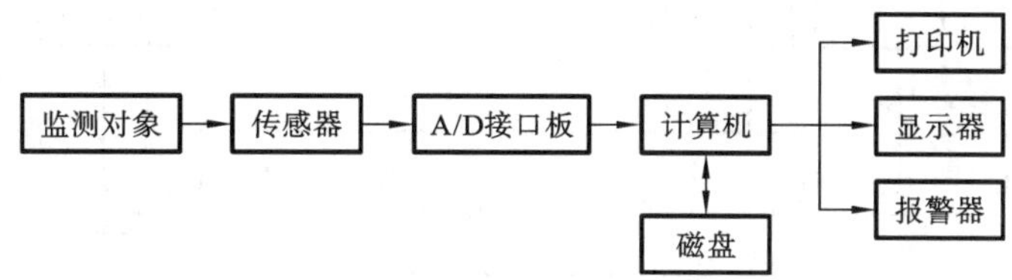

图 10-1　单机系统的硬件组成

用传感器测取被监测对象在运行时所产生的信号(如振荡信号等)；用 A/D 接口板将连续变化的电信号变成离散的数据信号，这些数据信号可以供计算机接收和处理；处理的结果由打印机或显示器输出；当被监测对象出现异常时，报警装置可发出警报；计算机可以通过磁盘读取或储存各种数据信息。其中计算机是监测系统的心脏，它负责完成信号的分析、诊断工作，还控制着 A/D 接口板的转换工作。

2. 多机系统

面向多台设备乃至整个车间、工厂设备的 CMDS，往往采用多台计算机的分级管理形式，即多机监测和诊断系统，简称多机系统。

1) 系统的构成

这类系统一般由一台主计算机和多台辅助计算机或基于微处理器的专用仪器构成。为了充分利用系统的资源，主计算机一般选用通用微机，子计算机则大多选用专用计算机。主计算机与各子计算机通过网络连接起来。主计算机一般完成整个系统的管理、精密诊断、操作信息输入及监测和诊断结果的输出等工作。各个子计算机或专用仪器一般负责若干个设备的数据采集、数据预处理、简易诊断、异常状态报警及协助主计算机进行信号分析等工作。这种系统的典型结构如图 10-2 所示。

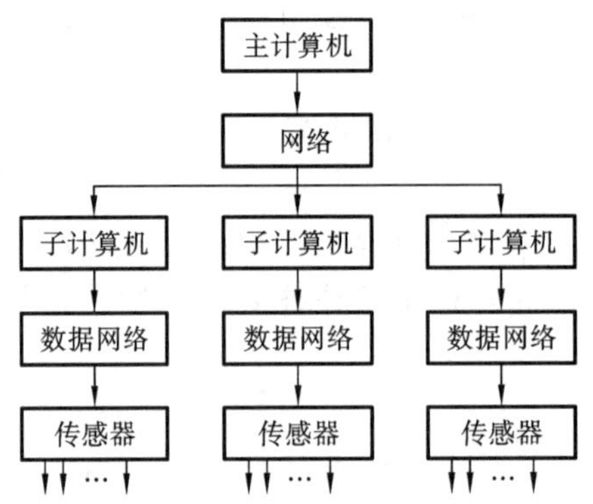

图 10-2 多机连续监测和诊断系统

根据不同的使用要求和不同的技术、经济条件，这类系统可以设计成多种不同的形式，图10-3所示的是一种国内研制的用于监测转子工作状况的分布式多机连续监测和诊断系统。这套系统包括主计算机、振动量子机、工艺量子机及数据处理子机等几部分。主计算机由通用的AST/286或AST/386或其他兼容机及相应的外部设备组成。四种子计算机分别采用不同类型的高性能单片微机。该系统可以同时监测80余路振动量信号，160余路工艺量信号，100余路开关量信号，系统的连续性和实时性等方面均达到了较高的水平。

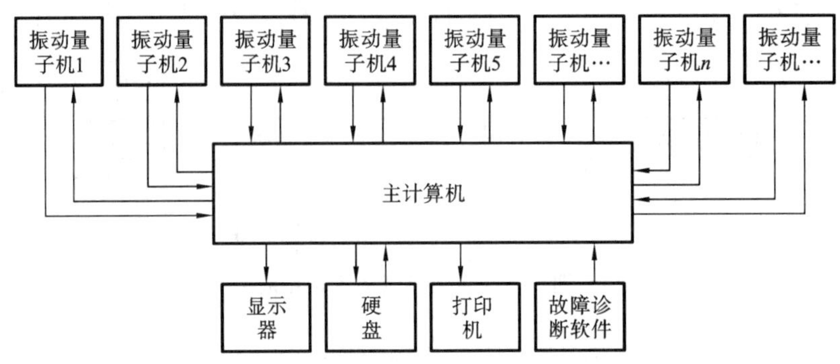

图 10-3 转子多机监测与诊断系统

2）性能特点

这种监测系统的特点主要有以下几点。

（1）信息采集全息化　它包括三方面的内容：一是所采集的信息种类比较全面；二是对任一参量的信息都采集足够的通道数；三是不仅可对稳态信息进行采集，而且对非稳态信息（如起停过程、故障发生前后等）也可进行采集。

（2）状态监测连续化　这种系统可以不断地对每一信息通道进行监测。

（3）数据处理实时化　通过采用新的数据处理技术，可以大大加快数据处理的速度，提高状态监测和诊断的实时性，可以及时了解设备的运行状态。

（4）故障诊断精密化　在单机系统中，计算机既要进行状态监测，又要进行故障诊断，因而往往出现顾此失彼的现象。而在多机监测系统中，子计算机承担繁重的状态监测工作，为主计算机节约了大量的时间，因此，主计算机可以集中“精力”进行故障的精密诊断。

由于这种系统具有这些优点，国内也日益重视，与国外同类产品相比，国内开发的系统能够较好地结合生产现场的具体情况，避免了引进系统的二次开发及汉字化问题，而且成本较低，其性能在很多方面达到或超过了国外同类产品的水平。

10.2.2　定期监测和诊断系统

定期监测和诊断系统(periodic monitoring and diagnosis system，PMDS)是指每隔一定时间对机器的工作状态进行常规检查的系统。这种系统通常是定期取样并作出分析，以此来监测和诊断机械设备的故障。当被监测的对象很多而又不是很关键的设备，采用连续监测和诊断系统太昂贵时，或者难以安装长期固定的传感器时，这时就可采用定期监测和诊断系统。它一般由一台便携式数据采集器和计算机组成可分离的联机系统。

这种系统如美国 Scientific Atlanta 公司生产的 M777 数据采集器(Data-Trap)系统。该系统的使用方法如下。

1. 组态

确定被监测的对象、测点、测定路线、周期、各测点的测量参数等，并把这些信号输入计算机存储起来。

2. 测量准备

在测量之前，把数据采集系统与计算机连接，使用相应的软件使采集系统处于准备状态，将其内存置零，把采集系统的时钟与计算机的时钟对准，标定准确的采样时间，把测量路线和测点参数等组态信息及上次测得的结果和预定的报警值输入采集系统，准备完毕后，采集系统可与计算机脱开，到现场采集数据。

3. 数据采集

根据采集系统显示的测点顺序，逐点监测。当完成某点采样后，采集系统根据预定的测量路线自动显示下一个测点的名称。

4. 信号处理

当监测全部完毕后，把数据采集系统再次与计算机连接，把采集的信号输入计算机分析处理，根据分析的结果可以了解被监测对象的运行状态，及早发现故障，并对机械故障的性质、部位和程度作出诊断，有价值的分析结果可以存入数据库。

5. 趋势分析

对一段时间内存入数据库的数据进行趋势分析，绘制趋势图或打印趋势表，由此了解被监测对象工况的历史情况，了解某些故障的发生和发展情况，并可推算出机械的剩余寿命，安排维修日期。

这种系统操作简单，例如上面提到的 Data-Trap 系统，每小时可监测 150 个点，每天可检查 100 台机器，它不要求操作者具有专门的计算机知识，比较符合我国当前工业的发展水平，大力推广这种系统是可行的，并会产生巨大的经济效益。

10.3　计算机在故障监测和诊断中的应用实例

目前，计算机在各种诊断方法中都已得到不同程度的应用，已经成为现代监测和诊断技术的必备手段，可以说没有计算机就没有现代的监测和诊断技术。下面介绍几个应用实例。

10.3.1　计算机在振动监测中的应用

图 10-4 为国内研制的利用计算机进行机械故障振动监测的系统。

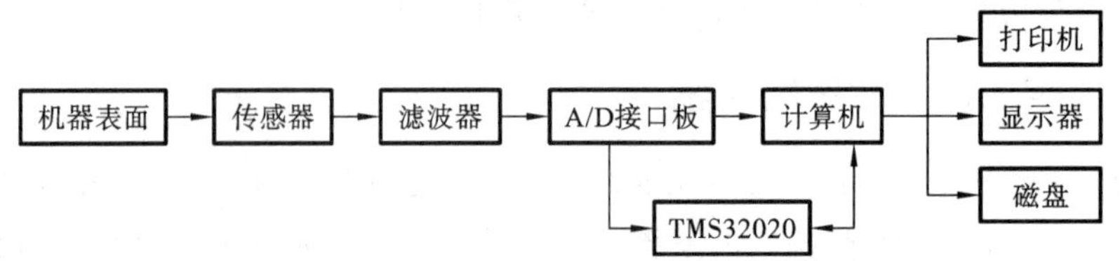

图 10-4　计算机辅助振动监测和诊断系统示意图

1. 系统的硬件组成

系统的硬件组成如图 10-4 所示。压电式加速度传感器固定在对机器故障敏感、干扰小的位置;监测的信号经放大,滤波后进入 A/D 转换器,并进入 TMS32020 高速数字信号处理芯片进行快速处理,以提高系统的实时能力;计算机主要负责文件的管理等其他非计算任务;监测结果主要由计算机屏幕输出或用打印机输出。

2. 监测和诊断方法

本系统的监测方法是将机器的状态分为正常状态和异常状态。通过采集足够多的机器在正常状态下运行的振动信号,提取特征参数,并计算出特征参数在正常状态下的波动范围。在实际监测中,根据测得的振动信号进行特征参数分析,并与预先确定的正常范围数据进行比较,一旦超出此范围,就将机器判为异常状态并发出警报。为了克服采用单一特征参数作为判断指标,会造成误判和漏判等缺点,系统同时采用了 12 个不同的特征参数,当 2 个以上的特征参数同时超过正常范围时才判为异常。

3. 系统的特点

本系统采用了先进的数字信号处理方法和故障诊断理论,并在系统中配备了高速数字信号处理芯片 TMS32020,而且充分利用了计算机的色彩、音响及汉字化等功能,使系统的可靠性、监测的准确性和实时性得到了保证。它可以在极短的时间内完成振动信号的采集、分析处理、判断及报警。

10.3.2　计算机在性能趋势监测中的应用

图 10-5 所示是用来监测柴油机拉缸故障的计算机监测系统。

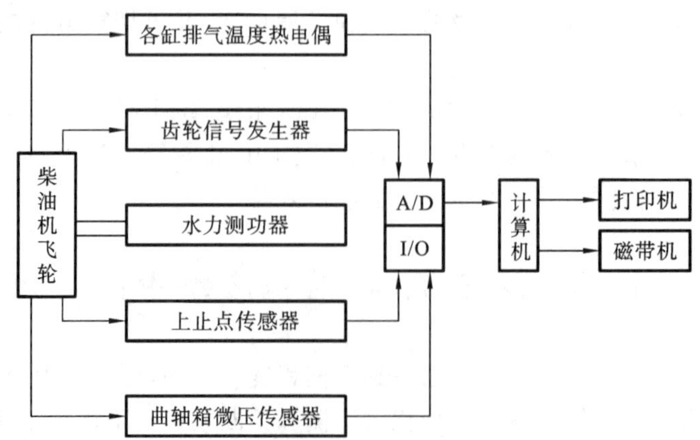

图 10-5　计算机辅助性能参数监测和诊断系统

本系统通过测量柴油机的曲轴箱压力和柴油机瞬态转速、排气温度等参数,可实时监测柴油机拉缸故障及其他不正常工况。

1. 监测原理

拉缸是柴油机的一种常见故障。其常见的外部特征有:柴油机曲轴箱通气口的排烟明显增多、压力增高、转速自动降低、运转无力、润滑油温度明显升高、振动加剧等,根据这些参数的特征变化就可判断是否存在故障。

2. 系统的构成

该监测和诊断系统的构成如图 10-5 所示,它包括:各种信号采集器、计算机硬件、计算机软件。其中软件分为:主程序、热电偶(测排气温度)线性化子程序、瞬态转速测量子程序、数据运算子程序等。

10.3.3 故障诊断专家系统

1. 专家系统概述

将先进传感技术和信号处理技术与设备诊断领域专家的丰富经验和思维方式相结合,就可形成机械设备诊断的专家系统。专家系统实际上是人工智能计算机程序系统,它利用大量人类专家的专门知识和方法来解决现实生活中的某些复杂问题,这些问题主要是:

(1) 只有专家才能解决的复杂问题;

(2) 专家诊断系统用模仿人类专家推理过程的计算机模型来解决这些问题,并能达到人类专家解决问题的水平。

机械设备故障诊断专家系统出现时间不长,但发展十分迅速,之所以如此,是因为故障诊断专家系统具有以下特点:

(1) 它能记录和传播诊断专家的珍贵经验,使得少数人类诊断专家的专长可以不受时间和空间的限制,随时加以有效地应用;

(2) 故障诊断专家系统可以吸收不同诊断专家的知识,从而使诊断结果更准确、全面;

(3) 在实际工作中应用故障诊断专家系统,可以提高诊断效率,取得较大的经济效益。

2. 专家系统的构成

目前,比较典型的故障诊断专家系统均由以下几个部分组成:知识库、推理机、数据库、解释程序和知识获取程序。它们的相互关系如图 10-6 所示。

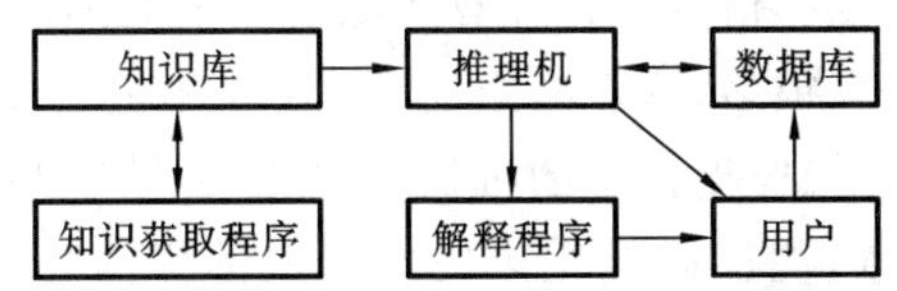

图 10-6　专家系统的构成示意图

(1) 知识库　即人类专家的知识。

(2) 推理机　根据输入的数据(如设备的征兆),利用知识库中的专家知识,按一定的推理策略去解决问题。

(3) 数据库　用来存储所诊断问题领域内原始特征参数的信息、推理过程中得到的各种中间信息和最终的诊断结果等。

(4) 解释程序　能对推理过程作出解释说明。

(5) 知识获取程序　能更新、修改知识库中原来的知识。

3. 实例

图 10-7 所示是利用内燃机振动信号对故障进行诊断的专家系统。

内燃机各测点的振动信号储存于数据库中。在模型库中储存有信号处理的各种算法和数学模型,然后调用知识库中的实例和规则对计算值进行推理分析,得出诊断的结论。

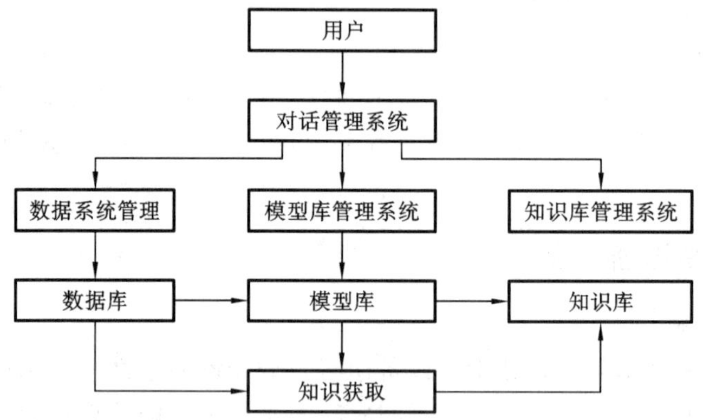

图 10-7 内燃机振动监测和诊断专家系统

再如美国西屋研究中心和卡内基·梅隆大学联合研制的汽轮发电机组监控专家系统。这个系统已用于监视德州三家主要发电厂的七台汽轮发电机组的全天工作状况。此专家系统能快速、精确地分析仪表送来的信号,然后立即告诉操作人员应采取什么动作。在汽轮发电机上装有传感器和监视仪表,并与远处的计算机连接,计算机利用根据汽轮机和发电机专家的经验编制的程序分析温度、压力、速度、振动和射频辐射等数据,然后判断机组的工作状态是正常,还是不正常或有故障征兆,并告诉维修人员应如何采取防范措施。这套系统的最终发展目标是将整个发电厂的主要设备(包括汽轮机、发电机、锅炉等)都连接到 24 小时连续运行的故障诊断专家系统上。

10.3.4 计算机在油液监测中的应用

油液监测和诊断技术目前已经成为一种重要的监测和诊断技术,在生产实际中得到了广泛的应用。对油液监测中的各类信息进行计算机处理,是这一监测技术发展的必然趋势。因为:首先,油液监测涉及的信息很多,依靠有限的人力来进行这些数据的管理与处理较困难;其次,企业应用油液(特别是铁谱)监测技术的机械数量很多,将有更多的信息量需要及时处理;最后,人们在进行诊断分析时,往往通过比较历次所取油样的分析结果来评价机械的磨损状态,这需要操作人员积累经验和分析数据。计算机在数据存储方面的功能和逻辑判断能力,恰好可以满足这一要求。将信息与专家经验相结合就可组成具有专家功能的系统。美国铁谱仪公司曾设计了专门用于处理直读铁谱仪数据的软件;国内也有单位开展过铁谱数据库的研究,图 10-8 所示的是武汉交通科技大学开发的油液监测数据处理系统。该系统的功能包括以下几个方面。

1. 输入数据

所输入数据是系统数据的来源。该系统通过人机界面将数据输入,为进一步的分析处理奠定基础。输入数据模块输入油液监测工作中的基本信息,包括以下内容。

(1) 取样记录数据　取样记录详细描述了取样时取样机械的基本情况,包括取样时机械

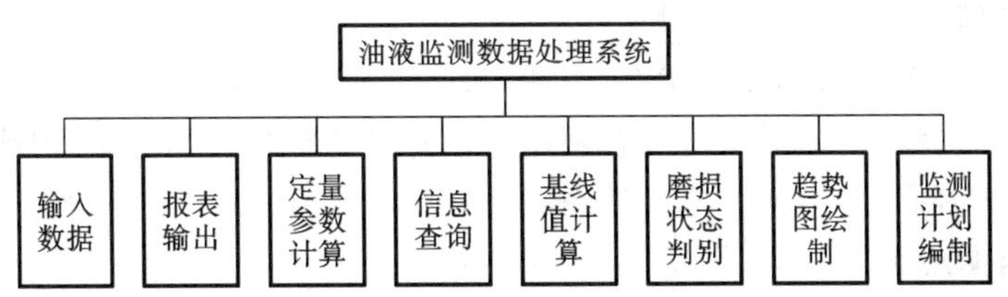

图 10-8　油液监测系统功能示意图

的状态、已经累计运行的台时数、润滑油的牌号等信息。

(2) 铁谱分析数据　铁谱分析数据主要包括：① 油样铁谱制备数据；② 磨粒浓度分析数据，如 D_l、D_s、A_l、A_s 等；③ 磨粒种类、尺寸分布及数量等数据；④ 磨粒成分数据；⑤ 磨粒显微摄影记录数据；⑥ 说明。

(3) 监测设备基本数据　这些数据包括设备型号、编号、名称、工作环境、主要摩擦副的材料、监测的部位、取样周期等信息，它们是进行状态判别和制定监测计划时要使用的静态信息。

(4) 显微摄影记录数据　它详细记载了每个谱片所做过的各种摄影情况(如：放大倍数、摄影光源、磨粒类型、摄影时间及人员等)，可以用于查询和分析。

(5) 油液理化分析数据　油液的理化性能指标也是油液监测的一个重要方面，这些信息是有关人员在进行状态判别时的一个重要依据，包括黏度、水分、闪点、碱值、斑点试验等内容。

2. 铁谱定量参数计算

一般来说，操作人员测量所得的是一些基本数据，常需要采用一些由这些基本数据派生出来的参数来描述机械的状态。铁谱定量参数计算模块可自动完成这一工作，在计算时，该系统将原始数据换算成标准读数，使得各参数之间具有比较性。

3. 信息查询

在实际监测工作中，常常需要查询信息，本系统开发了功能较强的通用查询模块。查询模块的好坏，直接关系到系统的运行效率。该模块可对油样记录、铁谱分析数据、油样理化分析数据和监测分析结果等原始和派生出的信息进行查询。查询字段和条件可根据要求随意进行。查询的结果既可显示又可根据要求进行打印输出。

4. 报表输出

监测实验室常常需要制定各类报表，以备上报或存档，因此设计了有关报表，这些报表包括以下种类。

(1) 油样报表　包括油样明细表、单机取样记录汇总表、油样记录月度汇总表、取样记录表。

(2) 油样分析报表　包括油样分析结果表、单台设备润滑油理化分析汇总表、单台设备润滑记录表。

(3) 铁谱分析结果表　包括磨粒成分汇总表、磨粒浓度数据汇总表、铁谱分析记录表、摄影记录表。

5. 磨粒浓度基线值的计算

在进行铁谱监测时，需要根据油样中的磨粒情况，了解和判断机械的磨损状态和发展趋势。可通过铁谱定量参数与建立的基线值、报警值和危险值进行比较后得出这方面的信息。基线值是按照设备各油样的分析结果，经过一定的数学模型处理之后建立起来的。

6. 磨损状态判别

监测的目的是了解机械的技术状态,因此,状态判别模块是一个重要的模块,它可利用油品监测和铁谱分析的结果,同时也可综合利用有关专家的状态判别经验,因此能帮助操作者进行初步的磨损状态判别,并给出相应的处理意见,具备辅助诊断的功能。

7. 磨损趋势图绘制

磨损趋势图绘制模块可以将油液监测的各种分析数据(包括理化分析数据和铁谱分析数据)随时间的变化规律以图形的方式表示出来,形象直观地显示定量参数的变化趋势,从而了解机械磨损状态的变化。该模块既可绘制二维图形也可绘制三维图形。

8. 监测计划编制

根据每一台机械设备各监测点的取样周期及最后一次取样的时间,计算机可以自动编排一个取样分析计划,指导监测工作的开展。

图 10-9 所示是用于铁谱磨粒图像自动识别与分析的系统。该系统由显微镜、摄像机、图像监视器、图像采集卡、计算机系统、打印机及有关的软件(知识库、推理机等)组成。利用这套系统,可以取代人工完成对铁谱的分析和诊断工作。具体来讲,它可完成以下工作:

(1) 磨粒图像的采集、存储等;

(2) 磨粒的识别(磨粒的类型、成分等)和统计分析(磨粒的尺寸、数量等);

(3) 磨损状态的辅助判别。

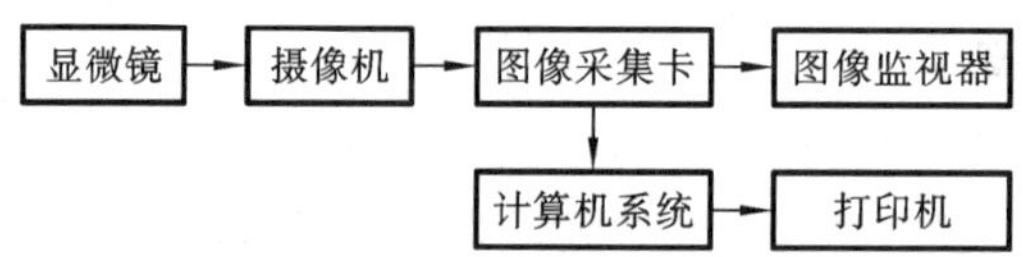

图 10-9 铁谱磨粒图像自动识别与分析系统

10.4 计算机监测和诊断系统的设计要点

以计算机为主体的监测和诊断系统,目前已经进入实用阶段,它是设备状态监测和诊断技术的主要应用形式。在进行这类监测和诊断系统的设计时,应充分保证其可靠性、先进性和实用性,因此其设计要点主要包括以下几点。

1. 所设计的系统应具有吸收和利用新技术、新成果的能力

设备状态监测和诊断系统是一门正在形成和高速发展的边缘系统,其诊断功能的发展速度和诊断方法的更新速度均高得惊人。因此,在进行设计时无论是在硬件配置方面还是在软件设计方面,都应充分考虑系统的适应性、灵活性、可扩性,以便根据需要不断扩充或更新系统。为此,在系统的硬件和软件设计时应考虑:

(1) 选用的计算机系统必须具备必要的、进一步的开发功能;

(2) 在软件结构设计上采用模块化设计的方法,模块间的联系应尽可能少,模块可根据需要进行删除或增加;

(3) 硬件配置采用拼装式积木结构,这样可根据需要随时更换或增加必要的部分。

2. 所设计的系统应充分保证诊断结果的准确性和可靠性

在进行系统诊断方法设计时,可采用综合评判的方法、模糊诊断的思想和数学方法等,以保证诊断结果的准确性和可靠性。

3. 所设计的系统应具有完善的为实现诊断而设置的各种功能

一般情况下，计算机监测和诊断系统应具有下列基本功能。

(1) 实时在线采样功能　实时采样是进行实时分析、自动监测及自动诊断的基础。

(2) 文件管理功能　对系统涉及的各种文档进行管理。

(3) 数据处理分析功能。

(4) 自动选择最佳处理程序和方法的功能　不同的诊断对象和要求存在不同的最佳处理程序和方法，系统应根据先验知识和经验，对那些常见的诊断对象和故障，事先设置不同的处理方法和相应的软件，让系统根据情况自动选择。

(5) 系统的自动控制和管理功能　系统应具有学习操作人员的操作步骤和记忆每一步骤的运行参数，并把它们作为系统的控制管理文件存入磁盘的能力。这之后，计算机就可在无人干预的情况下，按系统控制文件的内容，自动地对系统的运行进行控制和管理。

(6) 自动进行状态判别和故障诊断的功能　即系统可自动区分故障的有无及故障的类型、位置、程度、原因及发展趋势等。

(7) 人机对话功能　即操作人员利用键盘实现人机对话，指示计算机提供各种信息，进行各种分析等，也可向计算机提供更多信息，帮助计算机更好地进行诊断，不断增加系统的功能。

(8) 定期巡检、连续监测功能。

(9) 分时诊断功能　即可对多个对象进行分时诊断，这些对象的诊断方案可以互不相同，计算机可以根据情况自动选择。

(10) 多样化的结果显示、输出与报警功能　即可进行声、光报警、屏幕显示控制、光标定位、打印输出等，为使用者分析结果提供帮助。

4. 操作使用尽可能简单方便

系统应具有自动控制和管理水平，内容选择应尽量采用菜单驱动方式，菜单应尽量采用汉字提示，以满足不同层次操作人员的需要。

5. 系统应具有合理的性能价格比

为使系统具有合理的性能价格比，在设计时应注意以下几点。

(1) 应采用通用计算机加自编软件的方式，这样可利用各企业已有的计算机，减少再投资。

(2) 使诊断对象专一化，诊断形式移动化。也就是既可以作为集中式诊断系统，又可作为移动式诊断系统。

(3) 使系统多功能化。即系统在诊断之余，还能完成各种计算、管理工作，实现一机多用。

10.5　发展动向

目前，故障诊断技术发展的一个重要问题就是实现诊断的智能化。这种智能化主要体现在诊断过程中故障领域专家经验的干预，以及在对故障信号进行分析处理及识别的基础上，还需要结合故障领域中的浅、深知识进行有针对性的诊断推理。众所周知，故障诊断最终可归结为模式识别问题。从这个基本思想出发，作为诊断分类依据的许多诊断方法被提出，如函数分析法、统计模型分析法、模式识别法、专家系统法、按信息准则的近邻分类法和模糊聚类判别法等。而将神经网络技术与这些现有的技术相结合，可以解决故障信号的分析预处理、故障模式识别以及故障领域专家知识的组织和推理等问题。这必将加速智能化诊断系统的发展。

10.5.1 神经网络技术在故障诊断中的应用

人工神经元网络模型是在现代神经生理学和心理学的研究基础上,模仿人的大脑神经元结构特征而建立的一种非线性动力学网络系统,它由大量简单的非线性处理单元(类似人脑的神经元)高度关联、互联而成,具有类似于人脑某些基本特征的简单的数学模拟能力。人工神经元网络,特别是卷积神经网络作为一种新的模式识别技术,在机械故障诊断领域显示出极大的应用潜力。

1. 状态监测和故障分类诊断

状态监测的任务是使其功能不偏离正常功能,并预防功能失效,在监测的基础上进行诊断;当系统一旦偏离正常功能时,必须进一步分析故障产生的原因,这时的工作可理解为故障诊断。如果事先对机器可能发生的故障模式进行分类,那么诊断问题就转化为机器现行状态的分类问题。因此,故障诊断实质上是一个模式识别问题。对于这一类问题,目前一般运用传统的模式识别理论。对振动监测而言,在时域和频域里,通过对状态信号的特征提取,借助于一些识别准则(如欧几里得距离、马氏距离等判断函数),以正确识别机器状态。然而,选择不同的判别函数,仅仅是利用了不同的状态信息,对未考虑到的故障模式,判别将无法进行。神经网络作为一种自适应的模式识别技术非常适合用来建立智能型的故障识别模型。网络的特征由网络的拓扑结构、节点特性、训练或学习规则所决定,它能充分利用状态信息,以获得均衡的收敛的权值,这些权值代表了网络的某种映射关系;而且网络可连续学习,当环境改变时,这种映射关系可以自适应,以求进一步逼近对象。

用来自机器不同状态的信号建立故障模式训练样本集,对网络进行训练;当网络训练完毕时,对于每个新输入的状态信息,网络将迅速给出分类结果。

2. 故障诊断专家系统

近年来,基于知识的诊断作为一种智能型诊断方法已经获得了广泛的应用。传统的人工智能技术(包括专家系统)为基于知识的诊断理论提供了实现的可能。按其知识表达形式的不同,有基于规则的产生式推理诊断系统,以及基于黑板或框架等结构的推理诊断系统。在过去的几十年中,这些故障诊断专家系统已获得了广泛的发展,陆续有一些系统投入使用。然而,在这些系统的背后隐藏着巨大的困难,这些困难可概括为:知识获取的瓶颈问题、知识间上下文的敏感性问题、不确定性推理问题和自学习困难等。故障诊断专家系统是一类新的知识表达系统,与传统专家系统的高度逻辑模型不同,它是一种低层数值模型,信息处理是通过大量称为节点的简单处理元件之间的相互作用进行的。由于它采用分布式信息保持方式,为专家知识的获取与表达以及推理提供了全新的方式,因此通过对经验样本的学习,将专家知识以权值和阈值的形式存储在网络中,并且利用网络的信息保持性来完成不精确诊断推理,较好地模拟了专家凭经验、直觉而不是复杂的计算进行推理的过程。

10.5.2 模糊诊断

在故障诊断中,故障与征兆的关系往往是模糊的,这种模糊性来自故障与征兆之间的不确定性,这种不确定性来自故障与征兆在概念描述上的模糊性。因此诊断结果也必须是模糊的,故障存在或不存在往往没有明确的界限,而是服从某种隶属度函数分布。因此,仅仅以布尔代数为基础的诊断方法,对于系统的描述只能是近似的和粗糙的,要精确地解决问题,更深刻地反映事物的本质,必须引入模糊逻辑的概念。

在模糊逻辑中，隶属度函数是一个重要的概念。众所周知，隶属度函数是一个在[0,1]间取值的函数，取值的大小反映了事物隶属于某模糊概念可能性的大小。现有的模糊诊断方法一般是通过模糊关系矩阵传递不确定因子。目前有人用神经网络进行模糊诊断，即通过网络来传递不确定性。它需要解决三个问题：① 从模糊特征到隶属度函数的变化；② 模糊概念到模糊概念之间的推理；③ 输出可信度值到故障原因的转化。

习　　题

10-1　计算机监测和诊断系统按采用的技术分为哪几种？

10-2　试述单机监测系统的主要构成。

10-3　多机监测系统性能上有哪些特点？

10-4　什么是故障诊断专家系统？其主要构成部分有哪些？

参考文献

[1] 张梅军. 机械状态检测与故障诊断[M]. 北京：国防工业出版社，2008.

[2] 张键. 机械故障诊断技术[M]. 北京：机械工业出版社，2008.

[3] 杨国安. 机械设备故障诊断实用技术[M]. 北京：中国石化出版社，2007.

[4] 黄民，肖兴明. 机械故障诊断技术及应用[M]. 徐州：中国矿业大学出版社，2002.

[5] 杨志伊. 设备状态监测与故障诊断[M]. 北京：中国计划出版社，2006.

[6] 盛兆顺，尹琦岭. 设备状态监测与故障诊断技术及应用[M]. 北京：化学工业出版社，2003.

[7] 何正嘉，陈进，王太勇，等. 机械故障诊断理论及应用[M]. 北京：高等教育出版社，2010.

[8] 杨育霞，许珉，廖晓辉. 信号分析与处理[M]. 北京：中国电力出版社，2007.

[9] 丰田利夫. 设备现场诊断的开展方法[M]. 北京：机械工业出版社，1985.

[10] 林英志. 设备状态监测与故障诊断技术[M]. 北京：北京大学出版社，中国林业出版社，2007.

[11] 严新平. 机械系统工况监测与故障诊断[M]. 武汉：武汉理工大学出版社，2009.

[12] 芮坤生. 信号分析与处理[M]. 北京：高等教育出版社，1993.

[13] 陈克兴，李川奇. 设备状态监测与故障诊断技术[M]. 北京：科学技术文献出版社，1991.

[14] 钟秉林，黄仁. 机械故障诊断学[M]. 北京：机械工业出版社，2007.

[15] 平鹏. 机械工程测试与数据处理技术[M]. 北京：冶金工业出版社，2001.

[16] 陈进. 机械设备振动监测与故障诊断[M]. 上海：上海交通大学出版社，1999.

[17] 张来斌，王朝晖，张喜廷，等. 机械设备故障诊断技术及方法[M]. 北京：石油工业出版社，2000.

[18] 何正嘉，訾艳阳，张西宁. 现代信号处理及工程应用[M]. 西安：西安交通大学出版社，2007.

[19] 时献江，王桂荣，司俊山. 机械故障诊断及典型案例解析[M]. 2 版. 北京：化学工业出版社，2020.